高职高专立体化教材　计算机系列

JavaScript+jQuery 动态网页设计技术
(微课版)

王云晓　郝　璇　主　编

张学诚　王海涛　高晓黎　副主编

清华大学出版社
北京

内 容 简 介

本书循序渐进地介绍了 JavaScript 的开发技术，详细讲解了 JavaScript 的核心知识，并在此基础上深入分析了 jQuery 框架的使用方法。本书的内容主要包括 JavaScript 基本语法、数据类型、程序流程控制、函数的定义和调用、JavaScript 的内置对象、BOM 对象、DOM 对象、事件等基础知识，以及正则表达式、jQuery 元素操作、jQuery 事件、jQuery 动画和 Ajax 等扩展知识。此外，每个重要知识点，都配有典型的实训案例，每一章都安排了丰富的、有针对性的练习题，以帮助读者巩固所学的知识，培养解决实际问题的能力。

本书内容全面、示例翔实、案例实用、配套资源丰富、语言简洁流畅，易于理解，既可以作为高职院校计算机、网络、软件等专业及相关专业的教材，也可以作为 Web 前端开发及维护人员的学习参考书。

本书封面贴有清华大学出版社防伪标签，无标签者不得销售。
版权所有，侵权必究。举报：010-62782989，beiqinquan@tup.tsinghua.edu.cn。

图书在版编目(CIP)数据

JavaScript+jQuery 动态网页设计技术：微课版/王云晓，郝璇主编. —北京：清华大学出版社，2022.4(2022.8 重印)
高职高专立体化教材　计算机系列
ISBN 978-7-302-60481-5

Ⅰ.①J… Ⅱ.①王… ②郝… Ⅲ.①JAVA 语言—网页制作工具—高等职业教育—教材　Ⅳ.①TP312.8 ②TP393.092.2

中国版本图书馆 CIP 数据核字(2022)第 053766 号

责任编辑：石　伟
封面设计：刘孝琼
责任校对：周剑云
责任印制：宋　林

出版发行：清华大学出版社
　　　　网　　址：http://www.tup.com.cn, http://www.wqbook.com
　　　　地　　址：北京清华大学学研大厦 A 座　　邮　编：100084
　　　　社 总 机：010-83470000　　邮　购：010-62786544
　　　　投稿与读者服务：010-62776969, c-service@tup.tsinghua.edu.cn
　　　　质量反馈：010-62772015, zhiliang@tup.tsinghua.edu.cn
　　　　课件下载：http://www.tup.com.cn, 010-62791865

印 装 者：三河市龙大印装有限公司
经　　销：全国新华书店
开　　本：185mm×260mm　　印　张：17.5　　字　数：421 千字
版　　次：2022 年 5 月第 1 版　　印　次：2022 年 8 月第 2 次印刷
定　　价：49.00 元

产品编号：089310-01

前　言

　　JavaScript 是一种脚本语言，从诞生至今广泛应用于 Web 开发，可以对用户操作进行响应，实现实时的、动态的、可交互性的功能，为用户提供流畅美观的浏览效果。近几年，互联网行业对用户体验的要求越来越高，前端开发技术越来越受到重视，JavaScript 作为 Web 前端开发领域中一门重要的语言，如何能够快速、全面、系统地掌握它的应用，成为 Web 开发人员的迫切需求。

　　本书面向具有网页(HTML、CSS)基础的人群，讲解如何将 JavaScript 与 HTML、CSS 相结合，开发交互性强的网页。本书遵循学习者的认知规律和技能的形成规律，通过先易后难、从简入繁、从基础到高级的阶梯方式逐步深入讲解，采用"知识讲解＋案例实践"的混合方式来安排内容，以真实网站开发中的案例作为教学案例，让读者在理解掌握基本知识的同时，能根据实际需求进行扩展与提高，达到"学用结合"的效果。

　　本书的内容主要包括 JavaScript 基本语法、函数、对象、BOM、DOM、事件等基础知识，以及正则表达式、jQuery、Ajax 等扩展知识。全书共分为 13 章，每章简要介绍如下。

　　第 1 章主要讲解 JavaScript 脚本语言的主要特征、开发环境、引用方法、数据输出方法，以及 JavaScript 程序调试运行过程中常用的消息输出框等。

　　第 2~3 章主要讲解 JavaScript 脚本语言的基本数据类型、运算符和 JavaScript 语言的流程控制，并设计了实训案例"温度转换""九九乘法表"等对重点知识进行强化。

　　第 4 章主要讲解 JavaScript 语言函数的定义和引用方法、函数参数和返回值，并设计了实训案例"社区便利店收银系统"帮助读者理解掌握。

　　第 5 章主要讲解对象的基本概念和 JavaScript 中常用的内置对象，实训案例是"表单信息获取"。

　　第 6~7 章主要讲解 BOM 对象和 DOM 对象的操作，并设计了实训案例"抢购倒计时""标签栏切换"和"图片放大特效"等加强对知识的理解和应用。

　　第 8 章主要讲解 JavaScript 系统常用的事件，并通过具体的应用案例"50 以内加法训练系统"对事件及其事件处理程序进行详细讲解。

　　第 9 章主要讲解正则表达式的概念、正则表达式的语法规则、与正则相关的方法和属性，通过案例"表单信息验证"介绍正则表达式在网页设计中的应用。

　　第 10~12 章主要讲解 jQuery 的使用，包括 jQuery 选择器、jQuery 事件、jQuery 动画设计技术等，并通过实训案例"横向选项卡""项目提成计算器""无缝轮播图"等达到对知识的学以致用。

　　第 13 章主要讲解 Ajax 对象的属性和方法、Ajax 的核心对象 XMLHttpRequest 以及 jQuery 中的 Ajax 方法，并通过案例"上传文件进度条"介绍 Ajax 的应用。

　　本书内容丰富、结构合理、示例翔实。在每一章的正文中，结合案例讲解基础知识和关键技术，并穿插大量实用的案例，加强对知识的理解和掌握。每一章末尾都安排了丰富的、有针对性的练习题，有助于读者巩固所学的知识、掌握实际应用技术、培养解决实际问题的能力。

　　本书编写时，响应国家提出的思政进课堂的要求，内容选取上达到既培养读者技能，也提高读者德育的目标。书中案例设计精细实用，培养读者仔细认真、精益求精的大国工匠精神。案例代码按照流行的网页设计规范和 JavaScript 代码编写规范，培养读者严谨规范的编码风格。配套习题既有难度又有高度，培养读者理论联系实际、分析问题、解决问题的动手能力。

　　在本书编写中，软通动力信息技术(集团)股份有限公司的主任工程师王海明对采用的案例进行了设计和审核，使得教材中的案例既能满足教学需要，又能满足实际开发需求。

　　本书既可以作为高等职业院校计算机、网络、软件等专业及相关专业的教材，也可以作为 Web 前端开发人员的学习参考书。

编　者

目 录

例题习题源代码及课件获取方式

第1章 JavaScript 概述 1
1.1 初识 JavaScript 1
1.1.1 JavaScript 简介 1
1.1.2 JavaScript 的发展 1
1.1.3 JavaScript 的特点 2
1.1.4 JavaScript 的用途 2
1.2 开发环境 3
1.2.1 代码编辑器 3
1.2.2 JavaScript 程序的编写和运行 3
1.3 JavaScript 的引入和调试方法 4
1.3.1 网页中引入 JavaScript 的方法 5
1.3.2 常用输出语句 6
1.4 JavaScript 的消息框 7
1.5 实训案例 9
1.6 本章小结 11
1.7 练习题 11

第2章 数据类型和运算符 12
2.1 JavaScript 的语法规则 12
2.1.1 区分大小写 12
2.1.2 代码的格式 12
2.1.3 代码的注释 12
2.1.4 标识符 13
2.1.5 保留字 13
2.2 变量 14
2.2.1 变量的声明 14
2.2.2 变量的赋值 14
2.3 数据类型 15
2.3.1 基本数据类型 15
2.3.2 数据类型转换 17
2.4 运算符 19
2.4.1 算术运算符 20
2.4.2 字符串运算符 21
2.4.3 赋值运算符 21
2.4.4 关系运算符 22
2.4.5 逻辑运算符 23
2.4.6 条件运算符 24
2.4.7 位运算符 24
2.4.8 运算符的优先级 25
2.5 实训案例 26
2.6 本章小结 27
2.7 练习题 27

第3章 JavaScript 的流程控制 29
3.1 选择结构 29
3.1.1 单分支语句 29
3.1.2 双分支语句 30
3.1.3 多分支语句 30
3.1.4 switch 语句 32
3.2 循环结构 33
3.2.1 while 语句 33
3.2.2 do…while 语句 34
3.2.3 for 语句 34
3.2.4 for…in 语句 35
3.2.5 嵌套循环 36
3.3 跳转语句 37
3.3.1 break 语句 37
3.3.2 continue 语句 38
3.4 实训案例 39
3.5 本章小结 41
3.6 练习题 41

第4章 函数 43
4.1 函数的定义和调用 43
4.1.1 函数的定义 43

| | 4.1.2 | 函数的调用 | 44 |

4.2 函数参数 45
  4.2.1 无参函数 45
  4.2.2 有参函数 45
  4.2.3 数组参数 47
4.3 函数的返回值 48
4.4 变量的作用域 48
4.5 函数的嵌套和递归 49
  4.5.1 嵌套函数 49
  4.5.2 递归函数 50
4.6 函数类型 52
  4.6.1 函数表达式 52
  4.6.2 匿名函数 52
4.7 实训案例 53
4.8 本章小结 56
4.9 练习题 56

第 5 章 JavaScript 中的对象 59

5.1 面向对象概述 59
  5.1.1 面向对象的基本概念 59
  5.1.2 面向对象程序设计特点 59
  5.1.3 对象的属性和方法 60
5.2 创建 JavaScript 对象 60
  5.2.1 用对象文字方法创建对象 61
  5.2.2 用 new 方法动态创建对象 62
  5.2.3 用工厂方式创建对象 62
  5.2.4 用构造函数创建对象 63
5.3 内置对象 64
  5.3.1 String 对象 64
  5.3.2 Number 对象 66
  5.3.3 Math 对象 67
  5.3.4 Date 对象 68
  5.3.5 Array 对象 70
5.4 实训案例 76
5.5 本章小结 78
5.6 练习题 78

第 6 章 BOM 对象 80

6.1 BOM 对象简介 80
6.2 window 对象 81
  6.2.1 弹出对话框和窗口 81
  6.2.2 窗口位置和大小 84
  6.2.3 定时器 86
6.3 location 对象 88
6.4 history 对象 89
6.5 frame 对象 91
6.6 navigator 对象 92
6.7 实训案例 93
6.8 本章小结 96
6.9 练习题 96

第 7 章 DOM 对象 98

7.1 DOM 简介 98
  7.1.1 什么是 DOM 98
  7.1.2 HTML DOM 树 98
7.2 HTML 元素操作 99
  7.2.1 获取 HTML DOM 元素 99
  7.2.2 元素内容操作 103
  7.2.3 元素属性操作 104
  7.2.4 元素样式操作 107
7.3 DOM 节点操作 112
  7.3.1 获取节点 112
  7.3.2 节点追加 113
  7.3.3 节点删除 115
7.4 网页元素的位置和大小 117
7.5 实训案例 119
  7.5.1 标签栏切换效果 119
  7.5.2 图片放大特效 122
7.6 本章小结 124
7.7 练习题 124

第 8 章 事件 127

8.1 事件处理 127

8.1.1 事件概述...................127
8.1.2 事件的绑定方式...........128
8.2 事件对象...........................130
8.2.1 获取事件对象...............130
8.2.2 常用属性和方法...........131
8.3 常用的事件.......................134
8.3.1 页面事件.......................134
8.3.2 鼠标事件.......................136
8.3.3 键盘事件.......................138
8.3.4 焦点事件.......................139
8.3.5 表单事件.......................141
8.4 实训案例...........................143
8.5 本章小结...........................145
8.6 练习题...............................145

第9章 正则表达式...............148

9.1 认识正则表达式...............148
9.2 创建正则表达式...............150
9.3 正则表达式的字符...........151
9.3.1 普通字符.......................151
9.3.2 元字符...........................151
9.3.3 字符集合.......................152
9.3.4 限定符...........................153
9.3.5 括号字符.......................154
9.3.6 正则运算符优先级.......158
9.4 与正则相关的方法...........158
9.4.1 RegExp 类中的方法......158
9.4.2 String 类中的方法........160
9.5 实训案例...........................162
9.6 本章小结...........................166
9.7 练习题...............................167

第10章 jQuery 的元素操作...............168

10.1 jQuery 概述ssss...............168
10.2 jQuery 的选择器.............170
10.2.1 基本选择器...............170

10.2.2 层次选择器...............171
10.2.3 过滤选择器...............172
10.2.4 表单选择器...............176
10.3 jQuery 中元素内容的操作...............178
10.4 jQuery 中元素样式的操作...............179
10.4.1 元素样式操作...........179
10.4.2 元素的大小和偏移操作......181
10.4.3 元素样式类操作.......182
10.5 jQuery 中元素属性的操作...............183
10.6 元素的筛选和查找.........186
10.7 jQuery 中的 DOM 操作...............189
10.7.1 插入元素...................189
10.7.2 替换元素...................191
10.7.3 删除元素...................191
10.7.4 获取元素...................192
10.8 实训案例.........................194
10.9 本章小结.........................197
10.10 练习题...........................197

第11章 jQuery 的事件处理...............200

11.1 jQuery 中的事件处理.....200
11.1.1 表单事件...................200
11.1.2 键盘事件...................204
11.1.3 鼠标事件...................205
11.1.4 浏览器事件...............207
11.1.5 页面加载事件...........208
11.2 事件绑定与切换.............208
11.2.1 事件的绑定与取消绑定......208
11.2.2 绑定单次事件...........209
11.2.3 多个事件绑定同一个函数...............209
11.2.4 多个事件绑定不同的处理函数...............210
11.2.5 为以后创建的元素委派事件...............211

11.3　jQuery 中的合成事件 212
11.4　实训案例 214
11.5　本章小结 217
11.6　练习题 217

第 12 章　jQuery 动画效果 220

12.1　显示与隐藏效果 220
　　12.1.1　隐藏元素的 hide()方法 220
　　12.1.2　显示元素的 show()方法 221
　　12.1.3　交替显示隐藏元素 222
　　12.1.4　实训案例 222
12.2　滑动效果 224
　　12.2.1　向上收缩效果 224
　　12.2.2　向下展开效果 225
　　12.2.3　交替伸缩效果 225
　　12.2.4　实训案例 226
12.3　淡入淡出效果 228
　　12.3.1　淡出效果 228
　　12.3.2　淡入效果 229
　　12.3.3　交替淡入淡出效果 229
　　12.3.4　不透明效果 230
　　12.3.5　实训案例 230
12.4　自定义动画效果 232
　　12.4.1　自定义动画 232
　　12.4.2　动画队列 234
　　12.4.3　动画的停止和延时 234
　　12.4.4　实训案例 235
12.5　本章小结 239

12.6　练习题 239

第 13 章　Ajax 基础 242

13.1　Web 基础知识 242
　　13.1.1　Web 服务器 242
　　13.1.2　HTTP 243
13.2　Web 服务器搭建 243
　　13.2.1　PHP 开发环境 244
　　13.2.2　前后端交互 245
13.3　Ajax 入门 248
　　13.3.1　什么是 Ajax 248
　　13.3.2　Ajax 向服务器发送请求 248
　　13.3.3　处理服务器返回的信息 250
　　13.3.4　FormData+JavaScript
　　　　　　无刷新表单信息提交 253
13.4　jQuery 操作 Ajax 254
　　13.4.1　load()方法 255
　　13.4.2　$.get()方法 256
　　13.4.3　$.post ()方法 257
　　13.4.4　$.ajax()方法 257
　　13.4.5　$.ajaxSetup()方法 258
13.5　实训案例 259
13.6　本章小结 261
13.7　练习题 262

参考答案 264

参考文献 269

第 1 章 JavaScript 概述

为了设计具有实时性、动态性、可交互的网页效果，就需要使用 JavaScript 语言编写程序。本章将介绍 JavaScript 脚本语言的主要特征、开发环境、引用方法、数据输出方法，以及 JavaScript 程序代码调试运行过程中常用的消息输出框。

本章的学习目标

- 了解 JavaScript 语言的特点
- 了解 JavaScript 的开发环境
- 掌握 JavaScript 的引用和数据输出方法
- 掌握 JavaScript 程序中消息输出框的使用

1.1 初识 JavaScript

1.1.1 JavaScript 简介

初识 JavaScript

JavaScript(简称 JS)是由 Netscape(网景)司开发的一种基于对象和事件驱动并具有安全性能的脚本语言，主要应用在 Web 页面开发中。使用 JavaScript 可以操纵浏览器上的一切内容，轻松地实现与 HTML 的交互操作，实现用户交互、页面美化等动态效果，提高 Web 页面的智能化，使页面内容更加丰富和精彩。如图 1-1 所示的页面特效和交互就是用 JavaScript 实现的。

图 1-1 JavaScript 实现的页面特效和交互

JavaScript 和 CSS、HTML 的关系：

在网页设计时，为了得到理想的效果，用 HTML 设计网页结构，用 CSS 定义外观样式，用 JavaScript 实现页面特效和交互，三者缺一不可。

1.1.2 JavaScript 的发展

JavaScript 是 1995 年由 Netscape 公司的 Brendan Eich(布兰登·艾奇)在网景导航者浏览

器上首次设计实现而成的。Netscape 最初将这个脚本语言命名为 LiveScript，后来在与 Sun 合作之后将其改名为 JavaScript。因为 Netscape 与 Sun 合作，Netscape 管理层希望其外观看起来像 Java，因此取名为 JavaScript。

JavaScript 是一种属于网络的脚本语言，已经被广泛用于 Web 开发，常用来为网页添加各式各样的动态功能，为用户提供更流畅美观的浏览效果。通常 JavaScript 脚本是通过嵌入在 HTML 中来实现自身功能的。

JavaScript 已经被 Netscape 公司提交给 ECMA 制定为标准，称为 ECMAScript，标准编号为 ECMA-262。截至 2012 年，所有浏览器都完整地支持 ECMAScript 5.1，旧版本的浏览器至少支持 ECMAScript 3 标准。目前的最新版为 ECMAScript 6，由 ECMA 国际组织在 2015 年发布。

1.1.3　JavaScript 的特点

1. JavaScript 是解释型语言

JavaScript 是一种解释型或即时编译型的脚本语言，代码不进行预编译，而是在程序运行过程中按照程序流程执行。它与 HTML 标记结合在一起，方便用户操作使用。

2. JavaScript 支持面向对象

JavaScript 是一种基于对象的语言，它能运用已经创建的对象，实现复杂的功能。另外，基于面向对象思想诞生了一些优秀的库和框架，像 jQuery、Bootstrap 和 webpack 等，可以大大提高 JavaScript 的开发速度，降低开发成本。

3. JavaScript 使用事件驱动执行

JavaScript 对用户请求的响应采用事件驱动的方式进行。在页面中执行了某种操作，如按下鼠标、移动窗口、选择菜单等事件后，会引起相应的事件响应。JavaScript 可以直接对用户或者客户输入做出响应，无须经过 Web 服务程序。

4. JavaScript 具有跨平台性

JavaScript 依赖于浏览器本身，与操作环境无关，只要是能运行支持 JavaScript 的浏览器的计算机就可以正确执行。

正是以上的这些特点，使得 JavaScript 在 Web 编程领域中被广泛地运用，具有广阔的发展前景。

1.1.4　JavaScript 的用途

(1) 在 HTML 页面中嵌入动态文本。
(2) 响应浏览器事件，完成相应的事件处理。
(3) 对页面上的 HTML 元素进行读写。
(4) 对 Web 页面上的输入数据，在被提交到服务器之前进行验证。
(5) 检测客户端的浏览器信息。

(6) 控制客户的 cookies，包括创建和修改等操作。
(7) 基于 Node.js 技术进行服务器端编程。

1.2 开发环境

开发环境

1.2.1 代码编辑器

1. Notepad++

Notepad++ 是一款开源免费的代码编辑器，软件小巧高效，支持 27 种编程语言，包括 HTML、CSS、JavaScript、XML、PHP、C/C++、C#、Java 等，可以运行在微软的 Windows 系统环境下。

2. Adobe Dreamweaver

Adobe Dreamweaver 简称 DW，是集网页制作和管理网站于一身的所见即所得的网页代码编辑器，是一款视觉化网页开发工具。利用 Dreamweaver 对 HTML、CSS、JavaScript 等内容的支持，设计师和程序员可以轻松地创建、编码和管理动态网站。

3. WebStorm

WebStorm 是 JetBrains 公司旗下的一款 Web 前端开发工具，其对业界最新技术提供支持，支持流行的版本控制系统，HTML5 和 JavaScript 开发是其强项，支持许多流行的前端技术，如 jQuery、Prototype、Less、webpack 等。

4. HBuilder

HBuilder 是 DCloud(数字天堂)推出的一款支持 HTML5 的 Web 开发编辑器，在前端开发和移动开发方面提供了丰富的功能，强大的代码助手大大提高了代码编写效率。HBuilder 具有较全的语法库和浏览器兼容性数据，还为基于 HTML5 的移动端 App 开发提供了良好的支持。

HBuilder 是当前最快的 HTML 开发工具，通过完整的语法提示和代码输入法、代码块等，大幅提升 HTML、JS、CSS 的开发效率，本书使用 HBuilder 进行代码编写。

1.2.2 JavaScript 程序的编写和运行

1. 编写网页文件

在 HBuilder 中，新建项目"chapter01"，在该项目中，新建网页文件 1-2-1.html，并且把文件的编码格式设置成 utf-8，这种编码支持世界上大部分的语言文字。代码如下所示。

```
<!DOCTYPE html>
<html>
<head>
<meta charset="utf-8">
```

```
<title>JavaScript 案例 1</title>
</head>
<body>网页主体部分</body>
</html>
```

2. 将 JavaScript 代码嵌入到 HTML 中

JavaScript 代码可以嵌入在网页的头部或主体部分。使用 HTML 中的<script>标签把 JavaScript 代码包裹后，放到<head>或<body>标签中，实现代码嵌入。示例文件 1-2-1.html 的完整代码如下。

```
<!DOCTYPE html>
<html>
<head>
<meta charset="utf-8">
<title>JavaScript 案例 1</title>
<script>
    alert("欢迎访问本网站！");   //弹出一个警告框
</script>
</head>
<body>网页主体部分</body>
</html>
```

注意，JavaScript 是一种区分大小写的语言，对变量方法的命名大小写敏感。

3. 运行网页程序

在 Chrome 浏览器中运行 1-2-1.html 文件，运行结果如图 1-2 所示。

图 1-2 网页运行结果

从图 1-2 可以看到，JavaScript 运行后在浏览器窗口中显示一个警告框，单击警告框上的"确定"按钮，就能关闭警告框，显示网页内容。

1.3 JavaScript 的引入和调试方法

编写 JavaScript 程序之前，需要先学习创建 JavaScript 程序的方法，以及在 HTML 页面中调用和调试 JavaScript 的方法。

1.3.1 网页中引入 JavaScript 的方法

在网页中编写 JavaScript 程序时,可以通过嵌入式、外链式和行内式三种方式来引入 JavaScript 代码。

引用 JavaScript
的方法

1. 嵌入式

嵌入式就是在页面中直接编写 JavaScript 代码,JavaScript 代码可以出现在 HTML 页面的<head></head>或者<body></body>标签之间,也可以在页面的多个位置,通过<script></script>标签包裹,直接编写到 HTML 文件中。示例文件 1-3-1.html 的关键代码如下。

```
<html>
<head>
<meta charset="utf-8">
<title>JavaScript 案例 2</title>
</head>
<body>
    <script type="text/javascript">
        document.write("<br/>"+"本站正在维护中!<br/>");
</script>
</body>
</html>
```

上述示例中,<script>标签的 type 属性用于告知浏览器脚本的类型,在编写时可以省略。

嵌入式会导致 HTML 与 JavaScript 代码混合在一起,不利于修改和维护,并且会造成 HTML 文件体积增大,影响网页的加载速度。

2. 外链式

外链式是指将 JavaScript 代码保存到一个单独的文件中,使用<script>标签的 src 属性把外部 JavaScript 文件链接到 HTML 文件中,链接示例如下。

```
<script type="text/javascript" src="js/1-3-2.js"></script>
```

为了使 HTML 文件以及 JavaScript 脚本的开发和维护更加容易,JavaScript 规范建议用户将 JavaScript 脚本保存在独立的外部文件中,外部文件的扩展名应该是.js。在 Web 项目中,可以单独建立一个文件夹放置 JavaScript 脚本文件。

外链式引入的 JavaScript 文件,可以被浏览器缓存,因此能提高网页下载速度,并且有利于分布式部署。

3. 行内式

行内式是将 JavaScript 代码作为 HTML 标签的属性值使用。

例如,单击超文本链接后,页面不动,只打开链接。具体示例如下。

```
<a href="javascript:void(0)">超文本</a>
```

JavaScript 还可以写在 HTML 标签的事件属性中。例如,单击网页中的一个按钮时,触发按钮的单击事件,具体示例如下。

```
<input type="button" onclick="alert('你好!');" value="测试按钮"></input>
```

上述代码实现了单击"测试按钮"时,弹出一个警告框提示"你好!"。

在网页开发中,为了便于网页维护,尽量分离 HTML、CSS、JavaScript 三部分的代码,实现结构、样式、行为相分离,因此在实际开发中不推荐使用行内式。

1.3.2 常用输出语句

在学习和调试 JavaScript 程序的过程中,经常需要输出一段代码的执行结果,下面介绍常用的输出语句。

常用输出语句

1. alert()方法

alert()方法用于显示带有一条指定消息和一个 OK 按钮的警告框,通常用于显示提示信息,例如在表单中输入了错误的数据时进行提示。当警告框出现后,用户需要单击"确定"按钮才能继续进行操作。

示例如下。

```
<script>
alert("欢迎访问本网站!");
</script>
```

在程序调试时,可以用来输出代码的运行结果,进行程序测试。

2. document.write()方法

document.write()方法可向 HTML 文档中写入 HTML 表达式或 JavaScript 代码。例如:

```
<script>
document.write("本站正在维护中!<br/>");
</script>
```

执行以上代码,在页面文档中显示"本站正在维护中!"。

3. console.log()方法

console.log()方法用于在控制台输出内容。其功能类似 alert()方法,用于输出代码的执行结果,进行程序测试,但 console.log()方法输出内容时不会打断程序的运行。例如,创建 1-3-4.html 文件,在<body></body>标签中嵌入如下代码。

```
<script>
console.log("3+4="+(3+4));
</script>
```

在 HBuilder 中保存后,在控制台显示输出结果,如图 1-3 所示。

在 Chrome 浏览器中运行 1-3-4.html 文件,按 F12 键(或在网页空白处单击鼠标右键,在弹出的快捷菜单中选择"检查"命令)启动开发者工具,然后切换到 Console(控制台)选项卡，如图 1-4 所示。可以看出，在控制台显示了输出结果"3+4=7"，最右侧的数字"10"表示输出的内容来自文件中的第 10 行。

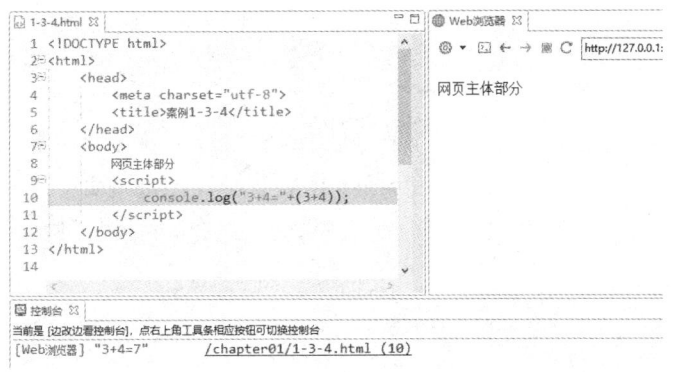

图 1-3　HBuilder 控制台输出

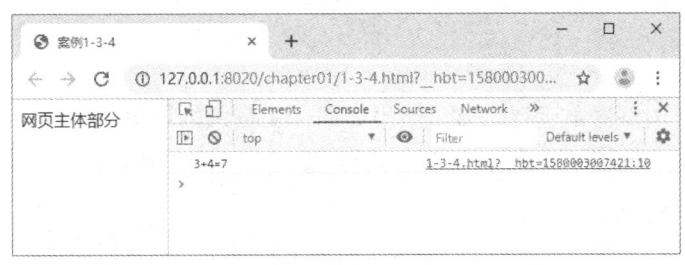

图 1-4　浏览器控制台

1.4　JavaScript 的消息框

JavaScript 提供了 3 种形式的消息框，用来进行信息的输入或输出，分别是警告框、确认框和提示框。

1. 警告框

警告框用 alert()方法实现。具体用法参考 1.3.2 节常用输出语句中的 alert()方法。

2. 确认框

确认框是一个带有提示信息以及"确定"和"取消"按钮的对话框，使用户可以验证或者接收某些信息。当确认框出现后，用户只有单击"确定"或者"取消"按钮才能继续进行操作。

消息框-confirm

语法格式：confirm("文本");

示例：var r=confirm("Press a button! ");

当弹出确认框后，如果用户单击"确认"按钮，那么其返回值为 true，即 r 的值为 true。如果用户单击"取消"按钮，那么其返回值为 false，即 r 的值为 false。然后，程序可以根据确认框返回值决定下一步的操作。

案例 1-4-1　用户单击按钮，弹出关闭窗口的确认框，单击"确定"按钮关闭网页，否则不关闭并返回网页。1-4-1.html 的关键代码如下。

```html
<html>
    <head>
        <meta charset="utf-8">
        <title>确认框操作</title>
        <script type="text/javascript">
            function quit(){
            var r=confirm("确定关闭本网页？");    //弹出确认框
            if(r==true) window.close();         //如果单击"确定"按钮，则关闭窗口
            }
        </script>
    </head>
    <body>
        <p>确认框操作练习</p>
        <button onclick="quit()">关闭网页</button>
    </body>
</html>
```

保存文件，在浏览器中运行，显示结果如图 1-5 所示。单击图 1-5 中的"关闭网页"按钮，弹出确认框，如图 1-6 所示。单击"确定"按钮，关闭网页，单击"取消"按钮，关闭确认框，返回网页。

图 1-5　文件运行结果

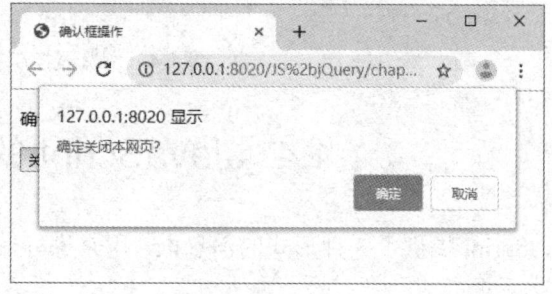

图 1-6　弹出确认框

3. 提示框

提示框是一个提示用户输入信息的对话框，经常用于提示用户在进入页面前输入某个值。当提示框出现后，用户需要输入某个值，然后单击"确认"或"取消"按钮才能继续操作。

语法格式：prompt("文本","默认值");

示例：var name=prompt("请输入您的姓名","TOM");

如果用户单击"确定"按钮，返回值为输入的值。如果用户单击"取消"按钮则返回值为 null。

下面通过案例学习提示框的用法。

案例 1-4-2　在提示框中输入姓名，单击"确定"按钮后，在页面上显示输入的姓名。1-4-2.html 的关键代码如下。

消息框-prompt

```
<html>
    <head>
        <meta charset="utf-8">
        <title>提示框操作</title>
    </head>
    <body>
        <p>提示框练习</p>
        <script type="text/javascript">
            var name=prompt("请输入您的姓名","TOM");  //弹出提示框
            document.write("您的姓名是:"+name);
        </script>
    </body>
</html>
```

保存文件，在浏览器中运行，显示结果如图 1-7 所示。输入姓名"JERRY"并单击"确定"按钮，在页面上显示输入的姓名，如图 1-8 所示。在图 1-7 中，直接单击"取消"按钮，页面显示效果如图 1-9 所示。

图 1-7　提示框输入姓名

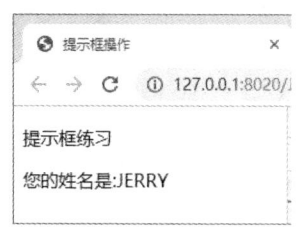

图 1-8　单击"确定"按钮的显示效果

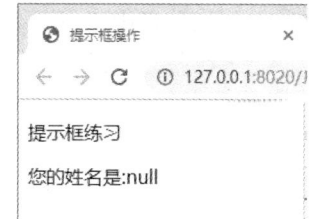

图 1-9　单击"取消"按钮的显示效果

1.5　实　训　案　例

案例 1-5-1　动态改变页面背景色和文字大小。

在页面上设计几个按钮，然后定义按钮的事件属性，通过单击按钮更改页面背景色和文字大小，达到动态改变页面风格的效果。案例 1-5-1.html 的关键代码如下。

实训案例

```
<html>
    <head>
```

```html
        <meta charset="utf-8">
        <title>动态改变页面风格</title>
    </head>
    <body>
        <button type="button" onclick="setBgColor('#DDFFEE')">蓝色背景
            </button>
        <button type="button" onclick="setBgColor('pink')">粉色背景
            </button>
        <button type="button" onclick="setFontSize('20')">大字</button>
        <button type="button" onclick="setFontSize('14')">小字</button>
        <a href="javascript:setFontSize('16')">中等大小文字</a>
        <div id="d1">
           <p>更改页面风格</p>
           <p>更改页面背景色</p>
           <p>更改页面文字大小</p>
        </div>
        <script>
        function setFontSize(size){
               document.getElementById('d1').style.fontSize=size+'px';
        
        }
        function setBgColor(color){
              document.body.style.backgroundColor=color;
        }
        </script>
    </body>
</html>
```

保存文件，在浏览器中运行，效果如图 1-10 所示。

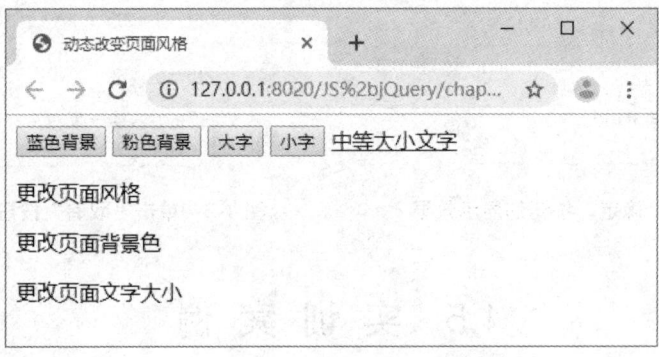

图 1-10 动态改变页面风格

更改背景和文字大小的功能用函数定义，通过按钮的事件属性进行调用。

语句 document.body.style.backgroundColor=color;用来更改整个页面的背景。

语句 document.getElementById('d1').style.fontSize=size+'px';用业更改 id="d1"的 div 中的文字大小。

1.6 本章小结

本章主要对 JavaScript 语言从演变发展、基本特点、开发环境、输出语句等方面做了简明介绍。并结合实例，演示了在 HTML 文档中嵌入 JavaScript 代码的方法，以及输入输出数据的几种方法。

1.7 练习题

一、填空题

1. console.log("Hello")在控制台的输出结果是_____。

2. 在网页中编写 JavaScript 程序时，可以通过_____、_____和_____三种方式来引入 JavaScript 代码。

二、判断题

1. JavaScript 是 Java 语言的脚本形式。　　　　　　　　　　　　　　（　　）
2. JavaScript 中的方法名不区分大小写。　　　　　　　　　　　　　　（　　）
3. JavaScript 语句结束时的分号可以省略。　　　　　　　　　　　　　（　　）
4. 通过外链式引入 JavaScript 时，可以省略</script>标记。　　　　　（　　）

三、选择题

1. JavaScript 是运行在(　　)的脚本语言。
   A. 服务器端
   B. 在服务器运行后，把结果返回到客户端
   C. 在客户端运行后，把结果返回到服务端
   D. 客户端

2. 下面链接外部 JavaScript 正确的是(　　)。
   A. <script language="javascript" src="your-Javascript.js"></script>
   B. <link language="javascript" src="your-Javascript.js">
   C. <script language="javascript" href="your-Javascript.js"></script>
   D. <style language="javascript" src="your-Javascript.js"></style>

四、编程题

1. 编写一个将用户输入的信息输出到网页的 JavaScript 程序。
2. 编写一个在页面中显示 Hello World 字样的 HTML 文件。

第 2 章 数据类型和运算符

JavaScript 脚本语言和其他程序设计语言一样，有自己的基本数据类型、运算符、表达式和语法规则，这些是 JavaScript 程序设计的基础。

本章的学习目标
- 熟悉 JavaScript 的语法规则
- 掌握 JavaScript 的数据类型
- 熟练掌握 JavaScript 的运算符

2.1 JavaScript 的语法规则

所有的编程语言都有自己的一套语法规则，用来详细说明如何使用该语言来编写程序。JavaScript 语言也不例外，为了确保 JavaScript 代码正确运行，必须遵守其语法规则。

2.1.1 区分大小写

JavaScript 严格区分大小写。如，max 和 MAX 是不同的标识符。

一般情况下，JavaScript 中使用的大多数标识符都采用小写形式。如，保留字全部都为小写，但也有一些名称采用大小写组合方式，如 onClick、onLoad 等。

JavaScript 的语法规则

2.1.2 代码的格式

在 JavaScript 程序中，每条功能执行语句的最后以分号结束。一个单独的分号也可以表示一条语句，这种语句叫作空语句。

一行可以写一条语句，也可以写多条语句。一行中写多条语句时，语句之间使用分号分隔。当在一行中只写一条语句时，可以省略语句结尾的分号，此时以回车换行符作为语句的结束。例如，以下写法都是正确的。

```
int  a=10;      //此行结尾的分号可以省略
```
或
```
c=10;   x=5;    //c=10;之后的分号不能省略
```

一条语句也可以写在多行上，如果一条语句被分成了多行，其间不能插入换行符。

2.1.3 代码的注释

JavaScript 可以使用两种方式书写注释：单行注释和多行注释。

1) 单行注释

单行注释以两个斜杠开头,注释内容不超过一行。例如:

//这是对一个函数的定义

2) 多行注释

多行注释以符号"/*"开头,并以"*/"结尾,中间部分为注释的内容,注释内容可以跨越多行,但其中不能有嵌套的注释。例如:

/*这是一个多行注释,这一行是注释的开始
函数的功能注释……
函数的参数说明*/

2.1.4　标识符

标识符是指 JavaScript 中定义的符号,如变量名、函数名、数组名等。在 JavaScript 中,标识符可以由大小写字母、数字、下划线(_)或美元符号($)组成,但标识符不能以数字开头,不能是 JavaScript 中的保留字。

例如,下面的几个标识符是合法的:

name,stu_num,_age

下面的几个标识符是非法的:

int   //int 是 JavaScript 中的保留字
78.2   //78.2 由数字开头,并且标识符中含有点号(.)
user name   //标识符中不能含有空格

标识符的定义要尽量做到见名知意,如 name 表示名称,age 表示年龄等。

2.1.5　保留字

保留字是指在 JavaScript 中被事先定义好并赋予特殊含义的单词。保留字不能做变量名和函数名使用,它们只能在 JavaScript 语言规定的场合中使用,否则会出现语法错误。表 2-1 列出了 JavaScript 的保留字。

表 2-1　JavaScript 的保留字

abstract	continue	float	int	return	transient
boolean	default	for	interface	short	true
break	do	function	long	static	try
byte	double	goto	native	super	var
case	else	if	new	switch	void
catch	extends	implements	null	synchronized	while
char	false	import	package	this	with
class	final	in	protected	throw	
const	finally	instanceof	public	throws	

表 2-1 列举的关键字中，每一个关键字都有特殊的作用，在编写程序时，给变量或函数命名时不应该与保留字相同。

2.2 变 量

变量可以看作是存储数据的容器，JavaScript 中的变量通常利用 var 关键字声明，并且变量的命名规则与标识符相同。对于变量必须明确其名称、类型和值这三个特性。

变量

2.2.1 变量的声明

JavaScript 是弱类型语言，它不像大多数编程语言那样强制限定每种变量的类型，即在创建一个变量时可以不指定该变量将要存放何种类型的信息。

JavaScript 中使用关键字 var 声明变量，示例代码如下：

```
var num1;
var student_1,student_2;
```

在声明变量的同时，可以为变量指定一个值，这个过程称为变量的初始化。未初始化的变量，默认值会被设定为 undefined。

2.2.2 变量的赋值

声明完变量后，就可以为其赋值，也可以在声明变量的同时为其赋值。示例代码如下：

```
var num1=30;
var student_1="TOM",student_2="JERRY";
var flag=true;
```

除了上面的赋值方式，还可以在声明变量时省略关键字 var，直接为变量赋值。示例代码如下：

```
name="张三";
i=0;j=1;
flag=true;
```

在程序中的任何位置，当需要改变变量的值时，都可以使用赋值语句为变量赋值。

案例 2-2-1 给 JavaScript 中的变量赋值，关键代码如下。

```
<html>
    <head>
        <meta charset="utf-8">
        <title>变量的赋值</title>
        <script>
            var name="TOM";   //在声明变量的同时给变量赋值，显式声明变量
            var age=28;
```

```
            salary=5000;        //在声明变量的同时给变量赋值，隐式声明变量
            document.writeln("姓名："+name+"<br/>");
            document.writeln("年龄："+age+"<br/>");
            document.writeln("薪资："+salary+"<br/>");
            document.writeln("十年后…"+"<br/>");
            age=age+10;          // 修改变量的值
            salary= salary+10000;
            document.writeln("年龄："+age+"<br/>");
            document.writeln("薪资："+salary+"<br/>");
        </script>
    </head>
</html>
```

保存页面，在浏览器中执行，结果如图 2-1 所示。

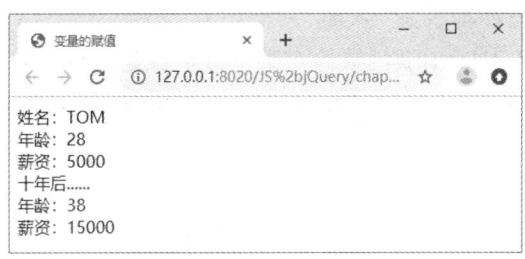

图 2-1　变量的赋值

2.3　数 据 类 型

JavaScript 中的数据类型分为两大类：基本数据类型和引用数据类型。基本数据类型包括数值型、字符串型、布尔型以及两个特殊的数据类型(空值和未定义)，引用数据类型包括数组、函数、对象等。

另外，由于 JavaScript 采用弱类型的变量声明形式，变量在使用前可以先不作声明，在使用或赋值时再确定其数据类型。

2.3.1　基本数据类型

1. 数值型

数值型(Number)是最基本的数据类型，可以用于完成数学运算。JavaScript 与其他程序设计语言不同，它不区分整型数值和浮点型数值，所有数字都是数值型。

如果一个数值直接出现在 JavaScript 程序中，称为数值直接量。JavaScript 支持的数值直接量有整型直接量和浮点型直接量两种。

(1) 一个整型直接量可以是十进制、十六进制和八进制数。例如：

```
var x=36;        //十进制整数 36
var y=036;       //八进制整数，等于十进制数 30
```

```
var z=0x1C;         //十六进制整数,等于十进制数28
```

(2) 浮点型直接量即带小数点的数。它既可以使用常规表示法,也可以使用科学记数法来表示。使用科学记数法表示时,指数部分是在一个整数后跟一个"e"或"E",它可以是一个有符号的数。例如:

```
var num1=3.1415;        //常规表示法
var num2=3.14E6;        //科学记数法,等于3.14×10^6
var num3=52E-12;        //科学记数法,等于52×10^-12
```

在 JavaScript 中,用特殊值 NaN(Not a Number)表示某个值不是数字值。NaN 是一个全局对象的属性,它的初始值就是 NaN,与数值型(Number)中的特殊值 NaN 一样,都表示非数字,但是它没有一个确切的值,仅表示非数值型的一个范围。例如,NaN 与 NaN 进行比较时,结果不一定为真(true),这是由于被操作的数据可能是布尔型、字符型、空型、未定义型和对象型中的任意一种类型。

在 JavaScript 中,用 isNaN(x) 函数检查某个值是否是非数字值,参数 x 必须有,是要检测的值,返回一个 Boolean 值。如果 x 是非数字值(NaN),返回的值就是 true,否则返回 false。

例如:

```
var n1 = isNaN("Hello");    //n1 的值是 true
var n2 = isNaN("12");       //n2 的值是 false
```

2. 字符串型

字符串是由字符、数字、标点符号等组成的字符序列,是 JavaScript 中用来表示文本的数据类型。程序中的字符串数据用单引号或双引号括起,字符串两边的引号必须相同,要么两边都是双引号,要么都是单引号。示例如下:

```
var name='Tom';    //单引号,放一个单词
var info1="My age is 20 ";          //双引号,放一个句子
var info2="My name is 'Tom'";       //双引号中包含单引号
var info3='My sex is "male"';       //单引号中包含双引号
var str1='', str2="";                //定义空字符串
```

说明: JavaScript 中没有 char 这样的字符数据类型,要表示单个字符,必须使用长度为 1 的字符串。

有些包含在字符串中的字符,因为已经有了特殊用途,不能以常规的形式直接加入这些符号。为了解决这个问题,可以使用转义字符对其进行转义。

转义字符以反斜杠(\)开始,后面跟一些符号。这些由反斜杠开头的字符表示的是控制字符而不是字符原来的含义。表 2-2 列出了 JavaScript 支持的转义字符及其代表的意义。

表 2-2 JavaScript 中的转义字符

转义字符	含 义	转义字符	含 义
\0	NULL 字符(\u0000)	\f	换页符(\uDDCC)
\b	退格符(\u0008)	\r	回车符(\uDDCD)

续表

转义字符	含 义	转义字符	含 义
\t	水平制表符(\u0009)	\"	双引号(\u0022)
\n	换行符(\u000A)	\'	撇号或单引号(\u0027)
\v	垂直制表符 Tab(\u000B)	\\	反斜杠符(\u005C)
\uXXXX	由 4 位十六进制数 XXXX 指定的 Unicode 字符,如\u00A9 即是版权符号的 Unicode 编码	\XXX	由 1～3 位八进制数(从 1～377)指定的 Latin-1 编码字符,如\251 即是版权符号的八进制码

3. 布尔型

布尔型(Boolean)是 JavaScript 中较常用的数据类型之一,通常用于逻辑判断。它只有 true 和 false 两个值,分别代表事物的真和假。示例如下:

```
var flag1=true;    //为变量 flag1 赋一个布尔类型的值 true
var flag2=false;   //为变量 flag2 赋一个布尔类型的值 false
```

需要注意的是,在 JavaScript 中,严格遵循大小写,因此 true 和 false 只有全部为小写时才表示布尔型。

4. 空值型

空值型是 JavaScript 中的一个特殊的值,用关键字 null 表示,用于表示一个不存在的或无效的对象或地址。如果一个变量的值为 null,那么就表示它的值不是有效的对象、数字、字符串或布尔值。

null 可用于初始化变量,以避免产生错误,也可用于清除变量的内容,从而释放与变量相关联的内存空间,当把 null 赋值给某个变量后,这个变量中就不再保存任何有效的数据了。

注意:只有 null 全部为小写时才表示空值型。

5. 未定义型

未定义型是 JavaScript 中的一个特殊的值,用全局变量 undefined 来表示,未声明的变量或声明了变量但未被初始化时,将返回 undefined 值。

undefined 与 null 的区别: undefined 表示没有为变量设置值,而 null 表示变量(对象或地址)不存在或无效。

2.3.2 数据类型转换

1. 数据类型检测

JavaScript 中变量的数据类型,不是开发人员设定的,而是根据该变量使用的上下文在运行时决定的,下面通过一个变量相加的示例进行演示。

```
var num1=10,num2="20",sum=0;    //在声明变量的同时给变量赋值
sum=num1+num2;                   //对变量进行相加运算
console.log(sum);                //输出结果:1020
```

从上述示例的输出结果可以看出，此处的相加运算并没有按照我们预想的进行相加，而是将两个变量的值进行了拼接。

开发中，为了防止运算结果出错，可以使用 typeof 操作符检测变量的数据类型。typeof 操作符以字符串形式返回未经计算的操作数的类型。示例代码如下。

```
var num1=10,num2="20",sum=0;     //在声明变量的同时给变量赋值
sum=num1+num2;                    //对变量进行相加运算
console.log(typeof(num1));        //输出结果：number
console.log(typeof(num2));        //输出结果：string
console.log(typeof(sum));         //输出结果：string
```

从上述示例可以看出，参加运算的变量 num1 是数值型，num2 是字符串型，运算结果 sum 也是字符串型。因为 num1 与 num2 在进行"+"运算时，num1 自动转换成了字符串型，进行了字符串拼接，所以运算结果也是字符串型数据。

2. 数据类型转换

对两个数据进行操作时，若其数据类型不相同，则需要对其进行类型转换。例如，如果数字 10 和字符串"20"进行算术加法运算，就需要首先将字符串"20"转换为数值型。

除了可以利用 JavaScript 的自动类型转换外，还可以根据程序的需要指定数据的转换类型。下面对几种常见的数据类型转换方法进行简单的介绍。

数值转字符串

1) 转字符串型

在开发中，需要将数据转换成字符串型时，可以利用 JavaScript 提供的 String()函数和 toString()方法进行转换。它们的区别是前者可以将任意类型转换成字符串型，而后者除了 null 和 undefined 以及没有 toString()方法外，其他类型都可以完成到字符串的转换。具体示例如下。

```
var num1=20;          //在声明变量的同时给变量赋值
console.log(typeof(String(num1)));        //输出结果：string
console.log(String(num1));                //输出结果：20
console.log(typeof(num1.toString()));     //输出结果：string
console.log(num1.toString());             //输出结果：20
console.log(num1.toString(2));            //输出结果：10100
```

上述示例中的 toString()方法在进行数据类型转换时，可通过参数设置，将数值转换为指定进制的字符串，例如 num1.toString(2)，表示首先将十进制 20 转换为二进制 10100，然后再转换为字符串。

2) 转数值型

在对数据进行运算时，为了保证参与运算的都是数值型，经常需要对数据进行转换。JavaScript 提供了 Number()函数、parseInt()函数和 parseFloat()函数，可以实现把其他类型数据转换成数值型数据。

(1) Number()函数，用于将其他类型的值转换为数值型数据。示例代码如下。

Number()函数

```
console.log(Number("123"));              //输出结果：123
console.log(Number("356abc"));           //输出结果：NaN
console.log(Number("abc"));              //输出结果：NaN
console.log(Number(""));                 //输出结果：0
console.log(Number(false));              //输出结果：0
console.log(Number(true));               //输出结果：1
console.log(Number(null));               //输出结果：0
console.log(Number(undefined));          //输出结果：NaN
```

(2) parseInt()函数，用于将字符串转换为整数。示例代码如下。

```
console.log(parseInt("123"));            //输出结果：123
console.log(parseInt("356abc"));         //输出结果：356
console.log(parseInt("abc"));            //输出结果：NaN
console.log(parseInt(""));               //输出结果：NaN
console.log(parseInt(false));            //输出结果：NaN
console.log(parseInt("123",8));          //输出结果：83
console.log(parseInt("F",16));           //输出结果：15
```

ParseInt()函数

parseInt()函数的第二个参数是 2~36 之间的整数，表示待转换字符串的进制数，默认是 10，表示十进制，将其设置为 8 时，表示八进制。但不管指定按哪一种进制转换，parseInt()函数总是以十进制值返回结果。parseInt("123",8)表示将八进制字符串"123"转换成数值，返回十进制数 83。parseInt("F",16)表示将十六进制字符串"F"转换成数值，返回十进制数 15。

(3) parseFloat()函数，用于将字符串转换为浮点数。示例代码如下。

```
console.log(parseFloat("123.345"));      //输出结果：123.345
console.log(parseFloat("3.45abc"));      //输出结果：3.45
console.log(parseFloat("abc"));          //输出结果：NaN
```

ParseFloat()+Eval()

被转换的字符串如果不以数字开始，则 parseFloat()函数将返回 NaN，表示所传递的参数不能转换为一个浮点数。

(4) eval()函数，用于计算字符串表达式或语句的值。示例代码如下。

```
console.log(eval("2+3*5-8"));            //输出结果：9
console.log(eval("100"+"45.8"));         //输出结果：10045.8
```

eval("100"+"45.8");先进行字符串"100"和字符串"45.8"的连接运算，然后再计算整个字符串的值，所以最后的结果为 10045.8。

2.4 运 算 符

在程序中经常会对数据进行各种运算，这时候就需要用到各种运算符。运算符与各种类型的数据和变量组合成表达式，完成一系列运算。根据运算类别，可以将 JavaScript 中的运算符分为 7 类，下面将针对这 7 类运算符的使用以及优先级顺序进行详细讲解。

2.4.1 算术运算符

算术运算符用于对数值类型的变量及常量进行算术运算，与数学中的加减乘除类似，也是最简单和最常用的运算符号。其中，常用的运算符及使用示例如表2-3所示。

算术运算符

表2-3 JavaScript中的算术运算符

运算符	运算	示例	结果
+	加法运算符	10+5	15
−	减法运算符	10-5	5
*	乘法运算符	10*5	50
/	除法运算符	7/2	3.5
%	取模运算符，即计算两个数相除的余数	8%3	2
++	增量运算符，递加1并返回数值或返回数值后递加1，取决于运算符的位置在操作数之前还是之后	a=1,b=a++; a=1,b=++a;	a=1,b=1 a=1,b=2
−−	减量运算符，递减1并返回数值或返回数值后递减1，取决于运算符的位置在操作数之前还是之后	a=5,b=a−−; a=5,b=−−a;	a=5,b=5 a=5,b=4

算术运算符的使用看似简单也容易理解，但是在实际应用中，还需要注意以下几点。

(1) "+"和"−"在算术运算时还可以表示正数和负数，例如，(-5)+(+5)的运算结果为0。

(2) 在进行取模运算时，其两边的运算数必须是数值型的。运算结果的正负取决于被模数(%左边的数)的符号，与模数(%右边的数)的符号无关。例如，18%(-5)=3, (-18)%5=-3。

(3) 运算符(++或−−)放在操作数前面时，先进行自增和自减运算，再进行其他运算。如果运算符放在操作数后面，则先进行其他运算，再进行自增和自减运算。

案例2-4-1 JavaScript算术运算符的使用。创建文件2-4-1.html，关键代码如下。

```
<html>
    <head>
        <meta charset="utf-8">
        <title>算术运算符的使用</title>
        <script>
            var a=18,b=5;           //定义变量并初始化
            document.write(a+"%"+b+"="+a%b+"<br/>");
            document.write(-a+"%"+b+"="+(-a)%b+"<br/>");
            document.write(a+"%"+-b+"="+a%(-b)+"<br/>");
            var x=5,y=0;            //定义变量并初始化
            y=x+++10;
            document.write("x="+x+",y="+y+"<br/>");
            x=5;                    //重新赋值
            y=++x+10;
            document.write("x="+x+",y="+y+"<br/>");
            x=5;                    //重新赋值
            y=x--+10;
```

```
        document.write("x="+x+",y="+y+"<br/>");
        x=5;                        //重新赋值
        y=--x+10;
        document.write("x="+x+",y="+y+"<br/>");
    </script>
  </head>
</html>
```

保存文件，在浏览器中执行，结果如图 2-2 所示。

执行语句 y=x+++10;时，x 的值先与 10 相加得到 15，然后 x 才加 1，得到 6，这相当于先执行了 x+10，然后再执行 x=x+1，所以 y 的值是 15。

执行语句 y=++x+10;时，x 先加 1，得到 6，然后再进行加法运算，这相当于先执行了 x=x+1，然后再执行 x+10，所以 y 的值是 16。

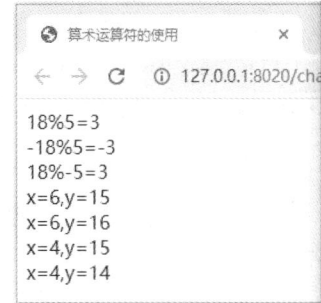

图 2-2　运算结果

2.4.2　字符串运算符

JavaScript 中，"+"操作的两个数据中，只要有一个是字符串，"+"就表示字符串运算符，用于返回两个数据拼接后的字符串。具体示例如下。

```
<script>
    var num1=110,num2="1633";
    num=num1+num2;
    console.log(num);               //输出结果：1101633
    console.log(typeof(num));       //输出结果：string
</script>
```

字符串运算符

从上述示例可知，当变量或值通过运算符"+"与字符串进行运算时，变量或值就会被自动转换为字符串，与指定的字符串进行拼接。

2.4.3　赋值运算符

在前面创建变量时，已经使用了赋值运算符(=)给变量赋初值。赋值运算符用于将其右边表达式的值赋给左边的变量。其中，"="是最基本的赋值运算符，而非数学意义上相等的关系。其中，常用的赋值运算符及示例如表 2-4 所示。

赋值运算符

表 2-4　JavaScript 中的常用赋值运算符

运算符	运算	示例	结果
=	赋值运算符	a=5,b=2;	a=5;b=2
+=	加并赋值运算符	a=5,b=2;a+=b;	a=7;b=2
-=	减并赋值运算符	a=5,b=2;a-=b;	a=3;b=2
*=	乘并赋值运算符	a=5,b=2;a*=b;	a=10;b=2

续表

运 算 符	运　　算	示　　例	结　　果
/=	除并赋值运算符	a=5,b=2;a/=b;	a=2.5;b=2
%=	取模并赋值运算符	a=5,b=2;a%=b;	a=1;b=2

两个变量参加复合的赋值运算时，运算符左侧变量和右侧变量先进行算术运算，然后再把运算结果赋值给左侧变量。在实际应用中，还需要注意以下几点。

(1) 通过"="赋值运算符不仅可以为指定变量赋值，还可以利用一条赋值语句同时为多个变量赋值，具体示例如下。

```
var a=b=c=10;    //为三个变量同时赋值 10
```

在上述代码中，一条赋值语句可以同时为变量 a、b、c 赋值，这是由于赋值运算符的结合性为"从右向左"，即先将 10 赋值给变量 c，然后再把变量 c 的值赋值给变量 b，最后把变量 b 的值赋值给变量 a，所以三个变量同时完成赋值 10。

(2) 通过前面的学习，我们知道"+"运算符在 JavaScript 中既可以表示加运算、正数运算，又可以表示字符串运算。因此，运算符"+="在使用时，若其操作数中有字符串，则用于拼接字符串。

2.4.4　关系运算符

关系运算符又称为比较运算符，用于对两个数值或变量进行比较，其结果是一个布尔值，即 true 或 false。关系运算符的操作数可以是数值、字符串，也可以是布尔值。JavaScript 中的关系运算符如表 2-5 所示。

关系运算符

表 2-5　JavaScript 中的关系运算符

运 算 符	运　　算	示例(a=10)	结　　果
<	小于	a<5	false
<=	小于等于	a<=15	true
>	大于	a>5	true
>=	大于等于	a>=15	false
==	等于	a==5	false
===	严格等于	a===10	true
!=	不等于	a!=10	false
!==	严格不等于	a!=="10"	true

比较运算符的使用虽然很简单，但是在实际应用中，还需要注意以下几点。

(1) 不同类型的数据进行比较时，首先会自动将其转换成相同类型的数据再进行比较，例如，字符串'123'与 123 进行比较时，首先会将字符串'123'转换成数值型，然后再与 123 进行比较。

(2) 运算符"=="和"!="与运算符"==="和"!=="在进行比较时，前两个运算符只比较数据值是否相等，而后两个运算符不仅要比较值是否相等，还要比较数据的类型是否相同。示例代码如下。

```
var a=10;
console.log(a=='10');        //输出结果：true
console.log(a==='10');       //输出结果：false
```

表达式 a=='10'的结果为 true，而表达式 a==='10'的结果为 false，原因在于它们的数据类型不一致(一个操作数为数值型，另一个为字符串型)。

如果比较的两个操作数为字符串型时，要按字符编码依次自左到右进行比较。示例代码如下。

```
var str1="abcd",str2="abcdef",str3="abef";
console.log(str1>str2);      //输出结果：false
console.log(str1<str3);      //输出结果：true
```

2.4.5 逻辑运算符

逻辑运算符一般用于对布尔型的数据进行操作，它们通常在条件语句中使用，与关系运算符一起构成复杂的判断条件。JavaScript 中提供了 3 种逻辑运算符：逻辑与(&&)、逻辑或(||)、逻辑非(!)，如表 2-6 所示。

表 2-6　JavaScript 中的逻辑运算符

运算符	运算	示例	结果
&&	与	a&&b	当 a 和 b 的值都为 true 时，结果为 true，否则为 false
||	或	a||b	当 a 和 b 的值至少有一个为 true 时，结果为 true，否则为 false
!	非	!a	若 a 的值为 true，结果为 false，否则相反

逻辑运算符所连接的操作数都是逻辑型变量或表达式。示例代码如下。

逻辑运算符

```
<script>
    var a=10,b=20,c=30,d=40;
    document.write("a="+a+",b="+b+",c="+c+",d="+d+"<br>");
    document.write("(a>b)&&(d>c)="+((a>b)&&(d>c))+"<br>");
    document.write("(a>b)||(d>c)="+((a>b)||(d>c))+"<br>");
    document.write("(a>b)="+!(a>b)+"<br>");
</script>
```

保存页面文件，在浏览器中执行，结果如图 2-3 所示。

用逻辑运算符将关系表达式或逻辑量连接起来的式子称为逻辑表达式。逻辑表达式运算时，是按从左到右的顺序进行求值的，因此在运算时需要注意，可能会出现"短路"情况，具体如下所示。

如果与运算符(&&)左侧的表达式的计算结果为零、null 或空字符串，则右侧表达式不会执行，整个表达式的结果就肯定是 false。

如果或运算符(||)左侧的表达式的计算结果为 true，则右侧表达式不会执行，整个表达式的结果就肯定是 true。

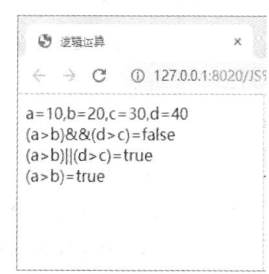

图 2-3　逻辑运算结果

对于连接的非逻辑型变量或表达式，在 JavaScript 中将非 0 的数值看作是 true，而将 0 看作是 false。

2.4.6 条件运算符

条件运算符(?:)也叫三元运算符，它是一种需要三个操作数的运算符，其语法格式如下。

条件表达式?表达式 1:表达式 2

在上述语法格式中，先求条件表达式的值，如果为 true，则返回表达式 1 的执行结果；如果条件表达式的值为 false，则返回表达式 2 的执行结果。示例代码如下。

```
<script>
    var a=10,b=20,max;
    max=a>=b?a:b;
    console.log("max="+max);        //控制台输出：max=20
</script>
```

条件运算符

上述代码"max=a>=b?a:b;"执行时，首先执行条件表达式"a>=b"，如果结果为 true，则将 a 的值赋给变量 max，否则将 b 的值赋给变量 max。该条件表达式实现了求两个数中较大数的功能。

2.4.7 位运算符

除了前面介绍的各种运算符以外，JavaScript 还提供了位操作运算符，对参与运算的数按二进制(0 和 1)组成的 32 位的串进行运算。表 2-7 列出的是有关位操作的运算符。

位运算符

表 2-7 JavaScript 中的位运算符

运算符	名称	示例(a=15,b=9)	结果
&	按位与	a&b	十进制数：9，二进制数：00001001
|	按位或	a|b	十进制数：15，二进制数：00001111
~	按位取反	~a	十进制数：-16，二进制数：11110000
^	按位异或	a^b	十进制数：6，二进制数：00000110
<<	按位左移	b<<2	十进制数：36，二进制数：00100100
>>	按位右移	b>>2	十进制数：2，二进制数：00000010
>>>	无符号右移	a>>>2	十进制数：3，二进制数：00000011

需要注意的是，JavaScript 中的位运算符只能对数值型的数据进行运算。在对数字进行位运算之前，程序会将所有的操作数转换成二进制数，然后再逐位运算。下面通过具体示例，演示位运算符是如何对数据进行运算的。

(1) 将 15 与 9 进行与运算，数字 15 对应的二进制数为 1111，数字 9 对应的二进制数为 1001，具体演算过程如下。

```
    00000000 00000000 00000000 00001111
&   00000000 00000000 00000000 00001001
    00000000 00000000 00000000 00001001
```

"&"是将参与运算的两个二进制数进行按位"与"运算,如果两个二进制位都是1,则该位的运算结果为1,否则为0。运算结果的二进制数为00001001,对应十进制的数值为9。

(2) 将15进行按位取反运算,具体演算过程如下。

~ 00000000 00000000 00000000 00001111

‧11111111 11111111 11111111 11110000

计算结果的二进制数为11110000,最高位是1表示负数,该数是负数的补码,末位减一取反,得到其对应正数的二进制数为00010000,十进制数为16,因为是负数,所以最终运算结果是-16。

2.4.8 运算符的优先级

前面介绍了 JavaScript 的各种运算符,那么在对一些比较复杂的表达式进行运算时,首先要明确表达式中所有运算符参与运算的先后顺序,我们把这种顺序称作运算符的优先级。表 2-8 列出了 JavaScript 运算符的优先级和结合方向。

运算符的优先级

表 2-8 JavaScript 中的运算符优先级和结合性

优先级	运算符	结合方向
1	()	无
2	new(有参数,无结合性),[]	左
3	new(无参数)	右
4	++(后置), --(后置)	无
5	!, ~, +(正数), -(负数), ++(前置), --(前置), typeof, new, void, delete	右
6	*, /, %	左
7	+, -	左
8	<<, >>, >>>	左
9	<, <=, >, >=, in, instanceof	左
10	==, !=, ===, !==	左
11	&	左
12	^	左
13	|	左
14	&&	左
15	||	左
16	?:	右
17	=, +=, -=, *=, /=, %=, <<=, >>=, >>>=, &=, ^=, !=	右
18	,	左

表 2-8 中，在同一单元格的运算符具有相同的优先级，左结合方向表示同级运算符的执行顺序为从左向右，右结合方向则表示执行顺序为从右向左。除此之外，当表达式中有多个圆括号时，最内层圆括号中的表达式优先级最高。

示例代码：var x=(10+9-6)*2-30/5;

表达式的执行依据运算符的优先级顺序进行，首先执行括号里的表达式，结果是 13，原式变为 x=13*2-30/5，然后进行乘除运算，接下来是加减运算，最后是赋值运算，把 20 赋给变量 x。

2.5 实训案例

案例 2-5-1 温度转换。任意输入一个摄氏温度，将其转换成华氏温度。

摄氏温度(C)与华氏温度(F)的换算式是：C = 5×(F-32)/9，F = 9×C/5+32。

(1) 设计 html 页面文件，用于显示用户输入的摄氏温度和转换后的华氏温度，用文本框显示。页面代码如下。

```
<body>
    <p>摄氏温度: <input id="cd" type="text" size="15" ></p>
    <p>华氏温度: <input id="hd" type="text" size="15" ></p>
</body>
```

温度转换

(2) 编写 JavaScript 代码，输入数据并对输入的数据进行处理，如果输入的不是数字，则弹出警告框，提示"输入数据不合法"，否则把摄氏温度转换成华氏温度，然后输出数据。代码如下。

```
<script>
    var wd1, wd2;
    wd1=prompt("请输入摄氏温度",10);
    wd1=parseFloat(wd1);
    if(isNaN(wd1)) alert("输入数据不
        合法！");
    else{
        wd2=(wd1*9)/5+32;
        document.getElementById
            ("cd").value=wd1+"C";
        document.getElementById
            ("hd").value=wd2+"F";
    }
</script>
```

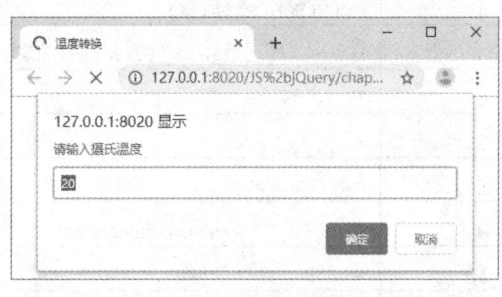

图 2-4 运行文件等待输入数据

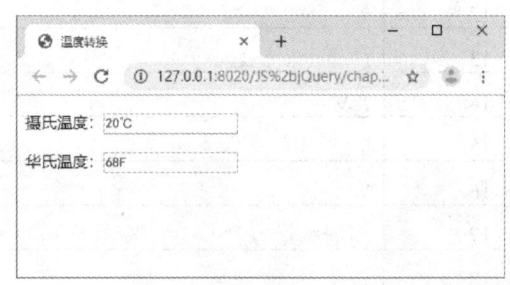

图 2-5 输入数据后的显示效果

保存文件，文件名为 2-5-1.html，在浏览器中运行文件，效果如图 2-4 所示。输入一个摄氏温度数，单击"确定"按钮，在页面上显示输入的摄氏温度和转换得到的华氏温度，如图 2-5 所示。

2.6 本章小结

本章主要介绍了 JavaScript 语言的基本语法规则，以及数据类型、变量和运算符的基本使用方法，为后续 JavaScript 流程控制语句的学习打下基础。

2.7 练习题

一、填空题

1. JavaScript 里面的标识符不能以_____开头。
2. 在 JavaScript 运算符中，_____拥有最高的优先级。
3. _____运算符可以连接两个字符串。
4. Boolean(undefined)方法的运行结果等于_____。
5. 表达式(-5)%3 的运行结果等于_____。

二、判断题

1. JavaScript 中的 age 与 Age 代表不同的变量。　　　　　　　　　　　　　(　　)
2. _name 在 JavaScript 中是合法的变量名。　　　　　　　　　　　　　　　(　　)
3. 运算符"+"可用于连接两个字符串。　　　　　　　　　　　　　　　　　(　　)
4. 表达式 10=='10'的值为 false。　　　　　　　　　　　　　　　　　　　(　　)
5. var a=b=6; b=3 console.log(a)的值为 3。　　　　　　　　　　　　　　　(　　)

三、选择题

1. (　　)是声明变量和赋值的正确语法。
   A. var myVariable="Hello";　　　　B. var my Variable=Hello;
   C. "Hello"=var myVariable;　　　　D. var "Hello"= my Variable;
2. (　　)是合法的变量名。
   A. %varoable_name　　　　　　　B. 1varoable_name
   C. varoable_name　　　　　　　　D. +variable_name
3. (　　)转义字符可以在字符串中加入一个换行操作。
   A. \b　　　　B. \f　　　　C. \n　　　　D. \r
4. 在语句 return Value= count++中，如果 count 的初始值为 10,则 Value 的值为(　　)。
   A.10　　　　B.11　　　　C.12　　　　D.20
5. 如果 x 的值为 1，执行 y=eval(x+ "2*2");语句后，y 的值为(　　)。
   A. "1+2*2"　　B. "12*2"　　C.6　　　　D.24
6. 下列选项中，不能作为变量名开头的是(　　)。
   A. 字母　　　B. 数字　　　C. 下划线　　D. $

7. ("5.3"+2.3) 的计算结果是(　　)。

　　A. 7.6　　　　　B. 5.32.3　　　　C. 5.32　　　　D. 7.3

8. 在 JavaScript 中，把字符串"789"转换为整型值 789 的正确方法是(　　)。

　　A. var str="789"; var num=(int)str;

　　B. var str="789";var num=str.parseInt(str);

　　C. var str="789";var num=parseInt(str);

　　D. var str="789";var num=Integer.parseInt(str);

四、编程题

1. 任意输入两个数，转换成整数后进行加运算，将运算结果输出在页面上。

2. 编写程序，求梯形的面积。已知梯形的上底为 3、下底为 8、高为 5。

第 3 章 JavaScript 的流程控制

程序在执行时，需要相应的控制语句来控制程序的执行流程。JavaScript 同其他程序语言一样，其流程控制也分为顺序结构、选择结构和循环结构这三种基本结构。前面学习的案例，编写的代码是自上而下执行的，这种代码的执行顺序就是顺序结构，接下来本章将学习选择结构和循环结构的控制流程。

本章的学习目标

- 熟悉 JavaScript 中的各种流程结构
- 熟练掌握选择结构设计
- 熟练掌握循环结构设计
- 掌握跳转语句的用法

3.1 选 择 结 构

选择结构主要是通过条件语句来实现的，它根据给出的条件进行判断，决定下一步执行哪些语句。常用的选择结构语句有单分支(if)、双分支(if...else)和多分支(if...else if...else 和 switch)语句三种。下面分别介绍这几种选择结构语句的用法。

3.1.1 单分支语句

if 语句是最简单的条件语句，当满足某种条件时，就进行某种处理。其语法格式如下。

单分支语句

```
if (条件表达式) {
    复合语句;
}
```

if 语句在执行时，首先计算条件表达式的值，如果其值为 true，就执行大括号中的语句；否则跳过大括号，直接执行 if 语句后面的语句。如果大括号中只有一条语句，就可以省略大括号。

案例 3-1-1 根据输入的年龄，判断是否已成年，具体示例如下。

```
<script>
    var  age= prompt("请输入你的年龄：","");
    if(age>18) {
        document. write("你已成年");
    }
</script>
```

在上述示例代码中，利用 prompt()方法显示的提示框输入数据，并把用户输入的内容赋值给变量 age，然后利用 if 语句判断表达式"age>18"是否成立，如果条件表达式的值为真就执行 document.write("你已成年")语句。

3.1.2 双分支语句

在实际使用时，往往需要根据条件来判断是执行 A 操作还是执行 B 操作，这时就需要使用 if…else 语句了。if…else 语句也称为双分支语句，当满足某种条件时，就进行某种处理，否则进行另一种处理，其语法格式如下。

```
if (条件表达式) {
     复合语句1;
}
else {
     复合语句2;
}
```

双分支语句

在执行 if…else 语句时，首先计算条件表达式的值，如果其值为 true，就执行复合语句1；否则执行复合语句2。

案例 3-1-2 任意输入一个数，求它的绝对值，具体示例如下。

```
<script>
     var x;
     x= prompt("请输入变量 x 的值：","");
     x=parseInt (x);
     if (x>=0) {
          document.write(x,"的绝对值是：",x);
     }
     else {
          document.write(x, "的绝对值是：",-x);
     }
</script>
```

在上述示例代码中，通过提示框输入的内容赋值给变量 x，然后执行 if 语句，如果条件表达式"x>=0"的值为真，就直接输出 x，否则输出-x，实现求 x 的绝对值的功能。

3.1.3 多分支语句

有时候，在执行程序时需要针对不同情况进行不同的处理，为了实现这样的功能，可以把一个 if 语句作为另一个 if 语句的复合语句，从而形成嵌套的 if 语句，也称为多分支语句。其语法格式如下。

```
if (表达式1) {
复合语句1;
     }
else if (表达式2) {
复合语句2;
     }
```

多分支语句

```
...
else if (表达式n) {
复合语句n;
    }
else  {
复合语句n+1;
}
```

上述语句结构中,首先判断表达式 1 的值是否为真,如果为真,则执行复合语句 1;接着判断表达式 2,如果表达式 2 的值为真,则执行复合语句 2,依次判断,可进行若干个条件的判断,直到最后判断表达式 n 的值是否为真,如果为真,则执行复合语句 n;否则执行复合语句 n+1。在各个条件的判断过程中,只要有一个条件为真,就执行相应的复合语句,而不再判断后面的条件,也不再执行这个结构中的其他语句,程序直接转到整个语句结构后面的语句执行。

说明:在嵌套的 if 语句中,else 总是与它最近的 if 配对。

图 3-1 是嵌套了 4 层的 if 语句的流程图,可以更好地理解该语句结构的执行过程。

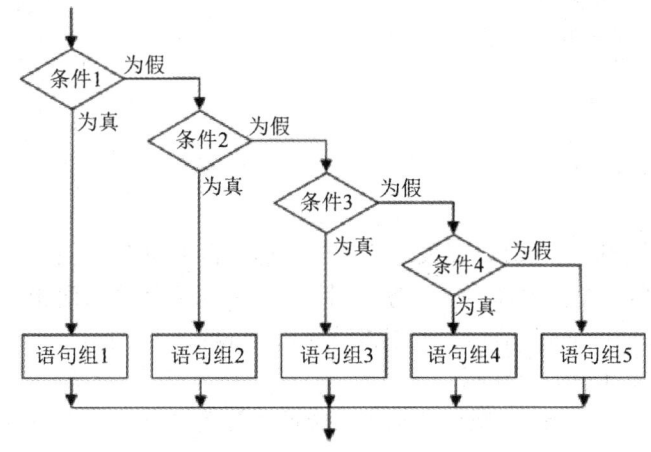

图 3-1 嵌套 else 语句实现多分支选择的结构流程

例如,对一个学生的考试成绩进行等级的划分,分数在 90~100 分为优秀,分数在 80~90 分为良好,分数在 70~80 分为中等,分数在 60~70 分为及格,分数小于 60 则为不及格。

案例 3-1-3 输入一个学生的百分制成绩并转换为等级输出,示例代码如下。

```
<script>
    var score,grade;
    score= prompt("请输入一个成绩值(0-100): ","");
    score=parseInt (score);
    if (score>=90) {grade="A, 你真棒! ";}
    else if(score>=80) {grade="B, 也不错! ";}
        else if(score>=70) {grade="C, 还可以! ";}
            else if(score>=60) {grade="D, 加油啊! ";}
                else {grade="E, 掉队了! 努力! 加油! "}
```

```
        document.write("你的成绩是: "+grade);
</script>
```

通过上面的示例可以看出，如果嵌套层次多，会使程序结构变得复杂，阅读起来不方便，也很容易出错。因此，JavaScript 也和其他语言一样，提供了专门用于处理多分支选择的 switch 语句。

3.1.4　switch 语句

switch 语句也是多分支语句，功能与嵌套的 if…else 语句相同。不同的是 switch 语句只能针对某个表达式的值做出判断，从而决定该执行哪段代码。但使用 switch 语句可以使程序结构更加清晰，便于阅读和维护。

switch 语句的语法格式如下：

```
switch (表达式) {
    case 常量表达式1:
        语句组1;break;
    case 常量表达式2:
        语句组2;break;
    case 常量表达式3:
        语句组3;break;
    ...
    default:语句组n+1;
}
```

switch 语句

switch 语句在执行时，首先计算表达式的值，然后自上而下与 case 中的常量表达式进行比较，如果与某个常量表达式的值相等，则执行该常量表达式后面相应的语句组，当遇到 break 语句时将跳出 switch 语句；否则将继续执行 switch 中的后续语句。其中若没有匹配的值，则执行 default 中的语句组。

案例 3-1-4　使用 switch 实现百分制成绩转换为等级输出，其代码如下。

```
<script>
    var score,grade;
    score= prompt("请输入一个成绩值(0-100): ","");//用提示框输入成绩值
    score=parseInt(score);      //把字符串转换成数值
    var sc=parseInt(score/10);  //取整,丢弃小数部分,保留整数部分
    switch(sc) {
        case 10:
        case 9:grade="A, 你真棒! ";break;
        case 8:grade="B, 也不错! ";break;
        case 7:grade="C, 还可以! ";break;
        case 6:grade="D, 加油啊! ";break;
        default:grade="E, 掉队了！努力！加油！"
    }
    document.write("你的成绩是: "+grade);
</script>
```

程序执行时，首先通过提示框输入一个分数值，并把字符串数值转换成数值型数据，然后把数值除以 10 并进行取整，得到该分数对应的分数段值，接着根据分数段值判断该分

数的等级，最后输出判断结果。

注意：switch 语句中各个 case 语句的常量表达式的值必须各不相同。

3.2 循环结构

当程序中的某些部分需要被反复执行时，就需使用循环结构语句。在 JavaScript 中常用的循环语句有 while 语句、do…while 语句、for 语句等。

3.2.1 while 语句

while 语句用于根据循环条件判断是否重复执行一段代码，其语法格式如下：

while 语句

```
while （表达式）
{
语句组；
}
```

在上述语法中，while 后的"表达式"是循环条件，"{}"中的语句组称为循环体。while 语句执行时，首先判断表达式的值(也就是循环条件)是否为 true，如果为 true，则执行循环体语句组，如果为 false，则结束整个循环。

在语句组中应该有改变表达式的值，从而使循环趋向于结束的语句；否则将会形成死循环。

说明：while 语句执行时，要先判断表达式的值，如果表达式的值一开始就为假，则循环体中的语句组将一次也不会被执行。

案例 3-2-1 用 while 语句求 1+2+3+4+…+100 的和，其代码如下。

```
<script>
    var  i=1,sum=0;        //循环变量 i，累加和变量 sum
  //循环开始位置，测试循环条件
    while (i<=100)   {
       sum+=i;
       i++;                //循环变量修改，增加 i 的值，使 i 的值趋于 100
    }                       //循环语句结束位置
    document.write("1+2+3+4+…+100="+sum);
</script>
```

保存文件，在浏览器中执行，结果如图 3-2 所示。

程序执行时，循环变量 i 的初始值为 1，循环条件 i<=100 的值为真时执行循环体，把 i 累加到 sum 中，并把 i 值加 1。重复执行 while 语句，直到 i=101，不满足循环条件退出循环为止。

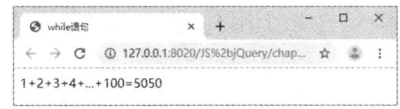

图 3-2 用 while 语句求 1+2+3+…+100 的和

3.2.2 do…while 语句

do…while 语句与 while 语句的功能相似,也是根据循环条件来判断是否重复执行一段代码。其语法格式如下:

do…while 语句

```
do {
语句组;
} while (表达式);
```

注意:do…while 语句的末尾使用分号结束整个语句,而 while 语句的末尾一定不要加分号。

do…while 语句在执行时首先执行循环体中的语句组,然后再判断表达式(循环条件)的值,如果为 true,则执行循环体语句组,如果为 false,则结束整个循环。

案例 3-2-2 用 do…while 语句求 1+2+3+4+…+100 的和,其代码如下。

```
<script>
    var i=1,sum=0;           //循环变量 i,累加和变量 sum
    //循环开始位置
    do {
        sum+=i;
        i++;                 //循环变量修改,使 i 的值趋于 100
    } while (i<=100);        //循环条件判断
    document.write("1+2+3+4+…+100="+sum);
</script>
```

保存文件,在浏览器中执行,结果如图 3-2 所示。

do…while 语句和 while 语句的区别在于,while 语句在执行时首先判断循环条件是否成立,然后再确定是否进入循环体执行循环;而 do…while 语句是先执行循环体的语句,然后再测试循环条件是否成立,从而确定是否继续重复执行循环体中的语句。即 do…while 循环体中的语句组至少会被执行一次。

3.2.3 for 语句

前面讲解的两种循环都是利用条件表达式来控制循环的,如果循环次数已知,可以使用 for 语句实现循环,使得程序更加简洁。for 语句的语法格式如下。

```
for (初始化表达式;条件表达式;增量表达式)
{
语句组;      // 循环体
}
```

for 语句

for 关键字后面的小括号中包含 3 个用分号分隔的表达式,这 3 个表达式的主要作用如下。

- 初始化表达式:用于声明 for 循环中的循环变量并赋初值,该表达式只在循环开始时执行一次。

- 条件表达式：用于指定 for 循环的循环条件，循环条件为 true 时，才执行循环体中的语句。
- 增量表达式：用于修改循环变量的值，使循环趋向结束。该表达式是在每次执行循环体之后执行的。

整个 for 语句执行的流程如下。

(1) 执行初始化表达式，给循环变量(或其他变量)赋初值。

(2) 判断条件表达式的值，如果条件表达式的值为 true，则执行循环体中的语句组；如果条件表达式的值为假，则退出循环。

(3) 执行增量表达式，修改循环变量的值。

(4) 执行(2)、(3)步，直到条件表达式的值为假退出循环。

案例 3-2-3 用 for 语句求 1+2+3+4+…+100 的和，其代码如下。

```
<script>
    var  i,sum=0;          //循环变量 i，累加和变量 sum
    //循环语句，包括循环变量赋初值，循环条件，循环变量修改
    for(i=1;i<=100;i++) {
       sum+=i;             //循环体
    }
    document.write("1+2+3+4+…+100="+sum+"<br>");
</script>
```

保存文件，在浏览器中执行，执行结果与图 3-2 完全一致。

for 关键字后面的小括号中的 3 个表达式可以省略，例如把循环变量初始化的表达式放到 for 语句前，把实现循环变量修改的增量表达式放到循环体内，修改后的代码如下。

```
<script>
     var  i,sum=0;     //定义循环变量 i，累加和变量 sum
    i=1;               //循环变量赋初值
    //循环语句
    for(;i<=100;){
       sum+=i;         //循环体
       i++;            //循环变量修改
    }
    document.write("1+2+3+4+…+100="+sum+"<br>");
</script>
```

注意：for 语句中，小括号中的表达式省略时，分号不能省略。

3.2.4　for…in 语句

JavaScript 提供了 for…in 语句用于遍历数组或者对象的属性，它是专门用来对数组和对象进行循环操作的。

for…in 语句的语法格式如下：

```
for  (变量 in 数组或对象)
{
```

for…in 语句

语句组;
}

for…in 语句在执行时,对数组中的每一个元素或对象中的每一个属性,重复执行语句组的操作,直到处理最后一个元素为止。

案例 3-2-4 输出数组的所有元素,代码如下。

```
<script>
    var city=new Array("北京","上海","广州");   //创建数组并赋初值
    //用 for…in 循环遍历数组
    for (var i in city){
        document.write("第"+i+"个元素: ");
        document.write(city[i]+"<br/>");        //输出数组中第 i 个元素的值
    }
</script>
```

保存文件,在浏览器中执行,结果如图 3-3 所示。

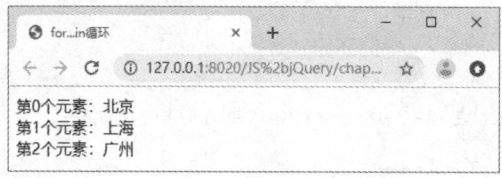

图 3-3 for…in 循环执行结果

在本实例中使用 for(var i in city)语句对数组进行循环遍历时,变量 i 依次获得数组单元的位置,并使用 document.write(city[i]+"<br/>")语句输出这个位置上数组单元的值,直到整个数组被遍历完。

3.2.5 嵌套循环

在程序设计时,对一些复杂的处理流程,需要用嵌套的循环结构实现。下面通过实例学习嵌套循环的知识。

嵌套循环

案例 3-2-5 输出如图 3-4 所示的金字塔图形。JavaScript 代码如下。

```
<script>
    var level=prompt("设置金字塔图形的层数","");    //用提示框输入数据
    //判断输入数据是不是字符或含有字符
    if(isNaN(level)){
        alert("输入数据非法!");
    }
    else{
        level=parseInt(level);   //输入数据转换成整数
        //循环打印金字塔图形
        for(var i=1;i<=level;i++) {
            var blank=level-i;    //每行星星前的空格
            for(var k=1;k<=blank;k++){
```

```
            document.write(" ");
        }
        var star=i*2-1;        //每行星星的个数
        for(var j=1;j<=star;j++){
            document.write("*");
        }
        document.write("<br/>");    //每行结束后换行
    }
</script>
```

程序执行时,循环输出金字塔图形,每行先输出空格再输出图形,空格和*再分别用循环输出。

图 3-4 金字塔图形

3.3 跳 转 语 句

跳转语句用于实现程序执行过程中的流程跳转。常用的跳转语句有 break 和 continue 语句两种。break 语句可应用在 switch 和循环语句中,其作用是终止当前语句的执行,跳出 switch 选择结构或循环语句,执行后面的代码。而 continue 语句用于结束本次循环的执行,开始下一轮循环的执行操作。

3.3.1 break 语句

前面学习的 switch 语句中使用过 break 语句,该语句用于跳出 switch 语句,执行 switch 语句后面的语句。同样,break 语句也可以用在循环语句中,用于终止循环语句的执行,从而跳出循环体接着执行循环语句后面的语句。

break 语句

break 语句的语法格式如下:

```
break;
```

案例 3-3-1 任意输入一个整数,判断它是不是素数。其代码如下。

```
<script>
    var  num=prompt("请输入一个整数","");        //用提示框输入数据
    //判断输入数据是不是字符或小数,如果是,弹出警告框
    if(isNaN(num)||(parseInt(num)!==parseFloat(num))){
        alert("输入数据非法!");
    }
    else{
        console.log("num="+num);   //在控制台输出 num 的值
        //循环判断输入数据是不是素数
        for(var i=2;i<num;i++){
            console.log("i="+i);   //在控制台输出 i 的值
            if(num%i==0) break;    //如果 num 能整除 i 就终止循环
        }
        console.log("循环结束时 i="+ i);
```

```
            if(i==num) document.write(num+"是素数");
            else document.write(num+"不是素数");
    }
</script>
```

保存文件，在 Chrome 浏览器中执行。按 F12 键(或在网页空白处单击鼠标右键，在弹出的快捷菜单中选择"检查"命令)启动开发者工具，然后切换到 Console(控制台)选项卡，检查程序执行过程中输出的数据。如图 3-5 所示是输入 5 的执行结果，如图 3-6 所示是输入 9 的执行结果。

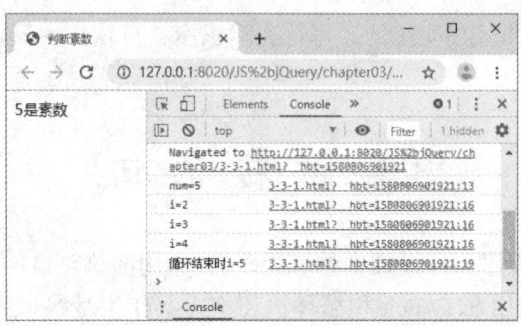

图 3-5　判断 5 是否素数的执行结果

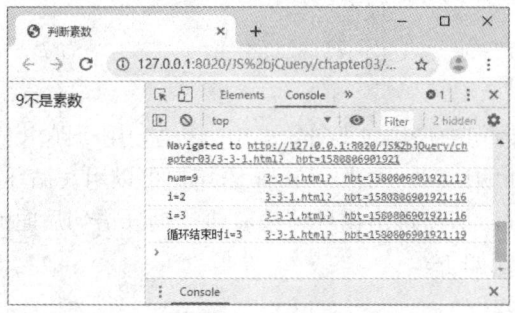

图 3-6　判断 9 是否素数的执行结果

本实例执行时，首先用提示框输入数据，然后判断输入数据的合法性，用 isNaN(num) 判断是不是字符，用 parseInt(num)!==parseFloat(num)判断是不是浮点数(小数)，如果是字符或小数，弹出"输入数据非法！"警告。最后判断输入数据是不是素数，用 for 循环语句判断 num 是否被 1 和 num 之间的数整除，如果 num%i==0，即 num 被 i 整除，则执行 break;语句，跳出循环，执行循环体以下的语句。循环结束后，根据 i 的值判断 num 是不是素数，如果 i==num，即 1 到 num 之间的数都不能整除 i，则 num 是素数，否则不是素数。

3.3.2　continue 语句

除了可以使用 break 语句改变循环的执行顺序外，还可以使用 continue 语句来改变循环的执行顺序。与 break 语句的不同之处在于，continue 语句仅终止本次循环，而 break 语句则是终止整个循环。

continue 语句

continue 语句的语法格式如下：

continue;

案例 3-3-2　输出 1～500 中能被 12 整除的数，15 个一行。JavaScript 代码如下。

```
<script>
    var num,count=0;
    for(var i=1;i<500;i++){
        if(i%12!=0) continue;    //满足条件就跳出本次循环
        else {
            count++;
            document.write(i+"  ");
            if(count%15==0)document.write("<br/>")
        }
    }
</script>
```

保存文件，在浏览器中执行，结果如图 3-7 所示。

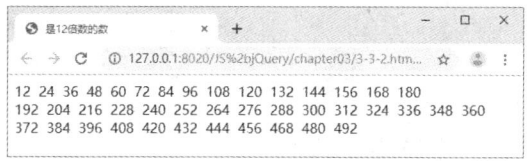

图 3-7　1～500 中能被 12 整除的数

本实例在页面中输出 1～500 中能被 12 整除的数，那些不能被 12 整除的数由于满足了 if 语句中的判断条件而执行了 continue 语句，跳出了本次循环，所以没有执行输出语句，但并没有因此终止全部循环，而是直接进入下一个循环过程。

3.4　实　训　案　例

案例 3-4-1　设计九九乘法表，用 JavaScript 打印输出如图 3-8 所示的九九乘法表。

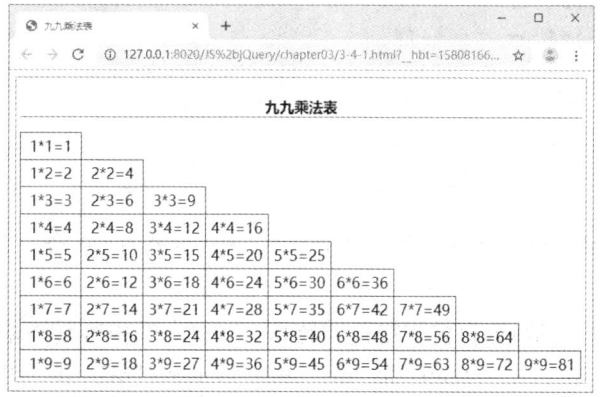

输出九九乘法表

图 3-8　九九乘法表

从图 3-8 可以看出，页面内容是在一个盒子中显示标题和九九乘法表。九九乘法表是一个 9 行的表格，每行的单元格数和行数相等，每个单元格的内容是行号乘以列号。设计步骤如下。

(1) 设计 HTML 页面和 CSS 样式，用于显示九九乘法表，乘法表在 id="my_table"的盒子中显示，盒子及标题和乘法表的样式由 CSS 定义。

```html
<html>
    <head>
        <meta charset="utf-8">
        <title>九九乘法表</title>
        <style>
            #container{width:700px;border:1px solid #999;padding: 5px;}
            .title{font-size:18px;text-align: center;font-weight: 800;
            border-bottom: 1px solid #666;}
            table{border-collapse: collapse;font-size: 18px;}
            td{border:1px solid #333333;width:75px;height:30px;
            text-align: center;}
        </style>
    </head>
    <body>
        <div id="container">
            <p class="title">九九乘法表</p>
            <!--显示九九乘法表的盒子-->
            <div id="my_table">    </div>
        </div>
    </body>
</html>
```

(2) 编写 JavaScript 代码，显示输出九九乘法表。表格由<table>标签、<tr>标签和<td>标签定义，单元格内容=该单元格的行号*列号。具体代码如下。

```
<script>
    var str='<table>';
    for(var i=1;i<10;i++){
        str+='<tr>';
        for(var j=1;j<=i;j++){
            str+='<td>'+j+'*'+i+'='+(j*i)+'</td>';
        }
        str+='</tr>';
    }
    str+='</table>';
    document.getElementById("my_table").innerHTML=str;
</script>
```

上面代码中，定义变量 str 存储拼接的字符串，字符串的内容是表格加上单元格加上乘法算式。代码"document.getElementById("my_table").innerHTML=str;"实现在 id="my_table"的盒子中显示 str 的内容，即九九乘法表。

3.5 本章小结

本章主要介绍了 JavaScript 语言的程序结构，包括顺序结构、选择结构和循环结构，以及跳转语句。顺序结构非常简单，选择结构可以使用 if 和 switch 语句来实现，循环结构可以使用 while、do…while、for 和 for…in 语句来实现，其中还可以使用 break、continue 语句结束整个循环或结束本次循环。

3.6 练习题

一、填空题

1. 如果 do…while 语句的条件表达式的初始值为 false，do…while 循环体中的语句会执行_____次。

2. 使用_____语句终止本次循环，但不完全退出循环，而是重新开始下一次循环。

二、选择题

1. 以下代码执行结果正确的是(　　)。

```
var a = 2;
switch (a) {
case 1: alert("1");
case 2: alert("2");
case 3: alert("3");
default: alert('4'); }
```

  A. 分别弹出 1234 B. 分别弹出 234 C. 程序报错 D. 只弹出 2

2. 在 JavaScript 中，有语句"var x=0;while(____) x+=2;"，要使 while 循环体执行 10 次，空白处的循环判定式应写为(　　)。

  A. x<10 B. x<=10 C. x<20 D. x<=20

3. 下面代码输出为(　　)。

```
var a=0,b=0;
for(;a<10,b<7;a++,b++){
    g=a+b;
}
console.log(g);"
```

  A.16 B.10 C.12 D.6

4. 下面代码的打印结果是(　　)。

```
for(var i=0;i<=30;i+=5){
    if(i%3==0){ continue; }
    console.log(i);
}
```

A. 5,10,15,20,25,30   B. 5,15   C. 5,15,25   D. 5,10,20,25

三、编程题

1. 一位同学的物理、化学和数学 3 门课的成绩分别为 80、58 和 69 分，使用 if…else 结构编写程序，判断他 3 门功课是否及格并输出。

2. 用 switch 语句编写程序，根据用户输入的年龄判断是哪个年龄段的人?(年龄在 0～10 岁为儿童，10～20 岁为青少年，20～40 岁为青年，40～60 岁为中年，60 岁及以上为老年)。

3. 找出 1～100 之间能被 17 整除的数，并将其打印出来。

4. 使用 while 循环计算自然数的平方，如果平方数大于 100 就停止循环，否则继续。

5. 请编写程序求出 1～100 之间的素数。

6. 编写程序，在控制台输出所有的"水仙花数"。所谓的"水仙花数"，是指一个三位数，其各位数字的立方和等于该数本身，例如 153 是"水仙花数"，因为：$153 = 1^3 + 5^3 + 3^3$。

第 4 章 函　　数

在编写程序时，经常需要重复使用某段程序代码，如果每次都重新编写，就会比较麻烦，因此，从程序代码的维护性和结构性角度考虑，可以将经常使用的代码依照功能独立出来，提高程序的可读性，这就需要使用函数进行定义。通过函数可以让 JavaScript 具有面向对象的一些特征，实现封装、继承等，也可以让代码得到复用。本章将详细介绍 JavaScript 中函数的定义和使用。

本章的学习目标

- 熟悉 JavaScript 中函数的定义方法
- 理解函数的参数和返回值
- 掌握 JavaScript 中函数的调用
- 理解变量作用域的概念
- 掌握嵌套函数定义和调用的方法
- 掌握创建和浏览网页的方法

4.1　函数的定义和调用

4.1.1　函数的定义

函数的定义

在使用函数之前必须先定义(声明)函数，函数一般定义在 HTML 文件的<head>部分，函数调用可以出现在任何位置。另外，函数也可以在单独的脚本文件中定义，然后在 HTML 文件中进行调用。

函数有两种，一种是内置函数，另一种是自定义函数。内置函数是在设计 JavaScript 解释器时就定义好的一组函数，开发人员可以直接使用，例如 isNaN()、parseInt()等。

定义函数的语法格式如下：

```
function 函数名(形式参数1,形式参数2,…,形式参数n){
//函数体…
}
```

从上述语法可以看出，函数的定义是由 function、函数名、函数参数和函数体四部分组成的。其中，function 是定义函数的关键字，函数名可由大小写英文字母、数字、下划线(_)和$符号组成。函数名不能用数字开头，并且不能是 JavaScript 中的关键字。形式参数用于接收调用函数时传递的变量和值，简称为形参，它是可选的，多个参数之间用逗号分开。函数体是专门用于实现特定功能的主体，由一条或多条语句组成。

如果希望在定义函数后得到处理结果，可以在函数体中使用 return 语句返回值。

案例 4-1-1　定义函数 info()，调用该函数时在页面上弹出信息框。关键代码如下。

```
<html>
    <head>
        <meta charset="utf-8">
        <script>
            function info(){
                alert('你好，欢迎访问本网站！');
            }
        </script>
    </head>
    <body>
        <input type="button" id="btn1" value="单击按钮"
            onclick="info()"></input>
    </body>
</html>
```

4.1.2　函数的调用

在函数定义好之后，就可以使用该函数了，使用函数的过程称为函数调用，函数只有被调用才会真正执行其功能。函数调用的基本语法格式如下：

函数名(实际参数 1,实际参数 2,…,实际参数 n)

其中，函数名必须与定义函数时使用的名称相同，实际参数是要传递给函数的变量或值，简称为实参，实参的类型、个数，以及先后次序要与定义函数时的形式参数相同，参数名可以不同，函数在执行时会按顺序将实际参数的值传递给形式参数。

案例 4-1-2　定义并调用函数。

```
<html>
    <head>
        <meta charset="utf-8">
        <script>
            function resume(){
                document.write("你好，欢迎你 TOM! "+"<br/>");
                document.write("你是第 10001 位访客！"+"<br/>");
            }
            resume();              //调用函数
        </script>
    </head>
</html>
```

函数调用

在 Chrome 浏览器中运行文件，效果如图 4-1 所示。

在上述程序中，首先定义了函数 resume()，然后通过 resume();语句调用执行函数。只有在调用函数时，函数中的语句才被执行。

图 4-1　浏览文件效果

这里定义的函数没有参数，是无参函数，但函数名后的括号不能省略。

4.2　函 数 参 数

函数在定义时，根据参数的不同，可分为两种类型，一种是无参函数，另一种是有参函数。如果在定义函数时，声明了形式参数，调用函数时就应该为这些参数提供实际的参数，在 JavaScript 中，有两种参数传递方式，即值传递和地址传递。

4.2.1　无参函数

无参函数适用于不需要提供任何数据即可完成指定功能的情况。

案例 4-2-1　定义无参函数 indrouce()。关键代码如下。

无参函数

```
<html>
    <head>
        <meta charset="utf-8">
        <script>
            function indrouce(){
                document.write("大家好，我的名字叫王芳!<br/>");
                document.write("我今年28岁，我的职业是会计。"+"<br/>");
            }
            indrouce();    //调用函数
        </script>
    </head>
</html>
```

需要注意的是，在定义函数时，即使函数的功能实现不需要设置参数，函数名后的小括号也不能够省略。

4.2.2　有参函数

在项目开发中，如果函数处理的数据需要用户传递，此时函数定义就需要设置形参，用于接收函数调用时传递的实参。

有参函数

案例 4-2-2　定义有参函数，关键代码如下。

```
<html>
    <head>
        <meta charset="utf-8">
```

```
<script>
    var name,age,sex,profession;
    name="王芳";
    age=28;
    profession="会计";
    indrouce(name,age,profession);    //调用函数
    function indrouce(xm,nl,zy)
    {
        document.write("大家好，我的名字叫"+xm+"!<br/>");
        document.write("我今年"+nl+"岁,我的职业是"+zy+"。<br/>");
    }
</script>
    </head>
</html>
```

保存页面文件，在浏览器中执行，结果如图4-2所示。

图4-2　浏览效果

在本例中，定义函数的时候，函数中包含三个形式参数，在程序中调用该函数时，也必须有三个实际参数，并且参数的顺序要一致。这样，每次调用函数时，传递的实参不同，就输出不同人的信息，实现了灵活输出不同人信息的功能。

调用函数的实参应该与定义函数时的形参相对应，如果出现参数不等时，JavaScript按以下原则进行处理：如果调用函数时实参的个数多于定义函数时形参的个数，则忽略最后多余的参数；如果调用函数时，实参的个数少于定义函数时形参的个数，则将最后没有接收传递值的参数的值定义为undefined。

以下示例，演示了实参与形参个数不一致时，参数的传值情况。

```
<script>
    function indrouce(xm,nl,zy)
    {
        ...
    }
    indrouce(a,b);          //调用函数，实参少于形参的个数
    indrouce(a,b,c,d);      //调用函数，实参多于形参的个数
</script>
```

本示例中，在定义函数时声明了三个形参xm、nl、zy，而在调用时，在第一个调用函数的语句中，实参个数少于形参个数，只有两个实参，程序在执行时，会按顺序把变量a的值传递给形参xm，把变量b的值传递给形参nl，而形参zy则赋值为undefined。在第二个调用该函数的语句中，实参个数多于形参个数，这时会依次将实参a、b、c的值分别传

递给形参 xm、nl、zy，而忽略最后的实参。

注意：在项目开发中，函数参数传递时尽量不要出现这两种情况。

4.2.3 数组参数

数组参数

当函数参数为直接量、基本数据类型时，JavaScript 采用值传递的方式，即将实参变量的值传给形参，当在函数内对形参变量的值进行修改时，并不影响实参的值。

当函数参数为数组和对象时，将采用地址传递的方式，即在调用函数并传递参数时，将实参变量对应的地址传递给形参变量，函数会根据地址取得参数的值。由于形参与实参变量的地址相同，即指向同一个变量，因此，当形参的值发生改变时，实参也会随之改变。

案例 4-2-3 地址传递和值传递的函数调用对比，关键代码如下。

```html
<html>
    <head>
        <meta charset="utf-8">
        <script>
            var person=new Array("王芳",28,"会计");
            var num=101;
            document.write("函数调用前：<br/>");
            document.write("第"+num+"位访客："+person+"<br/>");
            example(num,person);//调用函数
            document.write("函数调用后：<br/>");
            document.write("第"+num+"位访客："+person+"<br/>");
            function example(n,p)
            {
                n=n+10;
                p[1]=p[1]+10;
                document.write("函数中：<br/>");
                document.write("第"+n+"位访客："+p+"<br/>");
            }
        </script>
    </head>
</html>
```

保存文件，文件名为 4-2-3.html，在浏览器中运行程序，结果如图 4-3 所示。

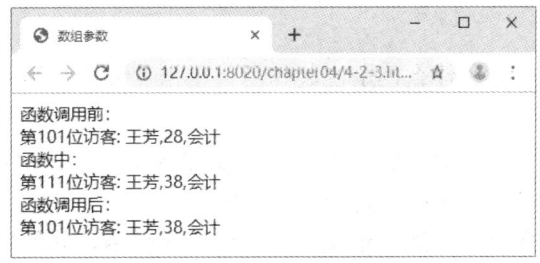

图 4-3 地址传递和值传递的函数调用对比

在本实例中调用 example(n,p)函数，并同时传递了两个参数，一个参数是基本数据类型

变量 num，另一个参数是数组 person，在函数中改变了它们的值，当返回调用它们的主程序后，可以看到，基本类型变量的值没有改变，而数组元素的值发生了改变。这是由于基本类型的参数采用的是值传递的方式，在函数中改变了形式参数的值，不会改变调用程序中实参的值。而数组参数采用地址传递的方式，形参和实参指向同一个变量，在函数中改变了参数的值，即同时改变了实参的值，所以在调用函数后，数组元素的值发生了改变。

4.3　函数的返回值

如果调用 JavaScript 函数时需要得到返回结果，则在函数中使用 return 语句返回一个值。return 语句的基本语法格式如下。

```
return [表达式];
```

其中，表达式的值即是要返回的值，表达式可以省略。省略表达式的 return 语句的返回值为 undefined。

程序在执行过程中，当遇到 return 语句时，就不再执行该语句后面的语句，而是返回调用函数的程序。如果函数中没有 return 语句，JavaScript 也会默认返回 undefined 值。

案例 4-3-1　设计函数返回两个数中的最大值。

```
<script type="text/javascript">
    var a=20,b=30;
    alert('最大数是：'+max(a,b));
    function max(a,b){
        var max=a>b?a:b;    //条件表达式
        return max;
    }
</script>
```

函数的返回值

以上代码中，a>b?a:b 是一个由条件运算符构成的条件表达式。当 a>b 时，表达式的值为变量 a 的值，否则表达式的值为变量 b 的值。所以，return 语句返回的值是两个数中的最大值。

4.4　变量的作用域

变量的作用域就是变量在什么范围内起作用，根据变量的作用域可以把变量分为全局变量和局部变量。

在函数外声明的变量，在 HTML 文档中，该变量声明后在任何程序段中都可以使用，这样的变量称为全局变量，其作用域为全局作用域。

在函数内部声明的变量，只能在定义它的函数内部使用，其作用域为局部作用域，这样的变量称为局部变量。

为了便于初学者更好地理解变量的作用域，下面通过案例进行演示。

案例 4-4-1　变量的作用域，关键代码如下。

```
<html>
    <head>
        <meta charset="utf-8">
        <script>
            var num=100,name="王芳";
            document.write("函数外 num="+num+", name="+name);
            function example(){
                var num=200;
                document.write("<br/>函数内 num="+num+", name="+name);
            }
            example();     //调用函数
        </script>
    </head>
</html>
```

在浏览器中运行文件，结果如图 4-4 所示。

图 4-4　变量的作用域

在上述实例代码中，在函数外定义的变量 num 和 name 是全局变量，它们在整个程序范围内都可以使用，所以 example()函数内外两次输出变量 name 的值都为"王芳"。在函数 example()中又定义了局部变量 num，它与全局变量重名，当局部变量与全局变量重名时，局部变量的优先级高于全局变量，局部变量将起作用，所以在 example()函数内输出 num 变量的值为 200，而在函数外输出 num 变量的值是 100。

4.5　函数的嵌套和递归

4.5.1　嵌套函数

函数嵌套指的是在一个函数内部定义和引用另一个或多个函数。下面通过案例来了解和学习函数嵌套的用法。

案例 4-5-1　嵌套函数的定义和使用，关键代码如下。

嵌套函数

```
<html>
    <head>
        <meta charset="utf-8">
        <script>
            var num=100;
            function fun1(){
```

```
            function fun2(){
                var a=10,b;
                b=num+a;        //b=100+10;
                return b;
            }
            var a=100;
            var c=a+fun2();     //c=100+110;
            console.log("c="+c);
        }
        fun1();
    </script>
</head>
</html>
```

在浏览器中运行该文件,结果如图4-5所示。

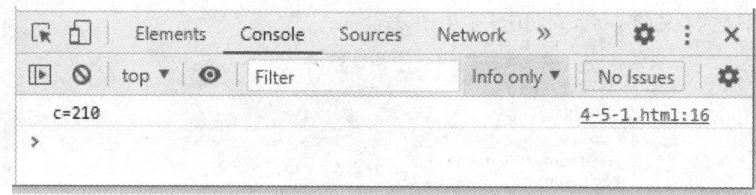

图4-5 嵌套函数运行结果

在上述实例代码中定义了外层函数 fun1(),在外层函数中定义了内层函数 fun2(),并在外层函数中调用了内层函数,从而形成函数的嵌套调用。

在嵌套函数中,其他函数不能直接访问内层函数,只能通过外层函数进行访问,因而实现了信息的隐蔽。

4.5.2 递归函数

递归调用是函数嵌套调用中的一种特殊的调用,它指的是一个函数在其函数体内调用自身的过程,这种函数称为递归函数。

下面通过案例学习递归函数的定义和使用。

案例 4-5-2 用递归函数求 n!,关键代码如下。

```
<html>
    <head>
        <meta charset="utf-8">
        <script>
            function fun(n){              //定义递归函数
                if(n==1) return n;        //递归出口
                else return n*fun(n-1);   //函数递归调用
            }
            var n=prompt("请输入一个大于1的正整数",5);  //输入数据
            n=parseInt(n);
```

递归函数

```
            if(isNaN(n)){alert("输入数据不合法!"); }
            else {document.write(n+"!="+fun(n)); }
        </script>
    </head>
</html>
```

上述代码中定义了一个递归函数 fun(n)，用于实现 n 的阶乘计算，当 n≠1 时，递归调用当前变量 n 乘以 fun(n-1)，直到 n=1 时，返回 1。其中 n 的值由用户通过提示框 prompt() 输入，并用函数 isNaN(n)对用户传递的数据进行判断，当 n 符合要求时，调用 fun(n)函数，否则给出提示信息。

在浏览器中运行文件，结果如图 4-6 所示，在提示框中默认输入数据为 5，重新输入数据 4，单击"确定"按钮，程序计算 4 的阶乘并在页面显示计算结果，如图 4-7 所示。

图 4-6　递归函数运行——输入数据

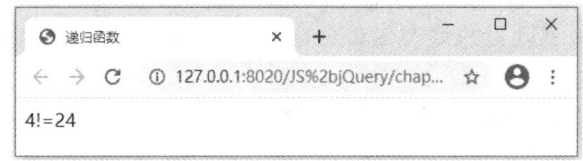

图 4-7　递归函数运行——输出计算结果

图 4-8 描述了函数递归调用的全部执行过程。fun(n)函数共被调用了四次，第一次由其他程序调用，第二、三、四次是递归调用。每次调用 n 的值都会递减 1，当 n 的值为 1 时，所有递归调用的函数都会以相反的顺序相继结束并返回值，所有的返回值相乘，最终得到结果 24。

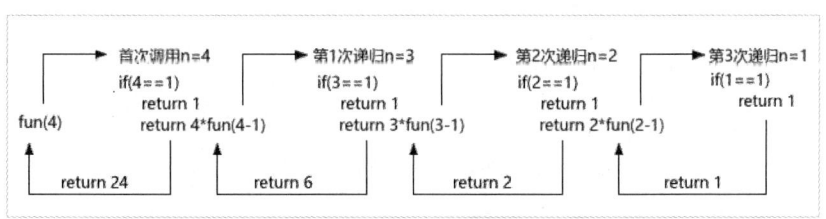

图 4-8　递归调用过程

4.6 函数类型

除了4.1节介绍的普通函数的定义和调用,JavaScript函数还有函数表达式和匿名函数等。

4.6.1 函数表达式

在 JavaScript 中,有两个最常用的创建函数对象的方法,即使用函数声明或者函数表达式。所谓函数表达式,是指将声明的函数赋值给一个变量,通过变量完成函数调用和参数的传递,是另一种实现自定义函数的方式。示例如下。

```
var fn=function sum(num1,num2){//定义函数表达式,求和
    return num1+num2;
}
fn(3,5);                        //调用函数
```

函数表达式与函数声明的定义方式几乎相同,不同的是,函数表达式的定义必须在调用前,且函数调用时采用的是"变量名()"的方式,不能通过函数名称(如 sum(3,5))来调用,而函数声明的方式不限制定义与调用的顺序。

4.6.2 匿名函数

匿名函数是指没有函数名称的函数,可以减少全局变量的使用,避免函数名的冲突,增强了网页的安全性。它既是函数表达式的另一种表示形式,又可以通过函数声明的方式实现调用,具体示例如下。

案例 4-6-1 匿名函数的定义和使用。关键代码如下。

```
<html>
  <head>
    <meta charset="utf-8">
    <script>
    //方式1: 函数表达式中右边是匿名函数,该函数赋给了左侧变量 abs1。
     var abs1 = function(x) { if(x<0) x=-x; return x; }
    document.write("绝对值: "+abs1(-9)+"<br/>");     //用变量名调用函数
    //方式2: 自调用方式,不要函数名,直接执行
    (function(x , y){
        document.write(x+"+"+y+"="+(x + y)+"<br/>");
    })(10,10);
    (function(x , y){
        document.write(x+"+"+y+"="+(x + y)+"<br/>");
    }(9,3));
    //方式3: 利用事件调用匿名函数
    document.body.onclick = function(){
        alert("欢迎访问本网站!");
        };
```

```
            </script>
        </head>
        <body>匿名函数是指没有函数名称的函数,可以减少全局变量的使用,避免函数名的冲突,
增强了网页的安全性。</body>
</html>
```

在上述实例中,方式 1 利用函数表达式的方式定义匿名函数,需要使用变量访问。方式 2 利用小括号直接包裹匿名函数,将匿名函数看作函数对象,其后的小括号表示给匿名函数传递参数并立即执行,完成函数的自调用。方式 3 则调用匿名函数处理指定的事件。

在浏览器中运行文件 4-6-1.html,结果如图 4-9 所示。

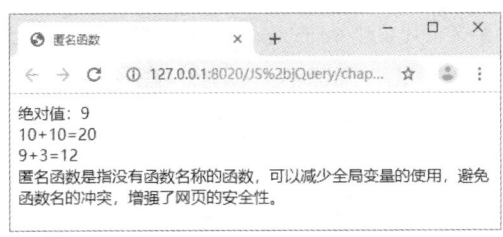

图 4-9　匿名函数的执行结果

在如图 4-9 所示的页面中单击鼠标,会执行方式 3 中的匿名函数,弹出警告框。

4.7　实　训　案　例

案例 4-7-1　设计"社区便利店收银系统"。

设计如图 4-10 所示的"社区便利店收银系统"。单击图中的"+"按钮添加销售的商品,单击"结算"按钮进行购买商品结算,单击"交易完成"按钮清空数据。

实训-社区便利店
收银系统

设计步骤如下。

(1) 设计 HTML 页面。

收银网页分为三个区域:上端内容为"标题"和一个不可编辑的"文本框","文本框"用来显示结账金额;中间内容为商品信息表格,在表格中显示商品名称、价格和"+"按钮;下端内容为"结算"和"交易完成"按钮。代码如下。

```
<html>
    <body>
        <div id="casher">
            <h2>社区便利店收银系统</h2>
            <input type="text" value="" id="result" disabled="disabled" />
            <table border="1" id="t_info">
                <tr>
                    <th>商品名称</td>   <th>价格</td>   <th>添加</td>
                </tr>
                <tr>
                    <td>三只松鼠牛肉片 100g</td>   <td>¥19.9/包</td>
```

```
            <td><input type="button" value="+" onclick="add(19.9)" /></td>
        </tr>
        <tr>
            <td>雪媚娘蛋黄卷 500g</td>    <td>￥9.8 包</td>
            <td><input type="button" value="+" onclick="add(9.8)" /></td>
        </tr>
        <tr>
            <td>米老头谷多多 300g</td>    <td>￥12.8/包</td>
            <td><input type="button" value="+" onclick="add(12.8)" /></td>
        </tr>
        <tr>
            <td>亲亲薯片袋装 60g</td>    <td>￥2.7/袋</td>
            <td><input type="button" value="+" onclick="add(2.7)" /></td>
        </tr>
        <tr>
            <td>旺旺仙贝 400g</td>    <td>￥16.9/包</td>
            <td><input type="button" value="+" onclick="add(16.9)" /></td>
        </tr>
        </table>
        <input class="btn" type="button" value="结   算" id="btn_checkout"
            onclick="checkout()" />
           
        <input class="btn" type="button" value="交易完成" onclick="reload()" />
    </div>
</html>
```

(2) 编写 CSS 样式代码，进行页面美化。

```
<style>
    #casher{font-size:14px; font-family: "微软雅黑"; width: 400px;
        text-align: center;}
    table{margin: 10px auto;width: 340px;border-collapse:
        collapse;text-align: center;}
    th,td{font-size: 15px;height: 33px;}
    #result{width:338px; height:40px;}
    .btn{font-size: 14px;height: 26px;width: 75px;}
</style>
```

(3) 编写 JavaScript 代码，实现页面交互。

在如图 4-10 所示的页面中，在表格的每一行中，单击商品名称后的"+"按钮，则将该商品的价格显示到上方的"文本框"中。若购买多份商品，单击多次，则添加多份商品的价格，每份商品的价格之间使用"+"连接，如图 4-11 所示。

编写 add(price)函数，单击"+"按钮时触发，实现修改 result 文本框的值为购买商品的价格，多次单击，以"+"连接各价格。参数 price 为添加商品的价格。

```
<script>
    function add(price) {
        var result = document.getElementById("result").value;
```

```
      if (result == "") {
         document.getElementById("result").value = price;
      } else {
         document.getElementById("result").value = result + "+" + price;
      }
   }
</script>
```

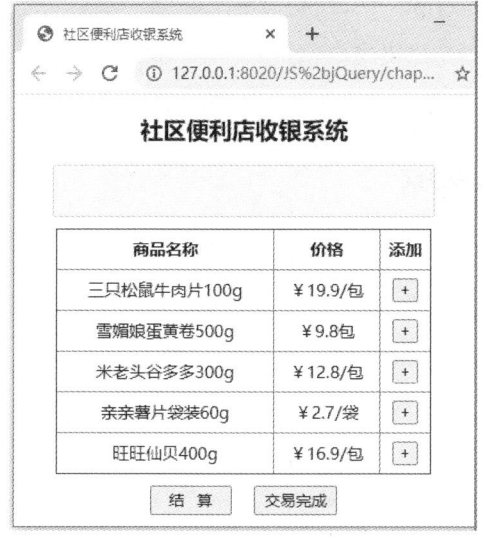

图 4-10　社区便利店收银系统界面

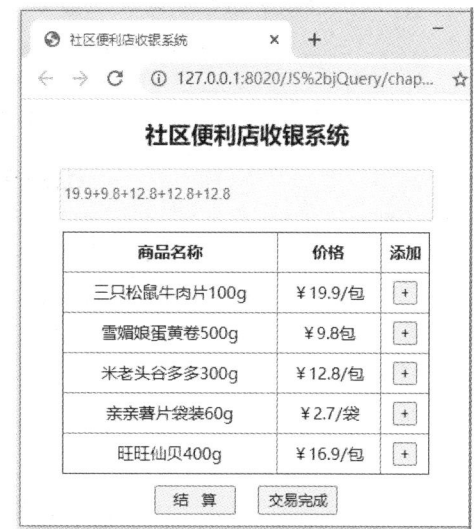

图 4-11　在收银系统中选择商品

编写 checkout()函数,单击"结算"按钮时触发,实现计算所购商品的总金额,并将结果显示在 result 文本框中,如图 4-12 所示。

```
function checkout() {
  var result = document.getElementById("result").value;
  if (result == "") { return; }
  //使用"+"分隔出"文本框 result"值中的每一个价格,并存放到 Array 对象的 prices 中
  var prices = result.split("+");
  var total = 0.0;    //总金额
  //使用 for 循环遍历数组对象,将每个价格相加得到总金额
  for (var idx = 0; idx < prices.length; idx++) {
     total += parseFloat(prices[idx]);
  }
  total=Math.round(total*100)/100;    //四舍五入保留 2 位小数
  document.getElementById("result").value = "总金额:" + total;
  //设置"结算"按钮禁用;
  document.getElementById("btn_checkout").disabled=true;
  //设置表格透明度,实现模糊效果;
  document.getElementById("t_info").style.opacity = 0.4;
}
```

编写 reload()函数,单击"交易完成"按钮时触发,实现重新加载当前页面并初始化

页面。

```
function reload() {
  window.location.reload();
}
```

保存文件，文件名为 4-7-1.html，在浏览器中运行，显示效果如图 4-10 所示。多次单击"+"按钮，效果如图 4-11 所示。单击"结算"按钮，效果如图 4-12 所示。

注意：以上代码中的各个函数，都必须放在<script> </script>标签中。

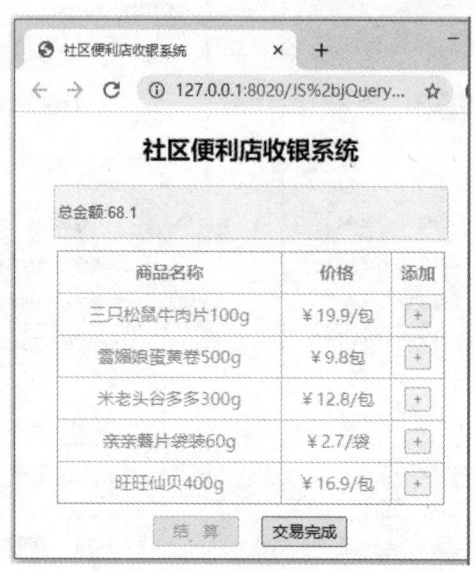

图 4-12　结算结果页面

4.8　本章小结

本章主要介绍了 JavaScript 中函数的定义和调用的方法，以及函数参数、变量的作用域的知识，通过实例详细介绍了有参函数、无参函数、匿名函数的具体用法，最后通过案例进一步讲解了函数的定义和调用方法。

4.9　练习题

一、填空题

1. JavaScript 中变量的作用域分为全局作用域和_____两类。
2. JavaScript 中函数的参数为数组时，若发生函数调用，实参向形参传递的是_____。

二、判断题

1. 函数 compute() 与 Compute() 表示的是同一个函数。　　　　　　　　　　（　　）
2. 函数内定义的变量都是局部变量。　　　　　　　　　　　　　　　　　　（　　）

3. 匿名函数可以避免全局作用域的污染。   (   )

三、选择题

1. 定义函数使用的关键字是(   )。
   A. function   B. func   C. var   D. new
2. 下列选项中，函数名称命名错误的是(   )。
   A. getMin   B. show   C. const   D. it_info
3. 阅读以下代码，执行 fn1(4, 5)的返回值是(   )。

```
function fn1(x, y){
    return (++x)+(y++);
}
```

   A. 9   B. 10   C. 11   D. 12
4. 阅读下面的 JavaScript 代码，输出结果是(   )。

```
function f(y) {
    var x=y*y;
    return x;
}
for(x=0;x<5;x++)
{ y=f(x); document.write(y);  }
```

   A. 0 1 2 3 4   B. 0 1 4 9 16   C. 0 1 4 9 16 25   D. 以上答案都不对

四、编程题

1. 编写函数实现单击按钮，改变页面文字颜色，如图4-13所示。

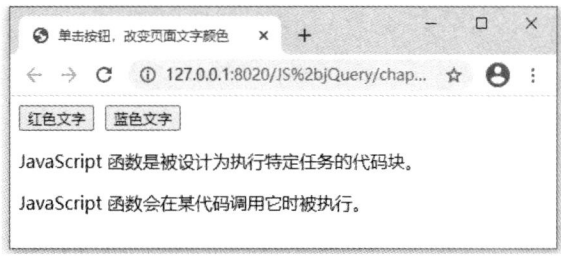

图 4-13 单击按钮，改变页面文字颜色

2. 任意输入一个整数，编写函数，判断该数是否是素数，并把结果输出显示。
3. 根据身高和体重测算身材。

每个人都想拥有理想的标准身材，既健康又健美。按照一定的身高对应有相应的理想体重的原理，可以用实际身高值来推测标准体重。我国常用 Broca 改良公式，其计算方法如下。

男生：标准体重=(身高-100)×0.90
女生：标准体重=(身高-105)×0.92

实际体重大于标准体重的10%~20%超过重，大于标准体重20%以上为肥胖，小于标准体重10%~20%为瘦，小于标准体重20%以上为严重消瘦。

设计一个快速测算身材的程序，如图4-14所示。输入身高和体重后，单击"开始测算"按钮进行计算并显示测算结果，如图4-15所示。

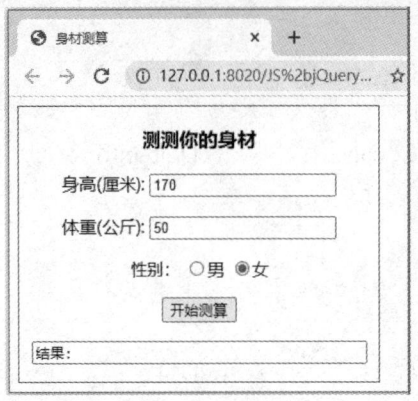

图4-14 测算身材页面

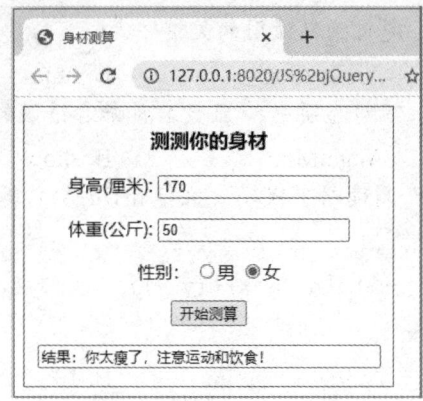

图4-15 测算身材结果

第 5 章　JavaScript 中的对象

　　面向对象是软件开发领域非常重要的一种编程思想，通过面向对象可以使程序的灵活性、健壮性、可重用性、可扩展性、可维护性得到提升。JavaScript 作为一种基于对象的编程语言，提供了非常有用的内置对象，简化了程序的设计。本章将重点介绍对象的基本概念和 JavaScript 中常用的内置对象和浏览器对象。

本章的学习目标

- 熟悉 JavaScript 中对象的基本概念
- 理解对象的属性和方法
- 熟练掌握 JavaScript 中常用的内置对象
- 熟练掌握 JavaScript 中常用的浏览器对象

5.1　面向对象概述

面向对象概述

5.1.1　面向对象的基本概念

　　面向对象是一种设计思想，从 20 世纪 60 年代提出面向对象的概念到现在，它已经发展成为一种比较成熟的编程思想，并且逐步成为目前软件开发领域的主流技术，如我们经常听说的面向对象编程就是主要针对大型软件设计而提出的，它可以使软件设计更加灵活，并且能更好地进行代码复用。

　　对象编程技术可以分为面向对象(Object-Oriented)和基于对象(Object-Based)两大类。Java 和 C++等属于面向对象程序设计语言，而 JavaScript 则是基于对象程序设计语言。通常"基于对象"即可以使用对象，但是无法利用现有的对象生成新的对象，基于对象的程序设计语言可以使用一些封装好的对象，只能使用对象现有的方法和属性，调用对象的方法，设置对象的属性。

　　在 JavaScript 中，对象本质上就是属性和方法的集合。属性主要是指对象内部所包含的一些自身的特征，而方法则表示对象可以具有的行为。利用面向对象思想，就可以将同一类事物的操作代码封装成对象，将用到的变量和函数作为对象的属性和方法，然后通过对象去调用，这样可以使代码结构清晰、层次分明。

5.1.2　面向对象程序设计特点

　　面向对象的特征主要可以概括为封装性、继承性和多态性，下面进行简要介绍。

1. 封装性

　　封装是指隐藏内部的实现细节及对外开放操作接口，接口就是对象的方法，无论对象的内部怎么复杂，用户只需知道这些结构怎么使用即可。

程序开发中，将现实中一个事物的属性和功能集中定义在一个对象中就是封装，现实中事物的属性会成为程序中对象的属性，现实中事物的功能会成为程序中对象的方法。

2. 继承性

继承是指一个对象继承另一个对象的成员，在不改变另一个对象的前提下进行扩展。作为父对象的成员，子对象无须创建即可直接使用，达到代码重用，节约内存的目的。JavaScript 中的继承都是通过原型对象来实现的。

3. 多态性

多态指的是同一个操作作用于不同对象会产生不同的执行结果。

在面向对象中，多态性的实现往往离不开继承，这是因为当多个对象继承同一个对象后，就获得了相同的方法，然后根据每个对象的需求来改变同名方法的执行结果。

5.1.3 对象的属性和方法

JavaScript 中的对象是由属性和方法两个基本要素构成的。

属性表示对象成员的一个变量，一个对象可以具有很多属性，如人这个对象 person 具有姓名、性别、年龄等属性。与之对应的对象就应该包含 name、sex 和 age 属性。通过对象的名称和属性名就可以访问对象的属性，对象名和属性名之间用"."号分隔，访问格式如下：

对象名.属性名

例如，通过 person.name 访问人的姓名的代码：

```
person.name="TOM";
```

方法是对象中定义的函数，用来执行某个特定操作，表明对象所具有的行为，一个对象可以具有很多方法，方法可以用与属性相似的方式进行访问，其语法格式如下：

对象名.方法名(参数列表);

例如，使用自我介绍的方法 introduce()来输出个人信息，示例代码如下：

```
person.introduce();
```

方法中如果含有多个参数，参数间需用逗号隔开，即使没有参数，也需要加括号。

5.2 创建 JavaScript 对象

通过前面的学习可知，面向对象编程就是通过对象来完成具体的任务，但是如果对象并不存在，就需要先创建一个对象，将对象的成员变量和方法封装到对象中。通过 JavaScript，能够定义和创建自己的对象，下面简单介绍 JavaScript 创建对象的方法。

5.2.1 用对象文字方法创建对象

用对象文字
创建对象

使用对象文字方法创建对象时，将对象描述字符串嵌入 JavaScript 代码中。对象的定义是通过{}语法实现的，对象的成员以键值对的形式存放在{}中，多个成员之间用逗号分开。使用对象文字方法创建对象的语法格式如下：

```
var myobject={属性名1:属性值1,属性名2:属性值2…属性名n:属性值n}
```

这是创建对象最简单的方法。这种定义方式实际上是声明一种类型的变量，并同时进行了赋值。因此，声明后的对象可以在代码中直接使用，而不必使用 new 关键字来创建对象。

案例 5-2-1　使用对象文字方法创建对象，关键代码如下。

```html
<html>
    <head>
        <meta charset="utf-8">
        <script>
          //在一条语句中定义和创建对象
          var teacher={name:"李强",age:28,sex:"男"};
          //对象成员较多时，换行书写
          var student={
            name:"王明",
            age:18,
            introduce:function(){
              document.write("Hello,大家好！我的名字是叫"+this.name+"。");
            }
          };
          //输出成员属性的值
          document.write("学生姓名："+student.name+"，年龄："+student.age+"<br/>");
          //使用对象成员的方法
          student.introduce();
        </script>
    </head>
    <body>  </body>
</html>
```

保存文件，在浏览器运行，结果如图 5-1 所示。

图 5-1　用对象文字方法创建对象并使用对象

5.2.2 用 new 方法动态创建对象

JavaScript 中的对象具有动态特征，如果一个对象没有成员，用户可以通过给属性和方法赋值的方式，为对象添加成员。因此在程序执行时，可以根据需要动态地给对象添加成员。

案例 5-2-2 用 new 方法动态创建对象，代码如下。

```html
<html>
    <head>
        <meta charset="utf-8">
        <script type="text/javascript">
            var student= new Object();      //创建空对象
            student.name = "王明";          //为对象增加属性
            student.age = 18;
            student.introduce= function(name,age)    //为对象增加方法
            { this.age = age;
              alert("我的原名是"+this.name+",现名是:"+name+",年龄:"+this.age);
            }
            document.write("我的姓名是"+student.name);  //访问对象的 name 属性
            student.introduce("王刚",23);               //调用对象的 introduce()方法
        </script>
    </head>
    <body> </body>
</html>
```

用 new 方法动态创建对象

这种基于已有对象扩充其对象的方法，只适用于临时生成一个对象。当需要创建一组具有相同特征的对象时，无法通过代码指定这些对象应该具有哪些相同的成员。下面介绍 JavaScript 提供的其他创建对象的方法。

5.2.3 用工厂方式创建对象

在以 Java 为代表的面向对象编程语言中，引入了类(class)的概念，用来以模板的方式构造对象。也就是通过类来定义一个模板，在模板中决定对象具有哪些属性和方法，然后根据模板来创建对象。JavaScript 中没有 class 关键字，但可以通过函数实现相同的目的。在 JavaScript 中，可以将创建对象的过程封装成函数，通过调用函数来创建对象，具体案例如下。

案例 5-2-3 用工厂方式创建对象，关键代码如下。

```html
<html>
    <head>
        <meta charset="utf-8">
        <script type="text/javascript">
            function createStudent(name,age){
                var student={};                //创建空对象
                student.name = name;           //添加 name 属性
```

工厂方式创建对象

```
        student.age = age;                    //添加age属性
        student.introduce= function(){        //添加introduce()方法
           document.write("我的名字叫"+this.name+",年龄"+this.age+"岁。<br/>");
        }
        return student;                       //返回对象
     }
     var st1=createStudent("王明",18);        //实例化对象
     var st2=createStudent("李强",19);
     st1.introduce();                          //调用对象的方法
     st2.introduce();
  </script>
  </head>
  <body></body>
</html>
```

在上述实例中,我们将专门用于创建对象的函数称为工厂函数,通过工厂函数,虽然可以创建对象,但是其内部是通过对象文字的方式创建对象的,还是无法区别对象的类型。为了提高编程效率,可以通过构造函数创建对象。

5.2.4 用构造函数创建对象

下面介绍用构造函数创建对象的方法,相对前面的方法,构造函数可以创建出一些具有相同特性的对象。

定义构造函数

1. 定义构造函数

用户在定义构造函数时应注意以下事项。
(1) 构造函数的命名推荐采用帕斯卡命名规则,即所有的单词首字母大写。
(2) 在构造函数内部,使用 this 表示刚刚创建的对象。
下面通过代码演示定义构造函数 Student,并实例化 st1、st2 的方法。

```
<script type="text/javascript">
    function Student(name,age){
        this.name = name;                    //添加name属性
        this.age = age;                      //添加age属性
        this.introduce= function(){          //增加introduce()方法
           document.write("我的名字叫"+this.name+",年龄"+this.age+"岁。<br/>");
        }
    }
    var st1=new Student("王明",18);          //实例化对象
    var st2=new Student("李强",19);
    st1.introduce();//调用对象的方法
    st2.introduce();
</script>
```

从上述代码可以看出,在构造函数中通过 this 可以为对象添加成员。在添加方法时,方法体中的 this 表示该对象本身,例如,当 st1 对象调用 introduce()方法时,方法体中的

this.name 表示 st1.name。

2. 私有成员

在构造函数中，用 var 关键字定义的变量称为私有变量，在对象实例中无法通过"对象名.成员名"的方式进行访问，但私有成员可以在对象的方法中被访问。具体示例如下。

```html
<html>
    <head>
    <meta charset="utf-8">
    <script type="text/javascript">
        function Student(){
            var name="王明";      //私有成员 name
            this.getName= function(){
                return name;
            };
        }
        var st1=new Student();           //实例化对象
        console.log(st1.name);           //输出结果：undefined
        var stName=st1.getName();        //调用对象的方法
        console.log(stName);             //输出结果：王明
     </script>
    </head>
    <body> </body>
</html>
```

构造函数的
私有成员

从上述代码可知，私有成员 name 体现了面向对象的封装性，即隐藏程序内部的细节，仅对外开放接口 getName()，防止内部的成员被外界随意访问。

5.3 内 置 对 象

JavaScript 将一些常用的功能预先定义成对象，用户可以直接使用，这种对象就是内置对象。内置对象可以帮助用户在编写程序时实现一些最常用、最基本的功能。实际上，在前面的学习中已经使用过一些 JavaScript 的内置对象，如 String 对象、Array 对象等。下面介绍 JavaScript 常用的内置对象。

5.3.1 String 对象

String 对象是 JavaScript 中用于字符串处理的内置对象，它包含了对字符串进行处理的各种属性和方法。前面学习的字符串就是 String 对象，它们是内置构造函数 String 的实例。JavaScript 中创建字符串的方法有两种：一种是通过单引号或双引号直接创建，另一种是使用关键字 new 和构造函数 String 创建。

String 对象

例如：

```
var string1="JavaScript 和 jQuery 技术";
var string2= new String("JavaScript 和 jQuery 技术");
var mystring3=new String(string1);
```

以上示例代码使用 3 种方式分别给字符串 string1、string2、string3 进行赋值,其值都是 "JavaScript 和 jQuery 技术"。

String 对象提供了一些用于对字符串进行处理的属性和方法,具体如表 5-1 所示。

表 5-1　String 对象的常用属性和方法

属性和方法名称	功能描述	示　例 var str="JavaScript";	结　果
length	获取字符串的长度	str.length	10
charAt(n)	获取字符串中第 n 个位置的字符,n 从零开始计算	str.charAt(1)	a
indexOf(substring)	获取子串 substring 在字符串中首次出现的起始位置。如果没找到,则返回-1。	str.indexOf("a") str.indexOf("b")	1 -1
lastIndexOf(substring)	获取子串 substring 在字符串中最后一次出现的起始位置。如果没找到,则返回-1	str.lastIndexOf("a") str.lastlndexOf("b")	3 -1
match(regexp)	在字符串内检索指定的值,或查找与指定的正则表达式匹配的字符串,并返回包含匹配结果的数组,如果没有匹配结果,则返回 null	str.match("Java") str.match(/[A-Z]/g) str.match("java")	Java J,S null
replace(regexp, replacement)	使用 replacement 替换字符串中 regexp 指定的内容,并返回替换后的结果	str.replace("J","j") str.replace(/A/,"a")	javaScript Javascript
split([separator[, limit]]))	将一个字符串用分隔符 separator 分隔成数组返回。其中,[limit]用来限制个数,也可以省略	var s1="北京|上海|广州"; s1.split("|")	北京, 上海, 广州
substr(start, length)	获取从 start 位置开始的连续 length 个字符组成的子串。省略 length 时到字符串结尾	str.substr(0,4) str.substr(4)	Java Script
substring(from, to)	获取从 from 位置开始、到 to-1 位置结束的子串。如果省略 to,表示到字符串结尾	str.substring(0,2) str.substring(4)	Ja Script
toLowerCase()	将字符串中的字符全部转换为小写	str.toLowerCase()	javascript
toUpperCase()	将字符串中的字符全部转换为大写	str.toUpperCase()	JAVASCRIPT

案例 5-3-1　使用 String 对象的字符串处理方法。关键代码如下。

```
<html>
    <head>
        <meta charset="utf-8">
        <script>
            var str="JavaScript";
            console.log(str.length);              //输出:10
```

```
                console.log(str.match(/[A-Z]/g));      //输出：J,S
                console.log(str.match("java"));        //输出：null
                console.log(str.replace("J","j"));     //输出：javaScript
                console.log(str.replace(/S/,"s"));     //输出：Javascript
                var s1="北京|上海|广州";
                console.log(s1.split("|"));            //输出：北京,上海,广州
                console.log(str.substring(0,2));       //输出 Ja
                console.log(str.substring(4));         //输出：Script
        </script>
    </head>
    <body>  </body>
</html>
```

字符串中有关字符位置的计算是从 0 开始的，涉及字符在字符串中位置的方法如 charAt()、substr()、substring()等，都要注意这一点。

5.3.2 Number 对象

Number 对象是数值基本类型的对象封装形式，用于处理整数、浮点数等数据，常用属性的方法如表 5-2 所示。

创建 Number 对象的基本语法格式如下：

`var 变量名= new Number(数值);`

例如，下面示例代码：

```
var num1=new Number(100);
var num2=new Number(13.78);
```

分别创建了整数和浮点型数值的 Number 对象。

Number 对象的属性如表 5-2 所示。

表 5-2 Number 对象的属性

属性和方法	说明	示例 (var num=23.54)	结果
MAX_VALUE	代表可表示数值的最大值	Number.MAX_VALUE	1.7976931348623157e+308
MIN_VALUE	代表可表示数值的最小值	Number.MIN_VALUE	5e-324
toFixed(digits)	返回字符串形式的数值，小数位数由 digits 参数指定	num.toFixed(6)	23.540000
toString(radix)	返回按指定的进制 radix 将数值转换为字符串，默认按十进制转换	num.toString(8) num.toString()	27.4243656050753412 23.54

Number 对象中的属性是一组常量，这组常量属于 Number 对象本身，而不属于 Number 对象的实例。因此，在引用这些常量时，应该直接使用 Number 来调用，而不是使用 Number 对象的实例名称。例如，Number.MAX_VALUE 是正确的，而 num. MAX_VALUE 则是错

误的。

案例 5-3-2 Number 对象的属性和方法。关键代码如下。

```
<html>
    <head>
        <meta charset="utf-8">
        <script>
            var num=23.54;
            console.log(Number.MAX_VALUE);    //输出：1.7976931348623157e+308
            console.log(Number.MIN_VALUE);    //输出：5e-324
            console.log(num.toFixed(6));      //输出：23.540000
            console.log(num.toString(8));     //输出：27.4243656050753412
            console.log(num.toString());      //输出：23.54
        </script>
    </head>
    <body> </body>
</html>
```

5.3.3 Math 对象

Math 对象是 JavaScript 中提供的数学运算对象，它用于对数值进行数学运算。其属性和方法如表 5-3 所示。

Math 对象

表 5-3 Math 对象的常用属性和方法

属性和方法	说　　明	示　　例	结　　果
PI	圆周率，其值约为 3.141592653589793	Math.PI	3.141592653589793
abs(x)	返回 x 的绝对值	Math.abs(-9)	9
ceil(x)	返回不小于 x 但最接近 x 的整数	Math.ceil(5.78)	6
		Math.ceil(-5.78)	−5
floor(x)	返回不大于 x 但最接近 x 的整数	Math.floor(5.78)	5
		Math.floor(-5.78)	−6
max(x,y)	返回 x,y 中较大的一个数	Math.max(5,3)	5
min(x,y)	返回 x,y 中较小的一个数	Math.min(5,3)	3
random()	产生 0.0～1.0 之间的一个随机数	Math.random()	0.0～1.0 之间的一个随机小数
round(x)	对 x 四舍五入取整	Math.round(5.78)	6
sqrt(x)	返回 x 的平方根	Math.sqrt(10)	3.1622776601683795

Math 对象的属性都是常量，是属于 Math 对象本身，而不属于 Math 对象的实例。因此，在调用这些常量时，直接使用 Math 对象，而不是使用 Math 对象的实例。

案例 5-3-3 Math 对象的属性和方法。关键代码如下。

```
<html>
    <head>
        <meta charset="utf-8">
        <script>
```

```
            console.log(Math.PI);                //输出：3.141592653589793
            console.log(Math.floor(5.78));       //输出：5
            console.log(Math.floor(-5.78));      //输出：-6
            console.log(Math.max(5,3));          //输出：5
            console.log(Math.random());          //输出：0.0～1.0 之间的一个随机小数
            console.log(Math.sqrt(10));          //输出：3.1622776601683795
        </script>
    </head>
    <body> </body>
</html>
```

Random()方法产生 0.0～1.0 之间(包括 0 但不包括 1)的一个随机小数。如果想得到 0～10 之间的随机整数(包括 0 和 10)，可以用如下代码：

```
Math.floor(Math.random()*10+1);
```

定义函数，用于产生 min～max 之间的随机整数，代码如下。

```
function random(min,max){
    var num=Math.floor(Math.random()*(max-min)+1)+min;
    return num;
}
console.log(random(50,100));     //调用函数，生成 50～100 之间的随机数
```

5.3.4 Date 对象

JavaScript 中定义了 Date 对象来操作日期和时间，可以通过 new 关键字来定义对象。Date 对象的常用方法如表 5-4 所示。定义 Date 对象的示例代码如下。

Date 对象

```
var d1=new Date();                           //d1 的值为系统中的当前日期时间
var d2= new Date("04-08-2020,10:34:34");     //按"月日年时分秒"格式指定 d2 的初值
var d3= new Date("04-08-2020");              //按"月日年"格式指定 d3 的初值
var d4= new Date("2020,02,08,10:34:34");     //按"年月日时分秒"格式指定 d4 的初值
```

表 5-4 Date 对象的常用方法

方法	说明	示例	结果
Date()	获取当前的日期和时间，也可以创建日期对象	var d=new Date();	Wed Jun 01 2022 14:46:27 GMT+0800
getFullYear()	返回当前日期的年份，4 位数	d.getFullYear()	2020
setFullYear(year, [month, [date]])	设置具体日期为参数 year、month、date 指定的值，其中 year 为 4 位整数、必选	d1.setFullYear(2022,5,1) console.log(d1);	Wed Jun 01 2022 14:32:14 GMT+0800
getMonth()	返回当前日期的月份，有效值 0～11	d.getMonth()	1

续表

方　法	说　明	示　例	结　果
getDate()	返回当前日期是该月中第几天，有效值 1～31	d.getDate()	10
getDay()	返回当前日期是星期几，有效值 0～6(0 表示星期天，1 表示星期一，……，6 表示星期六)	d.getDay())	1
getHours()	返回当前时间的小时部分的整数 0～23	d.getHours()	14
getMinutes()	返回当前时间的分钟部分的整数	d.getMinutes()	46
getSeconds()	返回当前时间的秒数	d.getSeconds()	27
getTime()	返回从 1970 年 1 月 1 日午夜(通用时间)至当前时间的毫秒数	d.getTime()	1581317329077
toLocaleString()	返回 Date 对象的日期和时间的字符串表示，采用本地时区表示，并使用本地时间格式进行格式转换	d.toLocaleString()	2020 年 2 月 10 日 下午 2:46:27
toLocaleDateString()	返回 Date 对象的日期的字符串表示，采用本地时区表示，并使用本地时间格式进行格式转换	d.toLocaleDateString()	2020 年 2 月 10 日
toLocaleTimeString()	返回 Date 对象时间的字符串表示，采用本地时区表示，并使用本地时间格式进行格式转换	d.toLocaleTimeString()	下午 2:46:27

在网页设计时，经常会用到 Date 对象来操作日期和时间，下面通过案例进一步学习 Date 对象中的方法的使用。

案例 5-3-4 在页面上显示如图 5-2 所示格式的日期和时间。

从图 5-2 可以看出，页面内容是在一个盒子中显示的时间和日期。可以通过 Date 对象及其方法获取系统的日期和时间，并把星期格式转换成中文格式，然后在 div 盒子中显示。设计步骤如下。

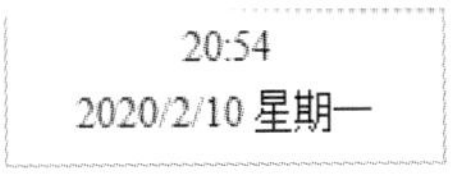

(1) 设计 HTML 页面和 CSS 样式，用于显示时间和日期，盒子的样式由 CSS 定义。

```
<html>
    <head>
        <meta charset="utf-8">
        <style>
            #date{
                width:150px; height: 50px; border: 1px solid #BBBBBB;
                text-align: center;font-size: 14px;
                line-height: 22px;    /*行高，文字在行内垂直居中*/
            }
        </style>
```

```
20:54
2020/2/10 星期一
```

图 5-2　日期和时间显示

```
        </head>
        <body>
            <div id="date"> </div>
        </body>
</html>
```

(2) 编写 JavaScript 代码,获取并显示日期和时间。具体代码如下。

```
<script>
    function time(){
        var d1=new Date();
        var hour=d1.getHours();              //得到小时
        var minute=d1.getMinutes();          //得到分钟
        var year=d1.getFullYear();           //得到年
        var month=d1.getMonth()+1;           //得到月:0,1,2,3,4,5,6,7,8,9,10,11
        var date1=d1.getDate();              //日期
        var day=d1.getDay();                 //得到星期几:0,1,2,3,4,5,6
        //转换星期显示格式
        switch(day){
            case 0: week="星期日"; break;
            case 1: week="星期一"; break;
            case 2: week="星期二"; break;
            case 3: week="星期三"; break;
            case 4: week="星期四"; break;
            case 5: week="星期五"; break;
            case 6: week="星期六"; break;
        }
        var str=hour+":"+minute+"<br/>";   //时间字符串
        str+=year+"/"+month+"/"+date1+" "+week; //拼接上日期字符串
        document.getElementById("date").innerHTML=str;
    }
    //定时执行,每隔1秒(1000毫秒)执行一次time()函数
    setInterval("time()",1000);
</script>
```

保存文件,文件名为 5-3-4.html,在浏览器中运行,显示效果如图 5-2 所示。

5.3.5　Array 对象

Array 对象是 JavaScript 提供的一个实现数组特性的内置对象。数组代表内存中一块连续的空间(单元),可以将多个值按一定顺序存储起来,并通过数组的名称和下标直接访问数组中的元素。

1. 数组的创建和赋值

在使用 Array 对象之前,必须先创建 Array 对象,即声明数组。用 Array 对象创建数组的示例代码如下。

```
var array1=new Array();      //创建空数组
```

数组的创建和赋值

```
var array2=new Array (5);    //创建具有5个元素的数组,但未赋值
var array3=new Array("北京","上海","广州");    //创建数组,并赋值
```

在创建 Array 数组时,并未指定数组的类型。与其他语言中的数组不同,JavaScript 允许在一个数组中存储不同类型的值,也就是说,可以定义如下数组:

```
var array=new Array("王明",18,"男");
```

如果在创建数组时未给数组元素赋值,可以使用赋值语句给数组元素赋值。例如,为前面创建的数组 array1 赋值的示例代码如下:

```
array1[0]="天津";
```

另外,也可以使用"[]"替换 new Array()来创建数组。示例如下。

```
var array1=[];    //相当于 var array1=new Array();
var array3=["北京","上海","广州"]; //相当于 var array3=new Array("北京","上海",
                                  //"广州");
```

2. 数组的访问和遍历

创建数组对象后,可以通过下标访问数组元素。数组下标放在方括号中,从 0 开始计数,而且必须为整数。示例代码如下。

数组的访问和遍历

```
<script>
    var student=new Array("王明",18,"男");
    console.log(student[0]);    //输出:王明
    console.log(student[1]);    //输出:18
</script>
```

如果需要依次对数组中的所有元素进行遍历等操作,可以使用 for 或 for…in 语句,对数组中的每一个元素进行操作,直到处理最后一个元素为止。

例如,网站导航栏的信息存放在数组中,通过遍历输出数组的元素,生成网站导航栏。下面通过案例 5-3-5,学习遍历数组生成网站导航栏的方法。

案例 5-3-5 生成如图 5-3 所示的网站导航栏。

图 5-3 网站导航栏

网站导航栏一般由无序列表生成,通过 CSS 样式进行美化。图 5-3 中的导航栏,在一个 div 盒子中放置,盒子设置为左右居中显示。设计步骤如下。

(1) 设计 HTML 页面和导航栏的 CSS 样式。

```
<html>
    <head>
        <meta charset="utf-8">
        <style>
```

```
            #menu{width:600px;text-align: center;margin: 10px auto;}
            ul li{list-style: none;display: inline-block;}
            ul li a{display: block;width:80px;color: #333333;
            text-align: center;text-decoration: none;}
        </style>
    </head>
    <body>
        <div id="menu">  </div>
    </body>
</html>
```

(2) 编写 JavaScript 代码，遍历数组，用数组元素生成网站导航栏。具体代码如下。

```
<script>
    //创建数组保存网站导航选项
    var menus=new Array("首页","学院概况","系部设置","教学科研","招生就业","中外合作","信息公开");
    //遍历拼接数组元素组成无序列表的字符串，每个列表项是一个超链接
    var str="<ul>";
    for(var i in menus){
        str+="<li><a href=''>"+menus[i]+"</a></li>"
    }
    str+="</ul>";
    //在 id="menu" 的 div 中显示字符串 str 的内容
    document.getElementById("menu").innerHTML=str;
</script>
```

保存文件，文件名为 5-3-5.html，在浏览器中运行，显示效果如图 5-3 所示。

上述代码执行时，循环遍历数组，数组元素生成无序列表的列表项。再由 CSS 样式定义显示成横向的导航菜单。

3. 数组的属性和方法

Array 对象提供了许多属性和方法，其中 length 属性是经常要用到的，该属性将返回数组元素的个数。length 属性可读可写，是一个动态属性，length 属性值也会随数组元素的变化而自动更新。

数组的属性和方法

Array 对象还提供了很多方法，利用这些方法，可以实现数组元素的排序、拼接等操作。表 5-5 列出了 Array 对象的实例方法。

表 5-5 Array 对象的实例方法

方 法	说 明
includes()	确定数组中是否含有某个元素，含有返回 true，否则返回 false
indexOf()	返回在数组中找到给定值的第 1 个索引，不存在则返回-1
concat([item1[, item2[,…[,itemN]]]])	将两个或两个以上的数组合并为一个新的数组，并返回新数组
join(separator)	使用指定的分隔符将数组元素依次拼接起来，形成一个字符串
pop()	移除数组中的最后一个元素并返回该元素，同时数组长度减 1

续表

方　法	说　明
push([item1[, item2[,…[, itemN]]]])	在数组的末尾增加一个或多个数组元素,并返回数组的新长度
shift()	移除数组中的第一个元素并返回该元素,同时数组长度减 1
unshift([item1[,item2[…[,itemN]]]])	将一个或多个元素插入数组开始位置,并返回数组的新长度
splice(start, deleteCount, [item1[, item2[,…[, itemN]]]])	从数组中指定下标范围内删除或添加元素,返回所移除的元素,start 为移除元素的开始位置,deleteCount 为移除的元素的个数
delete array(index)	删除数组 array 中下标为 index 的元素,delete 删除之后数组长度不变,只把被删除元素设置为 undefined
slice(start, end)	从现有的数组中提取指定个数的数据元素,形成一个新的数组。所提取元素的下标从 start 开始,到 end 结束,但不包括 end。如果省略 end,表示到数组的末尾
reverse()	返回一个元素顺序被反转的 Array 对象
toString()	返回数组的字符串表示(数组转换成字符串)
sort(sortby)	用于对数组的元素进行排序,sortby 可选,表示排序比较函数

案例 5-3-6　Array 数组的常用方法。关键代码如下。

```
<script type="text/javascript">
    var arr1=new Array("北京","上海","广州");//创建数组 arr1
    var arr2=new Array("天津");              //创建数组 arr2
    var arr3=arr1.concat(arr2);              //合并数组 arr1 和 arr2,赋值给 arr3
    console.log(arr3);                       //输出:北京,上海,广州,天津
    //在数组 arr3 尾部添加元素,返回数组的新长度
    console.log(arr3.push("重庆","海南"));   //输出:6
    console.log(arr3);      //输出:北京,上海,广州,天津,重庆,海南
    //在数组 arr3 尾部去掉一个元素,返回该元素
    console.log(arr3.pop("海南"));           //输出:海南
    console.log(arr3);                       //输出:北京,上海,广州,天津,重庆
    //从数组中下标 2 开始删除一个元素,返回所移除的元素
    console.log(arr3.splice(2,1));           //输出:广州
    console.log(arr3);                       //输出:北京,上海,天津,重庆
</script>
```

4．常见二维数组的操作

前面介绍的数组都是一维数组,但是,有时候需要在程序中使用多维数组。其中,二维数组是最常见的多维数组。下面介绍二维数组的创建和遍历。

1) 二维数组的创建和赋值

JavaScript 通过对 Array 对象进行嵌套构造出二维数组,即将二维数组中的每个元素又设置为数组。具体示例如下。

案例 5-3-7　通过对二维数组的创建和赋值,改变二维数组的长度,示例代码如下。

二维数组的创建和赋值

```
<script>
```

```
    //使用Array对象创建数组
    var stud1=new Array();                                  //创建空数组
    stud1[0]= new Array("张萍",18,"女");                    //创建数组实例并直接赋值
    stud1[1]= new Array("刘文",19,"男");
    stud1[2]= new Array("马春风",17,"女");
    var stud2=new Array(new Array(),new Array());           //空的二维数组,2行
    //使用"[]"对象创建数组
    var stud3=[["王明",19,"男"],["张芳",18,"女"],["李明阳",19,"男"]]
    var stud4=[["李强",22,"男"],[],[],[]];                  //创建二维数组,4行
    stud4[0][3]="计算机应用1班";                            //给元素stud4[0][3]赋值
</script>
```

注意：二位数组创建完成后，行数就确定了，但每行的元素个数可以随着追加元素而修改。示例代码如下。

```
<script type="text/javascript">
    var stud4=[["李强",22,"男"],[],[],[]];//创建二维数组,4行
    stud4[0][3]="计算机应用1班";    //给元素stud4[0][3]赋值
    console.log(stud4[0]);          //输出数组stud4的第1行元素
    stud4[4][0]="张进步";            //给元素stud4[4][0]赋值,本行代码会报错
    console.log(stud4[4]);          //输出数组stud4的第5行元素,本行代码执行不到
</script>
```

在HBuilder中保存文件5-3-7.html，在控制台显示信息，如图5-4所示。

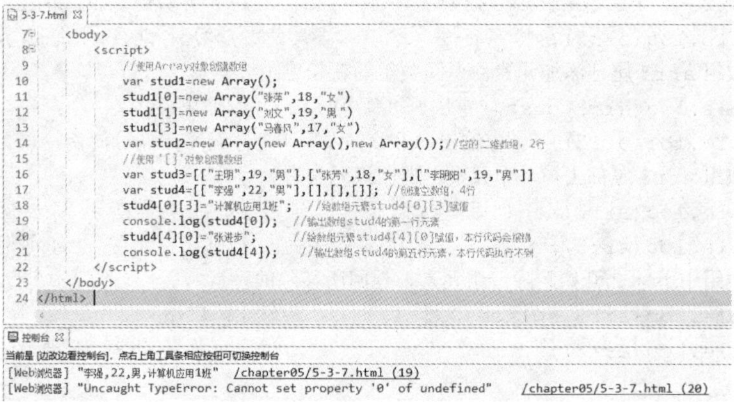

图5-4 改变二维数组的长度

从图5-4可以看出，对二维数组赋值时，语句stud4[0][3]="计算机应用1班";正常执行，但执行语句stud4[4][0]=" 张进步";时出错，出错原因是不存在stud4[4]，也就是二维数组中没有第5行元素。

2) 二维数组的遍历

创建二维数组后，如何遍历二维数组中的元素，对其进行操作呢？从前面的学习我们知道，一维数组可以利用for或for…in语句进行遍历。那么二维数组可以用嵌套的循环，逐行逐列遍历二维数组中的每个元素。下面通过案例学习二维数组的遍历。

案例5-3-8 把二维数组的内容用表格形式输出，显示如图5-5所示。

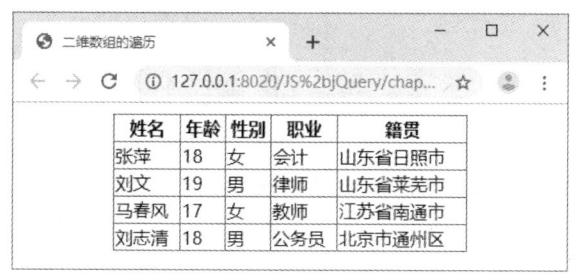

图 5-5 二维数组的内容用表格形式输出

图 5-5 中，表格内容来自二维数组，表格中的一行内容对应二维数组中的一行元素。把二维数组的内容用表格显示的 JavaScript 代码如下。

```
<script type="text/javascript">
    var stud=new Array();
    stud[0]= new Array("张萍",18,"女","会计","山东省日照市");
    stud[1]= new Array("刘文",19,"男","律师","山东省莱芜市");
    stud[2]= new Array("马春风",17,"女","教师","江苏省南通市");
    stud[3]= new Array("刘志清",18,"男","公务员","北京市通州区");
    //输出表格的第一行(表头)
    document.write("<table><tr><th>姓名</th><th>年龄</th><th>性别</th><th>职业</th><th>籍贯</th></tr>");
    //逐行遍历二维数组
    for(var i=0;i<stud.length;i++){
        //把每行元素拼接成表格中一行的字符串
        var str="<tr>";
        for(var j in stud[i]){
            str=str+"<td>"+stud[i][j]+"</td>";
        }
        str+="</tr>"
        document.write(str);          //输出一行
    }
    document.write("</table>");       //输出表格结束标签
</script>
```

以上 JavaScript 代码生成的表格是默认的表格样式，为了美观，可以定义 CSS 样式美化表格，CSS 代码如下。

```
<style>
    table,td,th{border:1px solid #666666;}
    table{width:320px;border-collapse: collapse;margin: 10px auto;}
</style>
```

保存文件，文件名为 5-3-8.html，在浏览器中运行，效果如图 5-5 所示。

在上述实例代码中，使用循环语句输出二维数组中每个元素的值，访问二维数组元素时需要使用两个下标，即 "stud[i][j]" 的形式。可以看到二维数组实际上是通过一维数组中嵌套一维数组来实现的，在二维数组中还可以再嵌套数组，当数组嵌套是多层时就形成了多维数组。

5.4 实训案例

案例 5-4-1 表单信息获取。设计如图 5-6 所示的参观预约页面，单击图中的"提交"按钮，读取表单信息并在控制台输出，单击"放弃"按钮则清空当前表单内容。

实训案例-表单信息获取

图 5-6 参观预约页面

设计步骤如下。

(1) 设计 HTML 页面，代码如下。

```
<html>
    <body>
        <div id="info">
            <header><h3>预约信息</h3></header>
            <article class="add">
                <form action="#" method="get">
                    <p><label>联系人：</label>
                    <input id="callName" type="text" required="required"/></p>
                    <p><label>联系电话：</label>
                    <input id="callNum" type="text" required="required"></p>
                    <p><label>参观人数：</label>
                    <input id="visitorNum" type="number" required="required" value="5"/></p>
                    <p><label>预约时间：</label>
                    <input id="time" type="date" required="required"></p>
                    <input type="submit" onclick="return printForm()" value="提交"/>
                    <input type="reset" value="放 弃" />
                </form>
            </article>
        </div>
    </body>
</html>
```

(2) 设计 CSS 样式，美化页面，代码如下。

```
<style type="text/css">
```

```css
*{margin: 0;padding: 0;}
#info{width: 300px;margin: 10px auto;border: 1px solid #DDDDDD;
    padding-bottom: 20px;}
header{background: #767676;color: white;padding: 6px;}
.add p{padding:10px;}
.add label{width:80px; display: inline-block;margin-left: 10px;}
p:after{content: "*";}
input{width: 160px;height: 18px;}
input[type="submit"],input[type="reset"]{
width:60px; height: 28px; margin: 15px 0 0 60px;}
</style>
```

(3) 编写 JavaScript 代码，实现读取表单内容。

```javascript
<script type="text/javascript">
    /*用构造函数创建对象*/
    function info() {
        this.data= {callName: "",callNum: "",visitorNum: "",time: ""};
    //添加 data 属性
        this.setFormInfo=function() {       //添加 setFormInfo 方法
            this.data.callName = document.getElementById("callName").value;
            this.data.callNum = document.getElementById("callNum").value;
            this.data.visitorNum = document.getElementById("visitorNum").value;
            this.data.time = document.getElementById("time").value;
        }
    }
    /*实例化 info 对象*/
    var form1 = new info();
    /*获取并向控制台输出表单输入信息*/
    function printForm() {
        form1.setFormInfo();   //用 setFormInfo 方法获取表单的信息
        var infoStr ="联系人:" + form1.data.callName + " #" + "联系电话:" + form1.data.callNum +" #" + "参观人数:" + form1.data.visitorNum+ " #" + "预约时间:" + form1.data.time;
        /*console.log()是一个向控制台输出结果的方法，参数可以为字符串*/
        console.log(infoStr);   //向控制台输出表单输入信息
    }
</script>
```

以上代码中，首先用构造函数创建 info 对象，在其中添加 data 属性保存表单信息，添加 setFormInfo 方法用来获取表单的信息并赋值给内部成员。代码 document.getElementById("callName").value 实现获取联系人信息。然后实例化 info 对象。在 printForm()函数中通过 info 对象访问其内部成员和方法，获取表单的信息，并在控制台输出表单信息。

单击图 5-6 中的 "提交" 按钮，调用 printForm()函数，在控制台输出表单信息。

5.5 本章小结

JavaScript 是一种基于对象的编程语言,对象本质上是属性和方法的集合。本章主要介绍了 JavaScript 中定义对象的方法和常用的内置对象。对象在 JavaScript 语言中非常重要。其中内置对象可以直接使用,读者需要掌握这些对象的属性和方法,以便在实际开发中灵活运用。

5.6 练习题

一、填空题

1. 面向对象编程的 3 种基本特征是封装性、继承性和_____。
2. 一个 JavaScript 对象由_____和_____两个基本要素构成。
3. 在 JavaScript 中,创建一个名为 day 的日期对象,使用当前日期为初始值,则创建的语句为_____。
4. String 对象的_____属性用于表示字符串的长度。
5. 若 var a={};,则 console.log(a=={});的输出结果为_____。
6. 查询一个对象的构造函数使用_____属性。

二、判断题

1. JavaScript 是一种基于对象的语言。 （ ）
2. 访问对象的属性时,可以通过"对象名.属性名"来访问。 （ ）
3. 使用 Math 对象的实例名称来引用 Math 对象的方法。 （ ）
4. Number.MIN_VALUE 表示最小的负数。 （ ）
5. 对象中未赋值的属性的值为 undefined。 （ ）
6. obj.name 和 obj['name']访问的是同一个属性。 （ ）

三、选择题

1. 调用函数时,不指明对象直接调用,则 this 指向(　　)对象。
   A. document　　　　B. Function　　　　C. Window　　D. Object
2. Math 对象的原型对象是(　　)。
   A. Math.prototype　　B. Function.prototype　　C. Object　　D. Object.prototype
3. 分析下面的 JavaScript 代码段,输出结果是(　　)。
```
var str="I am a teacher";
a=str.charAt(9);
document.write(a);
```
   A. I am a te　　　　B. a　　　　　　C. acher　　　D. e
4. 在 JavaScript 中,下列(　　)语句能正确获取系统当前时间的小时值。

A. var date=new date();　　var hour=date.getHour();

B. var date=new Date();　　var hour=date.gethour();

C. var date=new date();　　var hour=date.getHours();

D. var date=new Date();　　var hour=date.getHours();

5. 请问下面代码输出的是(　　)。

```
var trees = ["aa","bb","cc","dd","apple"];
delete trees[3];
console.log(trees.length);
```

　　A. 5　　　　　　　　B. 4　　　　　　　　C. 3　　　　　　　　D. 以上都不对

6. 分析下面的 JavaScript 代码段，输出的结果是(　　)。

```
emp=new Array(4);
emp[1]=1;
emp[2]=2;
document.write(emp.length);
```

　　A. 2　　　　　　　　B. 3　　　　　　　　C. 4　　　　　　　　D.5

四、编程题

1. 在一天内的不同时间段显示不同的问候语。

2. 在网页上或网页标题栏滚动显示指定的文字，如图 5-7 所示。

图 5-7　滚动显示指定的文字

3. 编写程序，把一维数组中重复的数据去掉。

第 6 章 BOM 对象

JavaScript 是由 ECMAScript、BOM 和 DOM 组成的。其中 ECMAScript 就是前面学习的 JavaScript 中的基本语法、数组、函数和对象。BOM(Browser Object Model)指的是浏览器对象模型，DOM(Document Object Model)指的是文档对象模型。

BOM(浏览器对象模型)是 JavaScript 的组成之一，它使用浏览器对象模型与 HTML 交互，对浏览器窗口进行访问和操作。使用 BOM，开发者可以移动窗口、改变状态栏中的文本以及执行其他与页面内容不直接相关的动作。

本章的学习目标
- 了解 BOM 的组织结构
- 掌握 window 对象常用的属性和方法
- 掌握定时器的使用
- 掌握 location 和 history 的常用属性和方法
- 掌握 frame 和 navigator 的常用属性和方法

6.1 BOM 对象简介

在实际开发中，JavaScript 经常需要操作浏览器窗口及窗口上的控件，实现用户和页面的动态交互。为此，浏览器提供了一系列内置对象，统称为浏览器对象。各内置对象之间按照某种层次组织起来的模型统称为 BOM 浏览器对象模型，如图 6-1 所示。

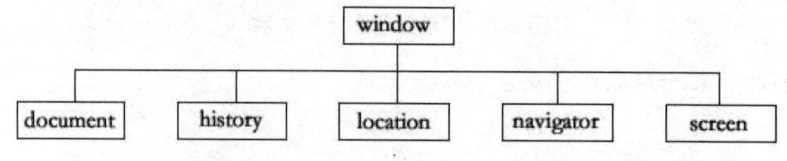

图 6-1 BOM 结构图

BOM 对象简介

从图 6-1 中可以看出，window 对象是 BOM 的核心(顶层)对象，其他对象都是以属性的方式添加到 window 对象下，也可以称为 window 的子对象。

document 对象(DOM)即是 window 对象下面的一个属性，同时它也是一个对象。
history 对象是历史记录对象，记录浏览器的访问历史记录。
location 对象是浏览器地址栏对象，用于获取浏览器 URL 地址栏中的数据。
navigator 对象是浏览器对象，用于获取浏览器的相关数据。
screen 对象是屏幕对象，可获取与屏幕有关的数据。
BOM 为了访问和操作浏览器各组件，每个 window 子对象中都提供了一系列的属性和方法，下面介绍 window 子对象的基本功能。

6.2 window 对象

window 对象表示浏览器中打开的窗口。在客户端 JavaScript 中，window 对象是全局对象，所有浏览器都支持它。另外，window 对象作为 BOM 中所有对象的父对象，所有全局 JavaScript 对象，函数和变量都自动成为 window 对象的成员，都可以被它调用。全局变量是 window 对象的属性，全局函数是 window 对象的方法。

6.2.1 弹出对话框和窗口

window 对象中除了前面提过的 alert()和 prompt()方法外，还提供了很多弹出对话框和窗口的方法，以及相关的操作属性，具体如表 6-1 所示。

弹出对话框和窗口

表 6-1 弹出对话框和窗口相关的属性与方法

分类	名称	说明
属性	closed	返回一个布尔值，该值声明了窗口是否已经关闭
	name	设置或返回存放窗口名称的一个字符串
	opener	返回对创建该窗口的 window 对象的引用
	parent	返回当前窗口的父窗口
	self	对当前窗口的引用，等价于 window 属性
	top	返回最顶层的父窗口
	status	状态栏的信息
	defaultstatus	默认的状态栏信息
方法	alert()	显示带有一段消息和一个确认按钮的警告框
	confirm()	显示带有一段消息以及确认按钮和取消按钮的对话框
	prompt()	显示可提示用户输入信息的对话框
	open()	打开一个新的浏览器窗口或查找一个已命名的窗口
	close()	关闭浏览器窗口
	focus()	把键盘焦点给予一个窗口
	print()	打印当前窗口的内容
	scrollBy()	按照指定的像素值来滚动内容
	scrollTo()	把内容滚动到指定的坐标

表 6-1 中所有的属性和方法在常见的浏览器(如 IE、Chrome 等)中全部支持。
Open()方法用于打开一个新的浏览器窗口，或者查找一个已经命名的窗口，具体语法如下。

```
window.open('URL','name', 'height=number, width=number, top=number,
left=number, toolbar=no|yes, menubar=no|yes, scrollbars=no|yes,
resizable=no|yes, location=no|yes, status=no|yes');    //该句写成一行代码
```

参数解释:
URL:打开指定页面的 URL 地址,如果没有指定,则打开一个新的空白窗口。
name:弹出窗口的名字,可为空。
height:窗口的高度,最小值为 100。
width:窗口的宽度,最小值为 100。
top:窗口距离屏幕上方的像素值,即该窗口的顶部位置。
left:窗口距离屏幕左侧的像素值,即该窗口的左侧位置。
toolbar:是否显示工具栏,默认值为 yes。
menubar:是否显示菜单栏,默认值为 yes。
scrollbars:是否显示滚动条,默认值为 yes。
resizable:是否允许改变窗口大小,默认值为 yes。
location:是否显示地址栏,默认值为 yes。
status:是否显示状态栏内的信息(通常是文件已经打开),默认值为 yes。
下面通过案例学习掌握 window 对象的属性和方法。

案例 6-2-1 单击页面中的"打开新窗口"按钮,弹出新窗口,在其中显示页面文件 page1.html,单击新窗口中的"关闭本窗口"按钮,关闭新窗口。

(1) 新建文件 6-2-1.html,实现单击页面中的"打开新窗口"按钮,打开新窗口,在新窗口中显示文件 page1.html。关键代码如下。

```html
<html>
    <head>
        <meta charset="utf-8">
    </head>
    <body>
        <p>这是网页文件 6-2-1.html。</p>
        <button id="btn1" onclick="openWindow()">打开新窗口</button>
    </body>
</html>
<script>
    function openWindow(){
        window.open("page1.html","newWindow",'height=300, width=500, resizable=no');
    }
</script>
```

(2) 新建文件 page1.html,单击页面中的"关闭本窗口"按钮,弹出是否关闭窗口的确认框,单击"确定"按钮,关闭新窗口,代码如下。

```html
<html>
    <head>
        <meta charset="utf-8">
    </head>
    <body>
        <p>这是 page1.html 网页,是新打开的窗口。</p>
```

```
        <button id="btn2" onclick="closeWindow()">关闭本窗口</button>
    </body>
    <script>
        function closeWindow(){
            var flag=window.confirm("确定关闭窗口？");
            if(flag) window.close();
        }
    </script>
</html>
```

保存上面新建的两个网页文件。在浏览器运行 6-2-1.html，效果如图 6-2 所示。

图 6-2　打开窗口操作

单击图 6-2 中的"打开新窗口"按钮，打开新窗口，显示效果如图 6-3 所示。

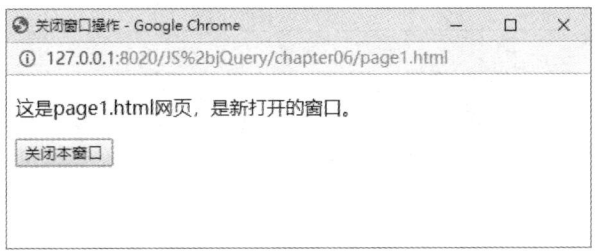

图 6-3　打开的新窗口

单击图 6-3 中的"关闭本窗口"按钮，弹出确认框，显示效果如图 6-4 所示。

图 6-4　关闭新窗口效果

单击图 6-4 中的"确定"按钮，关闭新打开的窗口。
如果需要指定打开的新窗口的大小、位置和样式等，可以用可选的参数来设置。
如果打开新窗口时，各种参数都取默认值，会打开最基本的弹出窗口，代码如下。

```
window.open('page1.html');
```

6.2.2 窗口位置和大小

BOM 中用来获取和更改 window 的窗口位置、窗口高度与宽度、文档区域高度与宽度的相关属性和方法很多，具体如表 6-2 所示。

窗口位置和大小

表 6-2　窗口的位置和大小

分类	名称	说明
属性	innerheight	返回窗口的文档显示区的高度
	innerwidth	返回窗口的文档显示区的宽度
	outerheight	返回窗口的外部高度
	outerwidth	返回窗口的外部宽度
	screenLeft	返回窗口的左上角在屏幕上的 x 坐标。Firefox 不支持
	screenTop	返回窗口的左上角在屏幕上的 y 坐标。Firefox 不支持
	screenX	返回窗口的左上角在屏幕上的 x 坐标。IE 不支持
	screenY	返回窗口的左上角在屏幕上的 y 坐标。IE 不支持
方法	moveBy()	把窗口从当前坐标移动指定的像素
	moveTo()	把窗口的左上角移动到一个指定的位置
	resizeBy()	按照指定的像素调整窗口的大小
	resizeTo()	把窗口的大小调整到指定的宽度和高度

为了便于理解和掌握表 6-2 中的各种属性和方法，通过案例 6-2-2 进行演示。

案例 6-2-2　设计网页，实现打开新窗口、调整新窗口的大小和位置，并把新窗口的大小和位置信息在新窗口中显示出来。

（1）HTML 网页设计，关键代码如下。

```
<html>
    <body>
        <button onclick="openWindow()">打开新窗口</button><br /><br />
        <button onclick="changeWindow()">调整新窗口</button>
    </body>
</html>
```

（2）编写 JavaScript 代码，实现打开新窗口、获取窗口信息、调整窗口大小及位置的功能。代码如下。

```
<script>
    var newWindow;
    function openWindow(){
     //打开一个新的空白窗口
    newWindow=window.open("","newWin","top=100,left=100,width=300,height=300");
     getWindowInfo();        //获取打开的新窗口的信息
    }
```

```
function changeWindow(){     //移动新窗口并改变其大小
newWindow.moveBy(-50,60);//newWindow窗口右移-50px(即左移50px),下移60px
newWindow.focus();           //获取移动后的newWindow窗口的焦点
newWindow.resizeTo(400,350);//修改newWindow窗口的宽度为400px,高度为350px
getWindowInfo();
}
function getWindowInfo(){
    //获取相对于屏幕窗口的坐标
    var x=newWindow.screenLeft;
    var y=newWindow.screenTop;
    //获取窗口文档区的宽度和高度
    var inW=newWindow.innerWidth;
    var inH=newWindow.innerHeight;
    //获取窗口的外部宽度和高度
    var outW=newWindow.outerWidth;
    var outH=newWindow.outerHeight;
    newWindow.document.write("<p>新窗口在屏幕上的坐标：("+x+','+y+")</p>");
    newWindow.document.write("<p>新窗口文档区的宽度："+inW+',高度：'+inH+"</p>");
    newWindow.document.write("<p>新窗口宽度："+outW+',高度：'+outH+"</p><hr/>");
    }
</script>
```

保存文件，文件名为6-2-2.html，在浏览器中运行文件。单击"打开新窗口"按钮，会调用openWindow()函数，新建一个窗口，然后调用getWindowInfo()函数在新窗口中显示新窗口的相关信息，效果如图6-5所示。

单击"调整新窗口"按钮，就会调用changeWindow()函数，移动新窗口并改变其大小，然后调用getWindowInfo()函数在新窗口中显示调整后的新窗口的信息，效果如图6-6所示。

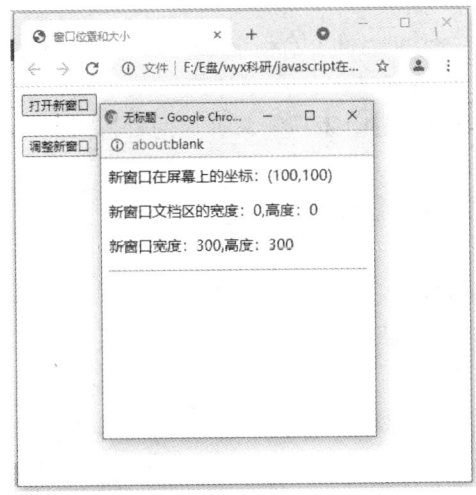

图6-5 新窗口的显示效果

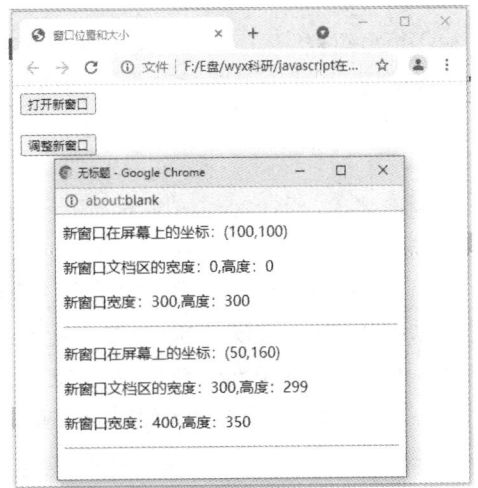

图6-6 新窗口调整位置和大小后的显示效果

6.2.3 定时器

window 对象包含 4 个定时器专用方法,说明如表 6-3 所示。使用它们可以实现在指定时间后执行特定代码,也可以让程序代码每隔一段时间执行一次,实现间歇操作。另外,使用定时器可以设计演示动画。

定时器

表 6-3　window 对象的定时器方法

方法名称	说明
setInterval()	按照执行的周期(单位为毫秒)调用函数或计算表达式
setTimeout()	在指定的毫秒数后调用函数或计算表达式
clearInterval()	取消由 setInterval() 方法生成的定时器
clearTimeout()	取消由 setTimeout() 方法生成的定时器

对表 6-3 中的方法说明如下。

(1) setTimeout()方法能够在指定的时间段后执行特定代码。用法如下:

```
var tt = setTimeout(code, delay);
```

参数 code 表示要延迟执行的字符串型代码或函数,delay 表示延迟时间,以毫秒为单位。该方法的返回值是一个 Timer ID,这个 ID 编号指向延迟执行的代码控制句柄。可以使用 clearTimeout(tt)方法在特定条件下清除延迟处理代码。

(2) setInterval()方法能够周期性执行指定的代码。用法如下:

```
var tt = setInterval(code, interval);
```

参数 code 表示要周期性执行的代码字符串,参数 interval 表示周期性执行的时间间隔,以毫秒为单位。该方法的返回值是一个 Timer ID,这个 ID 编号指向对当前周期函数的执行引用,利用该值对计时器进行访问。可以使用 clearInterval(tt)方法强制取消周期性执行的代码。

setTimeout()方法主要用来延迟代码执行,而 setInterval()方法主要实现周期性执行代码。它们都可以设计周期性动作,其中 setTimeout()方法适合不定时执行某个动作,而 setInterval()方法适合定时执行某个动作。下面通过案例进一步理解掌握这两种方法的不同用法。

案例 6-2-3　设计实现如图 6-7 所示的倒计时功能,倒计时从 10 至 0 结束。

从图 6-7 可以看出,页面内容是在一个圆环中显示数字。圆环可以用圆角 div 实现,中间的数字从 10 递减到 0 的过程用 setTimeout()方法或 setInterval()方法实现。设计步骤如下。

(1) 设计 HTML 页面和 CSS 样式,用于显示倒计时时间,盒子的样式由 CSS 定义。

```
<html>
    <head>
```

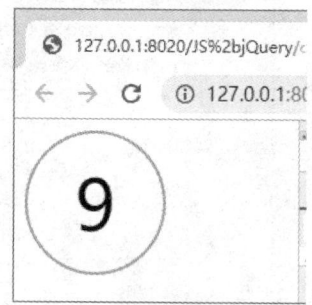

图 6-7　倒计时页面

```html
        <meta charset="utf-8">
        <style>
            #d1{
                width: 100px;height: 100px; border:2px solid #AAAAAA;
                text-align: center; line-height: 100px; font-size: 50px;
                border-radius: 50%;     /*设置圆角半径*/
            }
        </style>
    </head>
    <body>
        <div id="d1">  </div>
    </body>
</html>
```

(2) 编写 JavaScript 代码，实现倒计时。

① 用 setInterval()方法实现倒计时的代码如下。

```
<script>
    var num=10;
    function countdown(){
        document.getElementById("d1").innerHTML=num;
        num--;
        if(num==0) {
            document.getElementById("d1").innerHTML="OK";
            num=10;
        }
    }
    setInterval("countdown()",1000);    //重复执行，每隔 1 秒执行一次
</script>
```

② 用 setTimeout()方法实现倒计时的代码如下。

```
<script>
    var num=10;
    function countdown(){
        document.getElementById("d1").innerHTML=num;
        num--;
        if(num==0) {
            document.getElementById("d1").innerHTML="OK";
            num=10;
        }
        setTimeout("countdown()",1000);    //定时执行，1 秒后执行
    }
    countdown();   //执行函数
</script>
```

以上代码都实现了倒计时功能。语句 setInterval("countdown()",1000);每隔 1000 毫秒调用一次 countdown()函数，执行 num--，实现倒计时功能。语句 setTimeout("countdown()",1000);

定时 1000 毫秒后执行，只执行一次。为了重复执行 setTimeout("countdown()",1000);这条语句，把它放在 countdown()函数中，实现对自身的调用，反复执行实现倒计时功能。另外，方法②中通过 countdown();语句，执行倒计时函数 countdown()。

6.3 location 对象

location 对象包含当前页面的地址(URL)信息，通过设置该对象的属性值，可以更改当前用户在浏览器中访问的 URL，实现新文档的载入、重载以及替换等功能。

location 对象常用的属性和方法分别如表 6-4 所示。

location 对象

表 6-4 location 对象的常用属性和方法

分 类	名 称	说 明
属性	hash	设置或返回 href 属性中在#符号后面的内容(URL 的锚部分)
	host	设置或返回 URL 或本地所在的域名及端口号
	hostname	设置或返回本地或者 URL 所在的域名
	href	设置或返回完整的 URL 字符串
	pathname	设置或返回由 location 对象指定的 file 名称或者路径
	port	设置或返回与 URL 有关的端口号
	protocol	设置或返回 URL 部分所使用的协议
	search	设置或返回 href 属性里?号之后的内容(URL 地址中的参数)
方法	assign("URL")	加载新的文档，该方法可以实现把一个新的 URL 赋给 location 对象
	reload("URL")	重新载入当前文档，相当于"刷新"页面功能
	replace("URL")	用指定的文档来替换当前的文档

下面通过案例进一步学习如何在 JavaScript 中对 URL 进行操作。

案例 6-3-1 实现页面定时跳转，在跳转到的页面显示 URL 的信息。

本案例中有两个网页文件，一个是 6-3-1.html，实现定时跳转；另一个是 page2.html，是跳转到的目标页面。

(1) 6-3-1.html 文件的主要代码如下。

```
<body>
    <script type="text/javascript">
        document.write("网站的网址已经迁移，3 秒后跳转到新网址！<br/>");
        var urlstr="page2.html?a=10&b=20";
        //用下列两种方法实现打开新的网页(其中任意一条语句都可以)
        setTimeout("window.location.href=urlstr",3000);      //设置 URL 地址
        setTimeout("window.location.assign(urlstr)",3000);  //加载指定文档

    </script>
</body>
```

上述代码，实现 3 秒后更改 URL 地址为指定的网页地址，即页面跳转。
(2) page2.html 文件的主要代码如下。

```
<body>
    <script>
        document.write(location.href+"<br/>");      //显示完整的 URL
        document.write(location.host+"<br/>");      //显示 URL 的主机名和端口号
        document.write(location.pathname+"<br/>");//显示 URL 的路径名
        document.write(location.search+"<br/>");    //显示 URL 地址中的参数

    </script>
</body>
```

保存文件，在浏览器中运行 6-3-1.html 文件，3 秒后跳转到 page2.html 文件，即浏览器窗口显示 page2.html 文件的内容，如图 6-8 所示。

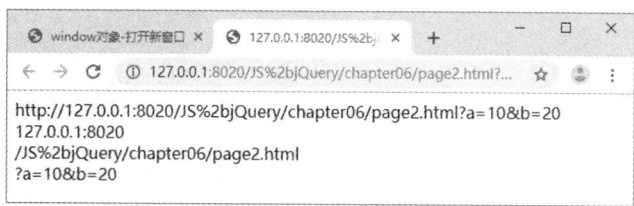

图 6-8　显示 URL 地址信息

6.4　history 对象

每个浏览器窗口都有一个最近访问过的网页的列表，这个列表在 JavaScript 中是使用 history 对象来表示的。通过对 history 对象的引用，可以对用户在浏览器中访问过的 URL 历史记录进行操作，控制浏览器实现"前进"和"后退"的功能。具体相关的属性和方法如表 6-5 所示。

history 对象

表 6-5　history 对象的常用属性和方法

分类	名称	说明
属性	length	存储在历史列表中的网址数目
	current	当前网页的地址
	next	下一个历史记录的网页地址
	previous	上一个历史记录的网页地址
方法	back()	回到客户端查看过的上一页
	forward()	回到客户端查看过的下一页
	go()	(整数或 URL 字符串)前往某个网页

其中，back()方法与单击浏览器中"后退"按钮的功能相同，forward()方法与单击浏览器中"前进"按钮的功能相同。go()方法可根据参数的不同设置，完成历史记录的任意跳

转。参数可以是 URL，也可以是整数，当参数值是一个负整数时表示后退指定的页数，当参数值是一个正整数时表示前进指定的页数，go(0)表示将浏览器定位到当前的位置。

说明：back()方法相当于 go(-1)，forward()方法相当于 go(1)。

下面通过案例，进一步学习掌握 history 对象的常用方法的使用。

案例 6-4-1 在两个网页之间实现前进后退功能。

本案例中有两个网页文件，一个是 6-4-1.html，实现前进到下一个网页。另一个是 page3.html，实现返回上一个页面。

(1) 6-4-1.html 的代码如下。

```
<body>
    <p>第一页</p>
    <button onclick="window.location='page3.html'" >下一页 </button>
    <button onclick="window.history.go(1)" >前 进</button>
    <button onclick="window.history.forward()">向 前</button>
</body>
```

上述代码实现单击"下一页"按钮，打开网页文件 page3.html。单击"前进"和"向前"按钮跳转到历史列表中的下一个 URL，go(1)和 forward()功能相同。但是，在首次运行本文件时，"前进"和"向前"按钮不可用，因为此时历史列表中只有当前网页。

(2) page3.html 的代码如下。

```
<body>
    <p>第二页</p>
    <button onclick="window.location='6-4-1.html'">上一页</button>
    <button onclick="window.history.go(-1)">返回</button>
    <button onclick="window.history.back()">后退</button>
</body>
```

上述代码实现单击"上一页"按钮，打开网页文件 6-4-1.html。单击"返回"和"后退"按钮跳转到历史列表中的前一个 URL，这里是返回 6-4-1.html 网页，go(-1)和 back()功能相同。

保存文件，在浏览器中运行 6-4-1.html 文件，效果如图 6-9 所示。

单击图 6-9 中的"下一页"按钮，跳转到第二页(page3.html 页面)，效果如图 6-10 所示。

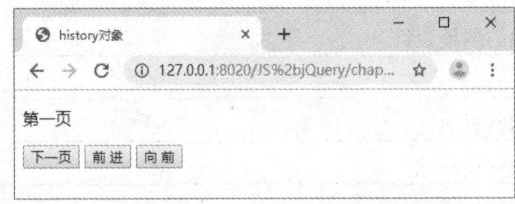

图 6-9 预览 6-4-1.html 网页

图 6-10 跳转到 page3.html 页面

单击图 6-10 中的"上一页""返回"或"后退"按钮，返回到图 6-9 所示页面。此时，单击第一页中的"下一页""向前"或"前进"按钮，都能到达第二页。

6.5 frame 对象

frame 对象

浏览器窗口可以划分为独立的小窗口，每个小窗口称为框架(Frame)。在 HTML 文档中通过<frameset>标签可以定义多个框架，在 JavaScript 中可以通过 window.frames[]来实现对每个独立的窗口目标的引用。

打开一个 html 页面就是一个窗口，如果该 html 中包含 iframe 或者 frame 标签，则 iframe 或者 frame 就是子窗口，包含 iframe 或者 frame 标签的窗口就是父窗口。

window 对象中包含的针对 frame 对象的常用属性如表 6-6 所示。

表 6-6 window 对象中关于 frame 的常用属性

window 对象属性	说　明
frames[]	存放当前窗口中所有 frame 对象的数组
length	窗口中 frame 的数目，和 window.frames.length 等同
name	当前窗口的名字
parent	对父窗口的引用
self	对窗口自身的引用
top	对最高级别窗口的引用，这个值通常和 parent 一致

frame 对象常用的属性和方法分别如表 6-7 所示。

表 6-7 frame 对象的常用属性

分　类	属　性	说　明
属性	frameBorder	设置或获取是否显示框架的边框
	marginHeight	设置或获取显示框架中文本的上下边距高度
	marginWidth	设置或获取显示框架中文本的左右边距宽度
	name	设置或获取框架的名称
	noResize	设置或返回框架是否可以被重定义大小
	scrolling	设置或返回框架是否可以滚动
	src	设置或返回框架内加载内容的 URL
方法	cols	设置或获取对象的框架宽度
	id	获取标识对象的字符串
	rows	设置或获取对象的框架高度

下面通过案例学习掌握 frame 对象的操作方法。

案例 6-5-1 在框架页中，对不同窗口设置不同的背景颜色。

(1) 设计框架页 6-5-1.html，框架页的代码如下。

```
<html>
    <frameset rows="*" cols="30%,*" framespacing="1" frameborder="yes"
```

```
        border="10" bordercolor="#EEAAAA">
            <frame src="6-5-1-left.html" name="left">
            <frame src="6-5-1-right.html" name="right">
        </frameset>
        <noframes></noframes>
</html>
```

以上代码中使用<frameset>标签设置一个左右结构的框架页,将页面分为两部分。左侧窗口中显示 6-5-1-left.html 文件,右侧窗口中显示 6-5-1-right.html 文件。

(2) 设计 6-5-1-left.html 网页,实现为左右窗口设置不同的背景颜色,关键代码如下。

```
<html>
    <body onLoad="setFrameColor();">
        <h2>左侧窗口</h2>
    </body>
    <script languages="javascript">
        function setFrameColor ( ){
            window.top.frames['left'].document.bgColor="red";
            window.top.frames['right'].document.bgColor="yellow";
        }
    </script>
</html>
```

以上代码中定义了 JavaScript 方法 setFrameColor(),设置顶层窗口中框架 left 和框架 right 的背景颜色。通过 body 的 onload 事件调用 setFrameColor()方法,页面加载时就完成两个框架的背景颜色设置。

语句 window.top.frames['left'].document.bgColor="red";表示将左侧框架的背景颜色设置为红色,语句 window.top.frames['right'].document.bgColor="yellow";表示将右侧框架的背景颜色设置为黄色。

在浏览器中运行 6-5-1.html 文件,页面效果如图 6-11 所示。

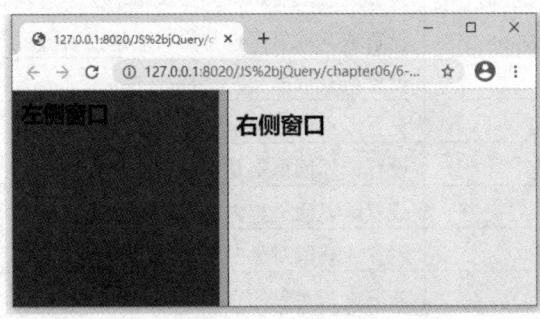

图 6-11 设置不同窗口中的背景颜色

6.6 navigator 对象

navigator 对象提供了有关浏览器的信息。当浏览器显示网页时,浏览器将自动创建一个 navigator 对象,该对象用以提供显示当前页面的浏览器的信息。

navigator 对象

使用 navigator 对象可以获取用户使用的浏览器的版本,浏览器可以控制的 MIME 类型,浏览器中已经安装的插件等信息。navigator 对象的常用属性和方法如表 6-8 所示。

表 6-8 navigator 对象的常用属性和方法

分 类	名 称	说 明
属性	appCodeName	浏览器的代码名称
	appName	浏览器的名称
	appVersion	浏览器的版本信息
	platform	运行浏览器的操作系统和(或)硬件平台
	userAgent	浏览器中用户代理头信息
	cookieEnabled	返回一个布尔值,来表示当前页面是否启用了 cookie。如果浏览器启用了 cookie,该属性值为 true,否则,返回 false
方法	javaEnabled	测试是否支持 Java 组件

说明:navigator 对象的属性都是只读的。

案例 6-6-1 获取浏览器的基本信息。关键代码如下。

```
<html>
    <body> </body>
    <script language="Javascript">
        document. write("浏览器名称:"+ navigator.appName+"<br/>");
        document. write("浏览器版本号:"+ navigator.appVersion+"<br/>");
        document. write("浏览器用户代理:"+ navigator.userAgent+"<br/>");
        document. write("运行平台:"+navigator.platform+"<br/>");
        document. write("是否支持cookie:"+ navigator.cookieEnabled+"<br/>");
    </script>
</html>
```

保存文件,在浏览器中运行,结果如图 6-12 所示。

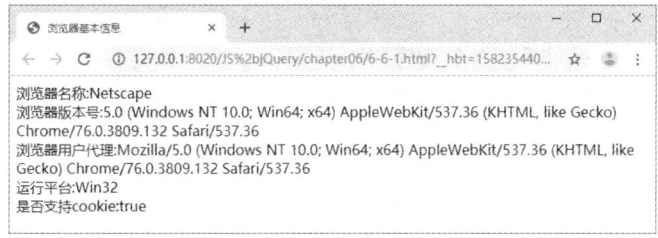

图 6-12 浏览器的基本信息

6.7 实 训 案 例

案例 6-7-1 抢购倒计时。
设计如图 6-13 所示的抢购倒计时页面,显示抢购倒计时时间。

实训案例-抢购
倒计时

图 6-13　抢购倒计时页面

分析图 6-13 可知，页面内容有标题、商品图片、倒计时信息和商品价格信息等，这些内容居中显示。设计步骤如下。

(1) HTML 页面设计，代码如下。

```
<html>
    <body>
        <div id=content>
            <div class="pt">限时活动  <i>COUNT DOWN</i></div>
            <img src="img/p1.jpg">
            <div class="bt" id="time"></div>
            <div class="pr"><p>聚划算：<b>&yen;88 </b></p>
            <p>专柜价：&yen;176</p>
            <p>折扣5.0 折</p>
            <p>节省：&yen;88</p>
            </div>
        </div>
    </body>
</html>
```

以上代码实现页面布局设计，盒子<div class="bt" id="time"></div>用来显示倒计时信息。

(2) 设计 CSS 样式，美化页面，代码如下。

```
<style>
    *{padding: 0; margin: 0;}
    #content{width:430px; padding:2px; font-size:15px; margin:5px auto;}
    .pt{height:40px;background:dodgerblue;
    border-radius: 6px; font-weight: 800; line-height: 40px;
```

```
        padding-left: 10px; font-size:20px; color: #FFFFFF;}
        img{width:350px;margin:10px auto;}
        .bt{height:35px;border-top:1px #CCCCCC solid;
        border-bottom:1px #CCCCCC solid;
        text-align: center; line-height: 35px;}
        .pr{height:40px; border-bottom: 3px solid #CCCCCC;}
        .pr p{float: left; margin: 12px 15px 0 10px;}
        .pr b{color: red;}
</style>
```

(3) JavaScript 代码设计，实现倒计时功能，代码如下。

```
<script type=text/javascript>
    var endTime=new Date("2020-02-27 12:00:00");   //设置抢购结束时间
    //获取结束时间距1970年1月1日00:00:00之间的毫秒数
    var endSeconds=endTime.getTime();
    var tt=setInterval("skilltime('time')",1000);  //设置定时器,实现抢购倒计时
    function skilltime(objid){
    var nowTime=new Date();                                //获取当前时间
    //获取当前时间距1970年1月1日00:00:00之间的毫秒数
    var nowSeconds=nowTime.getTime();
    var the_s=(endSeconds-nowSeconds)/1000;        //获取时间差,单位秒
    if(the_s>=0){
        var the_D=Math.floor((the_s/3600)/24)
        var the_H=Math.floor((the_s-the_D*24*3600)/3600);
        var the_M=Math.floor((the_s-the_D*24*3600-the_H*3600)/60);
        var the_S=Math.round((the_s-the_H*3600)%60,2);
        html = "仅剩余: ";
        html+="<b>"+(the_D)=10?the_D:"0"+the_D)+"</b>天";
        html+="<b>"+(the_H)=10?the_H:"0"+the_H)+"</b>时";
        html+="<b>"+(the_M)=10?the_M:"0"+the_M)+"</b>分";
        html+="<b>"+(the_S)=10?the_S:"0"+the_S)+"</b>秒";
        document.getElementById(objid).innerHTML = html;
        the_s--;
      }else{
        clearInterval(tt);    //抢购已结束,清除定时器
        document.getElementById(objid).innerHTML = "抢购已结束";
      }
    }
</script>
```

以上代码执行时，首先获取当前时间与抢购结束时间之间的时间差，然后计算剩余的天、小时、分钟和秒数，如果不够两位数前面补 0。

代码通过定时器 setInterval("skilltime('time')",1000)每秒执行一次，如果抢购时间结束，则执行 clearInterval(tt)清除定时器。

保存文件，文件名为 6-7-1.html，在浏览器中运行文件，效果如图 6-13 所示。

6.8 本章小结

本章首先介绍了 BOM 是 JavaScript 组成的一部分，讲解了 BOM 的构成及其各属性的作用，然后分别讲解了 window 对象、location 对象、history 对象、frame 对象和 navigator 对象的属性和方法，最后通过案例重点讲解了定时器的应用。

6.9 练习题

一、填空题

1. 在 BOM 中，所有对象的父对象是_____。
2. _____方法用于在指定的毫秒数后调用函数。
3. history 对象的_____可获取历史列表中的 URL 数量。

二、判断题

1. 全局变量可以通过 window 对象进行访问。（   ）
2. 修改 location 对象的 href 属性可设置 URL 地址。（   ）

三、选择题

1. 下列选项中，描述正确的是(   )。
   A. resizeBy( )方法用于移动窗口
   B. pushState( )方法可以实现跨域无刷新更改 URL
   C. window 对象调用一个未声明的变量会报语法错误
   D. 以上选项都不正确

2. 下面关于 BOM 对象描述错误的是(   )。
   A. go(-1)与 back()皆表示向历史列表后退一步
   B. 通过 confirm( )实现的对话框，单击"确定"按钮时返回 true
   C. go(0)表示刷新当前网页
   D. 以上选项都不正确

3. 下面(   )的对象与浏览列表有关。
   A. location, history   B. window, location
   C. navigator, window   D. historylist, location

4. 在 HTML 中，location 对象的(   )属性用于设置或检索 URL 的端口号。
   A. hostname   B. host   C. pathname   D. href

5. 在 JavaScript 中，setInterval("alert('welcome');",1000); 这段代码的意思是(   )。
   A. 等待 1000 秒后，再弹出一个对话框
   B. 等待 1 秒钟后弹出一个对话框
   C. 语句报错，语法有问题

D. 每隔一秒钟弹出一个对话框
6. 在 JavaScript 中，返回上一页的代码正确的是(　　)。
   A. history.back()   B. history.go(1)
   C. history.go(0)   D. history.forward()

四、编程题

1. 实现定时关闭窗口功能。
2. 设计实现在线考试倒计时的功能。

第 7 章 DOM 对象

DOM(Document Object Model,文档对象模型)是 HTML 和 XML 文档的编程接口。DOM 提供了对文档的结构化的表述,将文档解析为一个由节点和对象(包含属性和方法的对象)组成的结构集合,并可以在程序中对该结构进行访问,实现改变文档的结构、样式和内容。

本章的学习目标

- 理解 DOM 的知识
- 掌握元素与样式的操作
- 掌握 DOM 节点的操作
- 掌握网页元素大小和位置的操作

7.1 DOM 简介

7.1.1 什么是 DOM

DOM 简介

DOM 是 W3C 组织推荐的处理可扩展标志语言的标准编程接口,是网页中用来表示文档中对象的标准模型。DOM 最初结合了 Netscape 公司及微软公司开发的 DHTML(动态 HTML)思想,于 1998 年 10 月正式成为 W3C 的推荐标准,也称为第 1 级 DOM(DOM Level 1 或 DOM1),为 XML 和 HTML 文档中的元素、节点、属性等提供了必备的属性和方法。

随着技术的发展,2000 年 11 月发布了第 2 级 DOM(DOM Level 2 或 DOM2),它在 DOM1 的基础上增加了样式表对象模型。2004 年 4 月,W3C 发布了 DOM3 版本,它在 DOM2 的基础上增加了内容模型、文档验证以及键盘鼠标事件等功能。到目前为止,DOM 几乎被所有浏览器所支持。

DOM 可以分成三个不同的部分,分别是 Core(核心) DOM、HTML DOM 和 XML DOM。Core DOM 定义了一套标准的可以针对任何文档的对象。HTML DOM 提供了所有 HTML 元素的对象和属性,以及访问方法,相当于对 Core DOM 进行了在 HTML 方面的拓展。XML DOM 提供了所有 XML 元素的对象和属性,以及访问方法,与 HTML DOM 类似。接下来,介绍 HTML DOM 部分的内容。

7.1.2 HTML DOM 树

HTML DOM 指的是 DOM 中为操作 HTML 文档提供的属性和方法,其中,文档(document)表示 HTML 文件,文档中的标签称为元素(element), 同时也将文档中的所有内容称为节点 (node)。因此,HTML 文件可以看作是所有元素组成的一个节点树,各元素节点之间有组别的划分。利用 DOM 可完成对 HTML 文档内所有元素的获取、访问、标签属性和样式的设置等操作。

HTML DOM 将 HTML 文档视作树结构,这种结构被称为节点树。HTML DOM 节点树如图 7-1 所示。

节点树中的节点彼此拥有层级关系。可以用父(parent)、子(child)和兄弟(sibling)等术语描述这些关系,具体如下。父节点拥有子节点。一个父节点的所有子节点被称为兄弟节点。

(1) 根节点:在节点树中,顶端节点被称为根(root),如<html>是整个文档的根节点。

(2) 子节点:某一个节点的下级节点,如<head>和<body>节点都是<html>节点的子节点。

(3) 父节点:某一个节点的上级节点,如<html>节点是<head>和<body>节点的父节点。

(4) 兄弟节点:一个节点的所有子节点被称为兄弟节点。如<head>和<body>互为兄弟节点。

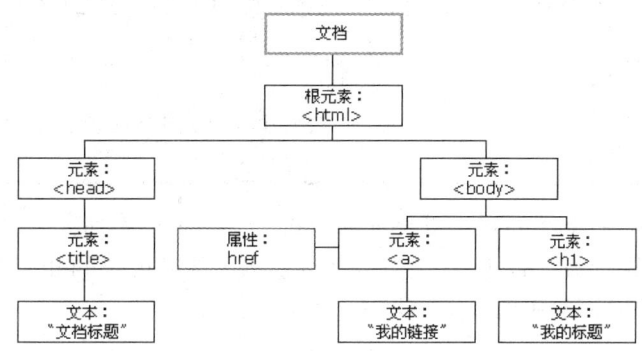

图 7-1 HTML DOM 节点树

HTML 文档中的节点有元素节点、属性节点等,常见的节点类型如表 7-1 所示。

表 7-1 节点类型

Node.属性名	值	对应的对象	说明
ELEMENT_NODE	1	Element	元素节点
ATTRIBUTE_NODE	2	Attr	属性节点
TEXT_NODE	3	Text	文本节点
COMMENT_NODE	8	Comment	注释节点
DOCUMENT_NODE	9	Document	文档节点

通过 HTML DOM,树中的所有节点均可通过 JavaScript 进行访问。所有 HTML 元素(节点)均可被修改,也可以创建或删除节点。

7.2 HTML 元素操作

7.2.1 获取 HTML DOM 元素

在利用 DOM 操作 HTML 元素时,既可以利用 document 对象提供的方法和属性获取操作的元素,也可以利用 Element 对象提供的方法获取。

1. 查找 HTML 元素

document 对象提供了一些用于查找元素的方法,利用这些方法可以通过元素的 id、name 和 class 属性以及标签名称的方式获取操作的元素。具体如表 7-2 所示。

查找 HTML 元素

表 7-2 document 对象的方法

方　法	说　明
document. getElementById()	返回对拥有指定 id 的第一个对象的引用
document. getElementsByTagName()	返回带有指定标签名的对象集合
document. getElementsByClassName()	返回带有指定类名的对象集合(不支持 IE6~8)
document. querySelector()	返回文档中匹配到的指定元素或 CSS 选择器的第一个对象的引用。
document. querySelectorAll()	返回文档中匹配到的指定元素或CSS 选择器的对象集合。(不支持 IE6~8)

在表 7-2 中,除了 document. getElementById()方法返回的是拥有指定 id 的元素外,其他方法返回的都是符合要求的一个集合。下面通过案例学习获取 html 文档元素的方法。

案例 7-2-1　查找网页中的元素。关键代码如下。

```
1  <!DOCTYPE html>
2  <html>
3      <head>
4          <meta charset="utf-8">
5          <title>查找 HTML 元素</title>
6          <link rel="stylesheet" href="css/7-2-1.css" />
7      </head>
8      <body>
9          <div id="content">
10             <h2>清平乐·会昌</h2>
11             <p class="author">毛泽东</p>
12             <p class="text">东方欲晓,莫道君行早。</p>
13             <p class="text">踏遍青山人未老,风景这边独好。 </p>
14             <p class="text">会昌城外高峰,颠连直接东溟。 </p>
15             <p class="text">战士指看南粤,更加郁郁葱葱。</p>
16         </div>
17         <script>
18             //通过 id 查找 HTML 元素
19             console.log(document.getElementById("content"));
20             //通过标签名查找 HTML 元素,返回所有 <p> 元素的集合
21             console.log(document.getElementsByTagName("p"));
22             //通过类名查找 HTML 元素,返回包含 class="intro" 的所有元素的集合
23             console.log(document.getElementsByClassName("text"));
24             //获取匹配到的第一个 id 为#content 的元素
25             console.log(document.querySelector("#content"));
```

```
26              //获取匹配到的第一个h2元素
27              console.log(document.querySelector("h2"));
28              //获取class为.text的所有元素的列表
29              console.log(document.querySelectorAll(".text"));
30          </script>
31      </body>
32  </html>
```

从上述代码可以看出，在利用 document.querySelector()方法获取操作的元素时，直接书写标签名或 CSS 选择器名称即可。但在获取指定类名前要加上点"."，指定 id 前要加上"#"。最后的输出结果如图 7-2 所示。

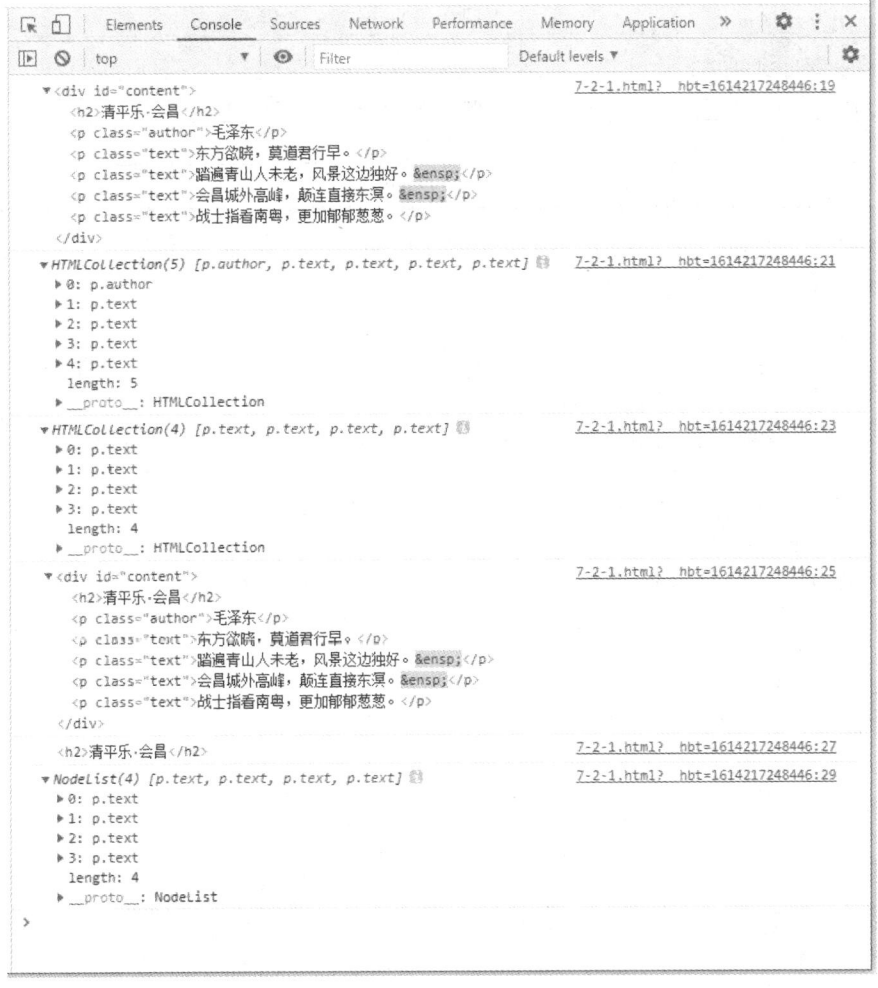

图 7-2 运行结果

从图 7-2 中可以看出，通过标签名或类名查找元素获取的是元素的集合(HTMLCollection)，通过选择器名查找元素 querySelectorAll()，获取的是节点的列表(NodeList)。通过数组方式可以访问集合或列表中的元素，例如，getElementsByTagName("p")[0] 返回第一个<p>元素。

2. 查找 HTML 对象

document 对象提供了一些属性，可用于获取文档中的元素。例如，获取所有表单标签、图片标签等。常用的属性如表 7-3 所示。

查找 HTML 对象

在表 7-3 中，document 对象的 body 与 documentElement 属性在使用时有一些区别，前者用于返回 body 元素，后者用于返回 HTML 文档的根节点 html 元素。下面通过案例学习通过 HTML 对象选择器查找 HTML 对象的操作方法。

表 7-3 document 对象的常用属性

属　性	描　述
document.body	返回文档的<body>元素
document.documentElement	返回文档的<html>元素
document.forms	返回所有的<form>元素
document.images	返回所有的<img>元素
document.URL	返回文档的完整 URL

案例 7-2-2　查找 id="form1" 的 form 元素，然后显示所有元素的值。关键代码如下。

```html
<html>
    <body>
        <h1>使用 document.forms 查找 HTML 元素</h1>
        <form id="form1" name="form1" >
            账号：<input type="text" name="account" value="admin"><br>
            密码：<input type="text" name="password" value="123456"> <br><br>
            <input type="submit" value="提交">
        </form>      <br />
        <button onclick="myFunction()">获取表单元素内容</button>
        <p id="demo"></p>
        <script>
            function myFunction() {
            var x = document.forms["form1"];
            var text = "表单元素：<br/>";
            var i;
            for (i=0; i<x.length;i++) {
              text+=x.elements[i].value+"<br>";
            }
            document.getElementById("demo").innerHTML = text;
            }
        </script>
    </body>
</html>
```

以上代码中，document.forms["form1"]返回 name="form1"的 form 元素，然后循环输出 form 中所有元素的值。

保存文件，文件名为 7-2-2.html，在浏览器中运行文件，效果如图 7-3 所示。

第 7 章 DOM 对象

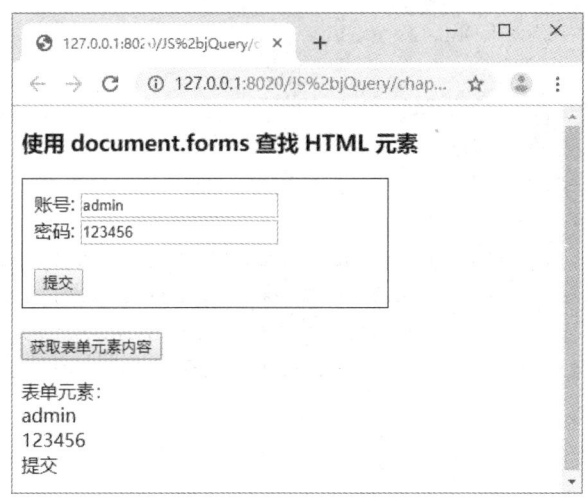

图 7-3 查找并显示 forms 集合中的所有元素

7.2.2 元素内容操作

JavaScript 中，如果需要对元素的内容进行操作，可以利用 DOM 提供的属性和方法实现。其中常用的属性和方法如表 7-4 所示。

元素内容操作

表 7-4 元素内容

分 类	名 称	说 明
属性	innerHTML	设置或返回元素开始和结束标签之间的 HTML
	innerText	设置或返回元素中去除所有标签的内容
方法	document.write()	向文档写入指定的内容
	document.writeln()	向文档写入指定的内容后换行

在表 7-4 中，属性属于 Element 对象，方法属于 document 对象。属性在使用时有一定的区别，innerHTML 在使用时会保持编写的格式以及标签样式，而 innerText 则是去掉所有格式以及标签的纯文本内容。

为了让读者更好地理解，下面通过案例了解 innerHTML 和 innerText 的功能。

案例 7-2-3 元素内容操作，代码如下。

```
1  <!DOCTYPE html>
2  <html>
3      <head>
4          <meta charset="utf-8">
5          <title>元素内容操作</title>
6      </head>
7      <body>
8          <ul id="list">
9              <li><i>好好学习</i></li>
```

```
10          <li><i>天天向上</i></li>
11      </ul>
12      <div id="d1"></div>
13      <div id="d2"></div>
14      <div id="d3"></div>
15      <script>
16          console.log(document.getElementById("list").innerHTML);
17          console.log(document.getElementById("list").innerText);
18          document.getElementById("d1").innerHTML="<b>JavaScript</b>";
19          document.getElementById("d2").innerText="<b>JavaScript</b>";
20      </script>
21  </body>
22  </html>
```

以上代码中第 16 和 17 行实现在控制台输出页面元素的内容，第 18 和 19 行，实现在页面指定元素中输出文本内容。在浏览器中浏览文件，效果如图 7-4 所示。

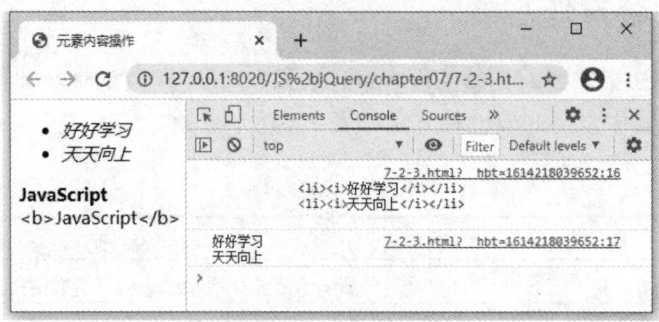

图 7-4　显示效果

从图 7-4 中的输出结果可直接看出，innerHTML 和 innerText 属性在获取元素内容时的区别。innerHTML 设置或获取标签所包含的 HTML+文本信息(从标签起始位置到终止位置的全部内容，包括 HTML 标签)，innerText 设置或获取标签所包含的文本信息(从标签起始位置到终止位置的内容，不包括 HTML 标签)。对于元素内容的修改，innerHTML 的值中包含的 HTML 标签会被执行，而 innerText 值中包含的 HTML 标签会被作为文本处理。因此，推荐在开发时尽可能地使用 innerHTML 获取或设置元素的文本内容。

注意，innerText 属性在使用时可能会出现浏览器不兼容的问题。

7.2.3　元素属性操作

1. 通过元素的属性操作方法修改元素的属性

在 DOM 中，可以通过 JavaScript 获取、修改和遍历指定 HTML 元素的相关属性。表 7-5 列出了元素属性和操作方法。

修改元素的属性

表7-5 元素属性及其操作方法

分类	名称	说明
属性	attributes	返回一个元素的属性集合
方法	setAttribute(name, value)	设置或者改变指定属性的值
	getAttribute(name)	返回指定元素的属性值
	removeAttribute(name)	从元素中删除指定的属性

利用表 7-5 中的 attributes 属性，可以获取一个 HTML 元素的所有属性，以及所有属性的个数。下面通过案例 7-2-4 学习如何操作元素的属性。

案例 7-2-4 利用 DOM 操作<img>元素，完成属性的添加、获取、删除和遍历操作。代码如下。

```
1  <!DOCTYPE html>
2  <html>
3   <head>
4       <meta charset="utf-8">
5       <title>元素属性</title>
6       <style>
7           .br{border-radius: 20px;}
8       </style>
9   </head>
10  <body>
11      <img src="img/pic.jpg" width="450" height="300">
12    <script>
13      var pic=document.getElementsByTagName("img")[0];
14      console.log("图片初始属性个数："+pic.attributes.length);
15      //为pic元素设置属性
16      pic.setAttribute("title","美丽的瀑布");
17      pic.setAttribute("style","border:5px solid #AAAA33");
18      pic.setAttribute("class","br");
19      //移除title属性
20      pic.removeAttribute("title");
21      //输出元素的指定属性值
22      console.log("style 属性值："+pic.getAttribute('style'));
23      console.log("图片最终属性个数："+pic.attributes.length);
24      console.log("图片所有属性和属性值：");
25      for(var i=0;i<pic.attributes.length;i++) {
26  console.log(pic.attributes[i].nodeName+"="+pic.attributes[i].nodeValue);
27      }
28    </script>
29  </body>
30  </html>
```

上述代码中，第 13 行通过标签名获取了<img>元素对象 pic，第 16~18 行分别向 pic

添加了 title、style 和 class 三个属性，第 20 行移除了 pic 的 title 属性。第 25～27 行遍历输出了 pic 的所有属性及属性值。

保存文件，文件名为 7-2-4.html，在浏览器中浏览文件，显示效果以及控制条输出信息如图 7-5 所示。

图 7-5　元素属性操作

从图 7-5 可以看出，控制台显示了元素对象 pic 添加属性前后的属性个数的变化，以及各个属性的详细情况。

2. 通过赋值运算符修改操作元素节点的属性

对 DOM 中的元素，可以通过赋值运算符修改其属性。下面通过案例学习元素属性的修改操作。

案例 7-2-5　单击按钮更换图片，实现开灯关灯效果。关键代码如下。

赋值修改元素属性

```
<html>
    <head>
        <style>
            #d1{width:300px; height: 300px;border:1px solid #008000;
              text-align: center; }
        </style>
    </head>
    <body>
        <div id="d1">
            <h2>好好学习，天天向上。 </h2>
            <button onclick="on()">开灯</button>
            <img id="pic" src="img/bulboff.gif" >
            <button onclick="off()">关灯</button>
        </div>
        <script>
        var light=document.getElementById('pic');
        function on(){
            light.src="img/bulbon.gif"; //设置 pic 的 src 属性值
        }
```

```
        function off(){
            light.src="img/bulboff.gif";
        }
        </script>
    </body>
</html>
```

以上代码中，当单击"开灯"或"关灯"按钮时，执行 on()或 off()函数，修改 pic 的 src 属性值为指定图片的路径和文件名，更换图片，实现开灯、关灯效果。

保存文件，文件名为 7-2-5.html，在浏览器中预览的效果如图 7-6 所示。

图 7-6　单击按钮实现开灯关灯效果

7.2.4　元素样式操作

1. 通过 style 属性改变元素的样式

通过 style 属性改变元素样式

对于元素的样式，既可以通过元素属性进行操作，也可以直接通过"元素名.style.样式名"的方式进行操作。在操作样式名称时，如果设置的样式含有单位则必须加单位，如果样式名由下划线连接，则需要去掉下划线将后面的单词首字母变为大写。

例如，用 JavaScript 实现设置元素的样式，代码如下。

```
<script>
    var box=document.getElementById('d1');
    box.style.height=300+'px';
    box.style.width=300+'px';
    box.style.backgroundColor='red';
    box.style.cssFloat='right';
    box.style.textAlign="center";
</script>
```

如果需要清除元素的样式，设置元素名.style.样式名= "";即可。

为了便于读者学习使用，表 7-6 列出了常用的 style 属性中 CSS 样式名称的书写及说明。

表 7-6 常见的 style 属性操作的样式名

名 称	说 明
background	设置或返回元素的背景属性
backgroundColor	设置或返回元素的背景色
display	设置或返回元素的显示类型
height	设置或返回元素的高度
left	设置或返回定位元素的左部位置
listStyleType	设置或返回列表项标记的类型
overflow	设置或返回如何处理呈现在元素框外面的内容
textAlign	设置或返回文本的水平对齐方式
textDecoration	设置或返回文本的修饰
textIndent	设置或返回文本第一行的缩进
transform	向元素应用 2D 或 3D 转换

接下来，通过案例学习如何对元素的样式进行添加修改。

案例 7-2-6 当鼠标指向按钮时，按钮改变样式。

(1) HTML 页面和 CSS 样式的关键代码如下。

```html
<html>
    <head>
        <style>
            #btn1{width:90px; height:25px; text-align: center; font-size: 14px;
                border: 1px solid #008000; border-radius: 3px;     }
        </style>
    </head>
    <body>
        <button onmousemove="reStyle1()" id="btn1"
onmouseout="reStyle2()">会变的按钮</button>
    </body>
</html>
```

以上代码实现在页面上显示一个按钮，当鼠标移入按钮时执行函数 reStyle1()，当鼠标移出按钮时执行函数 reStyle2()。

(2) 实现按钮改变样式的 JavaScript 代码如下。

```
<script>
    var box=document.getElementById("btn1");
    function reStyle1(){
        box.style.width=100+'px';
        box.style.height=30+'px';
        box.style.backgroundColor='#EEEEAA';
        box.style.fontSize=16+'px';
        box.style.color='red';
        box.style.transform='skew(-16deg)';
```

```
        }
        function reStyle2(){
          box.style.width=90+'px';
          box.style.height=25+'px';
          box.style.backgroundColor='#EEEEEE';
          box.style.fontSize=14+'px';
          box.style.color='#333333'
          box.style.transform='skew(0deg)';
        }
</script>
```

以上代码定义了鼠标移入和移出按钮时调用的函数,实现了鼠标经过按钮时,按钮改变样式的功能。

保存文件,文件名为 7-2-6.html,在浏览器中运行文件,显示效果如图 7-7 所示,鼠标移入按钮时,显示效果如图 7-8 所示。

图 7-7　按钮样式 1　　　　　　　　图 7-8　按钮样式 2

2. 通过 className 属性改变元素的样式

通过 className 属性可以设置或返回元素的 class 属性值,实现修改元素的样式。例如,修改案例 7-2-6,把不同状态下按钮的样式定义成类选择器,然后通过改变 className 属性的值,改变元素的样式。

通过 className
改变元素样式

案例 7-2-7　当鼠标指向按钮时,改变按钮的 className 属性值,实现改变按钮样式。

(1) HTML 页面和 CSS 样式的关键代码如下。

```
<html>
    <head>
        <style>
          #btn1{text-align: center; border: 1px solid #008000;
border-radius: 3px;}
          .style1{width: 100px; height: 30px; background-color: #EEEEAA;
             font-size: 16px; color: red; transform:skew(-16deg);}
          .style2{width:90px; height: 25px;background-color: #EEEEEE;
             font-size: 14px; color: #333333; transform:skew(0deg);}
        </style>
    </head>
    <body>
        <button onmousemove="reStyle1()" id="btn1" onmouseout="reStyle2()"
class="style2">会变的按钮</button>
    </body>
</html>
```

初始状态,按钮应用了 id 样式"btn1"和类样式"style2"。为按钮定义的两种类样式分别为 style1 和 style2。

(2) JavaScript 代码如下。

```
<script>
    var box=document.getElementById("btn1");
    function reStyle1(){
       box.className="style1";
    }
    function reStyle2(){
       box.className="style2";
    }
</script>
```

当鼠标移入按钮时，应用类样式"style1"，当鼠标移出按钮时，应用类样式"style2"。页面的预览效果如图 7-7 和图 7-8 所示。

3. 通过 classList 属性操作元素的样式类集合

HTML 元素的 class 属性值可以包含多个类选择器(样式类)，开发时若要对指定元素的类选择器列表进行操作，可以利用元素对象的 className 属性获取，获取的结果是字符型，然后再根据实际情况对字符串进行处理。另外，使用 HTML5 新增的 classList 属性可以获取应用于指定元素上的样式类集合。页面 DOM 里的每个节点上都有一个 classList 对象，可以使用它的方法新增、删除、修改节点上的 CSS 类。classList 的相关方法和属性如表 7-7 所示。

通过 classList 操作元素样式类集合

表 7-7 classList 的属性和方法

分类	名称	说明
属性	length	可以获取元素类名的个数
方法	add()	可以给元素添加类名，一次只能添加一个
	remove()	可以将元素的类名删除，一次只能删除一个
	toggle()	切换元素的样式，若元素之前没有指定名称的样式则添加，如果有则移除
	item()	根据接收的数字索引参数，获取元素的类名
	contains	判断元素是否包含指定名称的样式，若包含则返回 true，否则返回 false

接下来通过案例学习 classList 的属性和方法的使用。

案例 7-2-8 使用 classList 的方法为段落文字增加、删除和切换类样式。

(1) HTML 页面和 CSS 样式代码如下。

```
<html>
<head>
        <meta charset="utf-8">
        <style>
            body{font-size:40px;font-family: "黑体";font-weight: 900;}
            .style{font-style:italic;}
            .color{color: red;}
            .shadow{text-shadow: 4px 4px 2px #008000;}
```

```
        </style>
    </head>
    <body>
        <p class="style shadow">好好学习，天天向上！</p>
        <button onclick="xt()">去掉斜体</button>
        <button onclick="ys()">红色文字</button>
        <button onclick="ty()">投影开关</button>
    </body>
</html>
```

以上代码实现在页面上显示一段文字"好好学习，天天向上！"，并且给文字应用类样式style和shadow，实现斜体和投影效果。同时设计了三个普通按钮，并分别定义了onclick事件。

（2）JavaScript代码如下。

```
<script>
    //获取第一个p元素
    var tt=document.getElementsByTagName("p")[0];
    function xt(){
        if(tt.classList.contains('style'))
        tt.classList.remove('style');       //删除style类选择器
    }
    function ys(){
        if(!tt.classList.contains('color'))
           tt.classList.add('color');           //添加color类选择器
    }
    function ty(){
    // 若元素p中没有shadow类，则添加；若有，则删除
        tt.classList.toggle('shadow');
    }
</script>
```

以上代码定义了三个函数，分别用于实现三个按钮的onclick事件。

保存文件，文件名为7-2-8.html，在浏览器中运行文件，显示效果如图7-9所示。

图7-9　添加、删除和切换样式

在图7-9中，单击"去掉斜体"按钮，调用函数xt()，删除p元素的style类样式，文字不再有斜体效果。单击"红色文字"按钮，调用函数ys()，给元素p添加color类样式，

文字显示红色。单击"投影开关"按钮,调用函数 ty(),若元素 p 中没有 shadow 类,则添加;若有,则删除,实现文字投影的开关效果。

7.3 DOM 节点操作

7.3.1 获取节点

HTML 文档可以看作是一个节点树,因此,可以利用操作节点的方式操作 HTML 中的元素。其中常用的获取节点的属性如表 7-8 所示。

获取节点

表 7-8 获取节点

属性	说明
firstChild	访问当前节点的首个子节点
lastChild	访问当前节点的最后一个子节点
nodeName	访问当前节点的名称
nodeValue	访问当前节点的值
nextSibling	返回同一层级中指定节点之后紧跟的节点
parentNode	访问当前元素节点的父节点
childNodes	访问当前元素节点的所有子节点的集合

在表 7-8 中,childNodes 属性用于节点操作,返回值是 NodeList 对象的集合。因此,childNodes 属性在获取子元素时还包括文本节点等其他类型的节点。需要注意的是,childNodes 属性在 IE6~8 中不会获取文本节点,在 IE9 及以上版本和主流浏览器中则可以获取文本节点。

此外,由于 document 对象继承自 Node 节点对象,因此 document 对象也可以进行以上节点的操作,具体示例如下。

```
//访问 document 节点的第 1 个子节点
document.firstChild;   //返回结果:<! DOCTYPE html>
//访问 document 节点的第 2 个子节点
document.firstChild.nextSibling;   //返回结果:<html>…</html>
```

接下来,通过一个案例学习节点的查看获取操作方法。

案例 7-3-1 节点的查看获取操作,代码如下。

```
1  <!DOCTYPE html>
2  <html>
3      <head>
4          <meta charset="utf-8">
5          <title>DOM 节点操作</title>
6      </head>
7      <body>
8          <ul id="ul">
```

```
9          <li>学习交流</li>
10         <li>技术支持</li>
11         <li>软件下载</li>
12     </ul>
13     <script>
14         var ul=document.getElementById("ul");
15         console.log(ul.childNodes);           //输出ul的所有子节点
16         console.log(ul.childNodes[3]);        //输出ul的第3个子节点
17     </script>
18 </body>
19 </html>
```

在浏览器中运行文件,显示效果如图 7-10 所示。

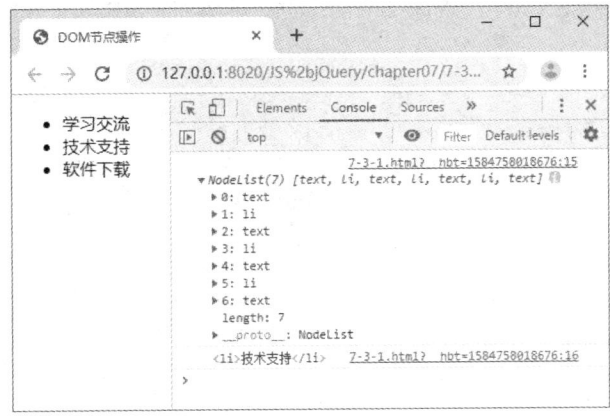

图 7-10 节点的查看获取操作

从图 7-10 可以看出,控制台显示了 ul 的所有子节点的集合。下标为 0、2、4 和 6 的节点都是文本节点,即<ul>元素中每个标签前后的空白和换行符。下标为 1、3 和 5 的节点为元素节点,对应<ul>元素中的 3 个<li>元素。单个节点可以通过下标方式获取,代码 ul.childNodes[3],获取的是"<li>技术支持</li>"节点。

7.3.2 节点追加

在获取元素的节点后,还可以利用 DOM 提供的方法实现节点的添加,如创建一个 li 元素节点,为 li 元素节点创建一个文本节点等。常用的方法如表 7-9 所示。

节点追加

表 7-9 节点追加

方 法 名	说　　明
document.createElement()	创建元素节点
document.createTextNode()	创建文本节点
document.createAttribute()	创建属性节点
appendChild()	在指定元素的子节点列表的末尾添加一个节点

续表

方 法 名	说　明
insertBefore()	为当前节点增加一个子节点(插入到指定子节点之前)
getAttributeNode()	返回指定名称的属性节点
setAttributeNode()	设置或者改变指定名称的属性节点

需要注意的是，表 7-9 中 create 系列的方法是由 document 对象提供的，与 Nodes 对象无关。

为了方便理解和掌握节点的追加操作，在案例 7-3-1 的基础上，为 ul 元素追加一个 li 元素子节点。

案例 7-3-2　为<ul>元素追加一个<li>元素子节点。

(1) HTML 页面和 CSS 样式代码如下。

```
<html>
    <head>
        <meta charset="utf-8">
        <style>
            .listyle{color: red; font-style: italic;}
        </style>
    </head>
    <body>
        <ul id="ul">
            <li>学习交流</li>
            <li>技术支持</li>
            <li>软件下载</li>
        </ul>
        <button onclick="insertFirst()">首位插入</button>
        <button onclick="insertCenter()">中间插入</button>
        <button onclick="insertTail()">末尾插入</button>
    </body>
</html>
```

以上代码，在页面上显示一个无序列表以及三个 button 按钮，并且每个按钮都有 onclick 事件。

(2) 实现插入节点的 JavaScript 代码如下。

```
1  <script>
2      var ul=document.getElementById("ul");              //根据id获取<ul>元素对象
3      var li=document.createElement("li");               //创建<li>元素节点
4      var text=document.createTextNode('科技新闻');       //创建文本节点
5      li.appendChild(text);               //为<li>元素添加文本节点
6      var attr=document.createAttribute('class');        //创建属性节点
7      attr.value="listyle";               //为属性节点赋值
8      li.setAttributeNode(attr);          //为<li>元素添加属性节点
9      //将li节点插入到<ul>元素的第一个子节点前，成为首个子节点
10     function insertFirst(){
```

```
11        ul.insertBefore(li,ul.childNodes[0]);
12    }
13    //将 li 节点插入到<ul>元素的指定子节点前
14    function insertCenter(){
15        ul.insertBefore(li,ul.childNodes[3]);
16    }
17    //将 li 节点追加为<ul>元素的最后一个子节点
18    function insertTail(){
19        ul.appendChild(li);
20    }
21 </script>
```

以上代码中，第 3~5 行创建了一个<li>元素，元素的文本为"科技新闻"，第 6~8 行创建了一个属性节点 class= "listyle"，并且把该属性添加为<li>元素的属性。

保存文件，文件名为 7-3-2.html。在浏览器中浏览文件，显示效果如图 7-11 所示。单击图 7-11 中的"首位插入"按钮，执行函数 insertFirst()，将 li 节点插入到<ul>元素的第一个子节点前，成为新的首节点，如图 7-12 所示。单击"中间插入"按钮，将 li 节点插入到<ul>元素的第 3 个子节点前。单击"末尾插入"按钮，将 li 节点追加为<ul>元素的最后一个子节点。

 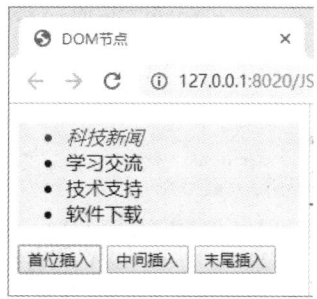

图 7-11 插入新节点前　　　　　　图 7-12 插入新节点后

7.3.3 节点删除

如果某个 HTML 元素节点或属性节点不再需要，可以用 removeChild()方法删除 HTML 元素节点，或者使用 removeAttributeNode()方法删除属性节点。

下面通过案例学习移除元素节点和属性节点的操作。

案例 7-3-3　移除元素节点和属性节点。

（1）HTML 页面代码和 CSS 代码如下。

```
<html>
    <head>
        <style>
            ul{background-color: #EEEEEE;}
            ul li{display: inline-block;width: 100px;}
            .listyle{color: red; font-style: italic;}
```

节点删除

```
        </style>
    </head>
    <body>
        <ul id="ul">
            <li>学习交流</li>
            <li>技术支持</li>
            <li>软件下载</li>
            <li class="listyle">科技新闻</li>
        </ul>
        <button onclick="removeAttr()">移除属性</button>
        <button onclick="removeNode()">移除节点</button>
    </body>
</html>
```

(2) JavaScript 代码如下。

```
<script>
    //移除元素的属性节点
    function removeAttr(){
        var child=document.getElementsByClassName("listyle")[0];//获取元素
        if(child!=null){
            //获取元素的class属性节点
            var attr=child.getAttributeNode('class');
            child.removeAttributeNode(attr);   //移除元素的class属性节点
        }
    }
    //删除元素节点
    function removeNode(){
        var n=prompt('输入被删节点的序号',0);   //用提示框输入删除节点的序号
        //获取第n个li元素
        var child=document.getElementsByTagName("li")[n];
        if(child!=null){
            child.parentNode.removeChild(child);   //删除元素
        }
    }
</script>
```

保存文件，文件名为 7-3-3.html。在浏览器中浏览文件，显示效果如图 7-13 所示。

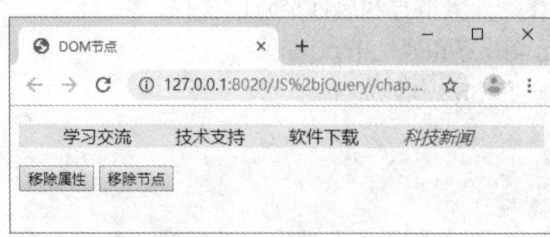

图 7-13　移除元素节点和属性节点页面

单击图 7-13 中的"移除属性"按钮，执行函数 removeAttr()，查找应用 class= "listyle" 属性的节点，找到后删除 class 属性。单击"移除节点"按钮，执行函数 removeNode()，首先输入被删节点的序号，然后获取节点并删除。

7.4　网页元素的位置和大小

设计交互式网页时，需要知道页面元素的位置和大小。页面元素的位置有相对位置和绝对位置两种。相对位置是指网页元素左上角相对于浏览器窗口左上角的(x，y)坐标。绝对位置是指网页元素左上角相对于整张网页左上角的(x，y)坐标。获取网页元素位置的常用属性和方法如表 7-10 所示。

网页元素的位置和大小

表 7-10　网页元素大小和位置常用属性和方法

分类	名称	说明
属性	offsetWidth	返回指定元素的布局宽度(以像素为单位)，只读属性
	offsetHeight	返回指定元素的布局高度(以像素为单位)，只读属性
	scrollWidth	网页元素包含滚动条在内的可见区域宽度
	scrollHeight	网页元素包含滚动条在内的可见区域高度
	offsetTop	网页元素距离页面上方或父容器(offsetParent)的偏移量
	offsetLeft	网页元素距离页面左侧或父容器(offsetParent)的偏移量
方法	scrollLeft()	返回或设置匹配元素的滚动条的水平位置
	scrollTop()	返回或设置匹配元素的滚动条的垂直位置

offsetWidth、offsetHeight 的返回值包括内容、内边距、滚动条(如果有)和边框的尺寸，如果元素的 CSS display 属性值为 none，返回值为 0。

offsetParent 是指离当前元素最近的已经定位(relate、absolute)的父元素，如果没有父容器定位的话，offsetParent 就指 body 元素。网页元素的偏移量(offsetLeft、offsetTop)就是以这个父容器为参考点，通过循环父容器叠加 offsetLeft 和 offsetTop 获得其绝对位置。

在 Internet 网上经常看到的文字或图片无缝滚动的效果，就是通过获取和设置页面元素的位置实现的。下面通过案例进一步学习页面元素位置的相关知识和操作方法。

案例 7-4-1　设计实现文字向上无缝滚动的效果。显示效果如图 7-14 所示。

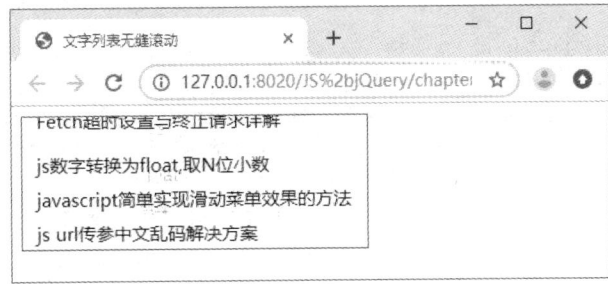

图 7-14　文字向上无缝滚动的效果

(1) HTML 网页代码和 CSS 样式代码如下。

```html
<html>
    <head>
    <style type="text/css">
        *{ padding:4px;    margin:0px;   }
        body{font-size:15px;font-family:arial "微软雅黑"; }
        #demo{ overflow:hidden;       /*溢出隐藏*/
            height:100px; width:280px; border:1px solid #008000;   }
        #demo1, #demo2{ height:auto; }
        #demo1 li, #demo2 li{ list-style-type:none; }
    </style>
    </head>
    <body>
    <div id="demo">
        <ul id="demo1">
            <li>js 数字转换为 float,取 N 位小数</li>
            <li>javascript 简单实现滑动菜单效果的方法</li>
            <li>js url 传参中文乱码解决方案</li>
            <li>Jsonp post 跨域方案</li>
            <li>Fetch 超时设置与终止请求详解</li>
        </ul>
        <ul id="demo2"></ul>
    </div>
</body>
</html>
```

以上定义了一个 id="demo"的 div，这个 div 盒子中又有 id="demo1"和 id="demo2"两个 div。

(2) JavaScript 代码如下。

```
1  <script type="text/javascript">
2  var speed=40;  // 滚动速度
3  var demo=document.getElementById("demo");
4  var demo2=document.getElementById("demo2");
5  var demo1=document.getElementById("demo1");
6  demo2.innerHTML=demo1.innerHTML;
7  //定义函数
8  function Marquee(){
9      //当demo1与demo2的交界处滚动至demo顶端时
10     if(demo.scrollTop>=demo1.offsetHeight){
11         demo.scrollTop=0;   //demo中内容跳回到原始顶端位置
12     } else{
14         demo.scrollTop++;   //demo中内容向上滚动一个像素
15     }
16 }
17 //设置定时器,实现每隔speed毫秒调用一次Marquee()函数
18  var MyMar=setInterval(Marquee,speed);
```

```
19    //鼠标移上时清除定时器，达到滚动停止的目的
20    demo.onmouseover=function(){clearInterval(MyMar) }
21    //鼠标移开时重设定时器
22    demo.onmouseout=function(){MyMar=setInterval(Marquee,speed) }
23  </script>
```

以上代码中，第2行代码定义了变量speed=40，用于实现每隔40毫秒调用一次Marquee()函数。第6行代码实现克隆demo1内容到demo2中。第8～16行代码定义了Marquee()函数，每执行一次该函数，demo盒子中的内容向上移动一个像素点，当demo1盒子移出demo盒子时，demo盒子中的内容跳回到原始位置，即demo1盒子跳回demo盒子顶端位置。第18行代码设置定时器MyMar，定时speed毫秒执行Marquee()函数。

文字无缝滚动过程中，各个div盒子的位置关系如图7-15所示。

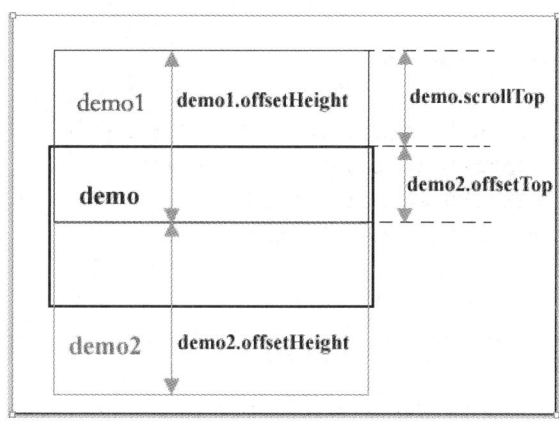

图7-15 各个div盒子位置关系

从图7-15可以看出，offsetHeight是指当前对象的高度值，offsetTop是指当前对象到其上级层顶部的距离，scrollTop是指对象顶端滚动出显示范围的值，图中demo.scrollTop就是demo中内容向上滚动时隐藏的部分。

同理，offsetWidth是当前对象的宽度值，offsetLeft指当前对象到其上级层左侧的距离，scrollLeft表示对象左端滚动出显示范围的距离。

7.5 实 训 案 例

7.5.1 标签栏切换效果

标签栏在网站中的使用非常普遍，它可以在有限的空间里展示更多的内容，用户可以通过标签在多个内容块之间进行切换，如图7-16所示，当鼠标滑过标签时将显示该标签对应的内容块。

分析图7-16所示的页面，页面内容由标签栏和其对应的内容块组成，内容块只显示一块，即鼠标指向的标签所对应的内容块，其他内容块不显示。当鼠标经过某个标签时，该标签更换样式，同时其对应的内容块显示出来。具体实现步骤如下。

标签栏切换效果

图 7-16 标签栏效果

(1) 编写 HTML 页面代码。

```
1  <body>
2      <div id="tab-container">
3          <ul id="tab-nav">
4              <li class="tab-head current">Spring</li>
5              <li class="tab-head">Summer </li>
6              <li class="tab-head">Autumn</li>
7              <li class="tab-head">Winter</li>
8          </ul>
9          <div id="tab-content">
10             <div class="tab-con current">Spring is a season of flowers.</div>
11             <div class="tab-con">Summer is a hot season.</div>
12             <div class="tab-con">Autumn is a harvest season. </div>
13             <div class="tab-con">Winter is a cold season. </div>
14         </div>
15     </div>
16 </body>
```

在上述代码中，id="tab-container"的 div 是显示标签栏的盒子，第 3~8 行代码实现标签栏的标签部分，第 9~14 行代码实现标签栏的内容部分。其中，第 1 个标签添加了 current 样式，用于实现当前标签的选中效果。同时，该标签下对应的内容块 div 也添加了 current 样式，实现当前标签下的内容显示，其他标签下的内容被隐藏。

(2) 设计实现标签栏的 CSS 样式代码。

```
<style type="text/css">
    body {
        font-family:"Helvetica Neue", sans-serif;
        color:#555; font-size: 18px;     }
    #tab-container{      /*标签栏盒子样式*/
        width:440px;   border:1px solid #DDD;
        box-shadow:1px 1px 2px rgba(0,0,0,.15);
    }
    #tab-nav{            /*标签盒子样式*/
        background:#1ABC9C; margin:0;   padding:0; }
```

```css
#tab-nav li{                    /*无序列表实现标签效果*/
    display:inline-block;  list-style:none;width:100px;
    height:50px; line-height:50px; text-align:center;  }
#tab-nav li.tab-head{   /*标签默认样式*/
    color:#FFF; text-decoration:none;    }
#tab-nav li.current{    /*标签选中样式*/
    color:#1ABC9C; background:#EEE;    }
#tab-content{           /*内容部分盒子样式*/
    height: 100px;  padding:25px;    }
#tab-content .tab-con{  /*标签内容非选中样式*/
    display: none;  }
#tab-content .current{  /*标签对应内容选中样式*/
    display: block; }
</style>
```

(3) 编写实现标签栏切换的 JavaScript 代码。

```
1  <script type="text/javascript">
2  //获取标签栏的所有标签部分的元素对象
3  var tabs=document.getElementsByClassName("tab-head");
4  //获取标签栏的所有内容对象
5  var divs=document.getElementsByClassName("tab-con");
6  //遍历标签部分的元素对象
7  for(var i=0;i<tabs.length;i++){
8      //为标签元素对象添加鼠标滑过事件
9      tabs[i].onmouseover=function(){
10         //遍历标签栏的内容元素对象
11         for(var i=0;i<divs.length;i++){
12             //显示当前鼠标滑过的 li 元素
13             if(tabs[i]==this){
14                 tabs[i].classList.add('current');
15                 divs[i].classList.add('current');
16             }else{   //隐藏其他 li 元素
17                 tabs[i].classList.remove('current');
18                 divs[i].classList.remove('current');
19             }
20         }
21     }
22  }
23  </script>
```

以上代码中，第 3 行用于获取标签栏中的所有标签部分元素对象，第 5 行用于获取内容部分元素对象，第 8～22 行遍历获取到的标签部分的元素对象。其中，第 9～21 行给每个标签部分的元素添加鼠标滑过事件，当事件发生时执行第 13～19 行代码，对当前鼠标滑过的标签及其对应的内容添加类样式 current，实现显示当前标签对应的内容块，其他标签和内容块则移除类样式 current。

保存文件，文件名为 7-5-2.html，在浏览器中运行文件，效果如图 7-16 所示。

在图 7-16 中，当鼠标滑过标签栏时，鼠标所在标签对应的内容块显示，其他内容块隐藏。

7.5.2 图片放大特效

设计实现如图 7-17 所示的图片放大特效，当鼠标经过左侧的小图时，在其右侧可以看到一个放大查看细节的图片。在电商网站的商品详情展示页中，经常能看到这样的功能。

图片放大特效

图 7-17 图片放大特效

那么，图片的放大特效是如何实现的呢？通常情况下，会准备两张相同的图片，一张是小图(缩略图)在左侧区域显示，另一张大图用于鼠标在小图上移动时，按比例显示对应的区域。下面设计实现图片放大特效功能。步骤如下。

(1) 设计 HTML 页面，关键代码如下。

```html
<html>
<body>
    <div class="box" id="box" >
        <div class="small" id="smallBox">
            <img src="img/pic_small.jpg">
            <div class="mask" id="mask"></div>
        </div>
         <div class="big" id="bigBox">
            <img src="img/pic_big.jpg" id="bigPic">
        </div>
    </div>
</body>
</html>
```

以上代码中，id 为 smallBox 的<div>用于显示左侧的缩略图；id 为 mask 的<div>用于显示鼠标经过缩略图时查看的区域(遮罩)；id 为 bigBox 的<div>用于显示右侧大图对应的查看区域。缩略图和大图都相对于 id 为 box 的<div>定位显示。

(2) 设计 CSS 样式，代码如下。

```
<style>
    *{ margin: 0; padding: 0; }
```

```css
img{ display: block; }
.box{margin: 10px; position:relative; width:400px; border: 1px solid #DDDDDD; }
.box .small{position:relative; width:400px; height:400px; }
.box .small img{ width:100%; height:100%;  }
.box .small .mask{ position:absolute; top:0px; left:0px; display:none;
       width:200px; height:200px; background-color: rgba(0,0,0,0.4); }
.box.big{ display:none; position:absolute; right:-420px; top:0;
       width:400px; height:400px; border:1px solid #ccc;
       overflow:hidden;}
.box .big img{ position:absolute; left:0; top:0; }
.box .small:hover .mask{ display:block; } /*鼠标指向小图的盒子时，遮罩显示*/
.box .small:hover+.big{ display:block; }  /*鼠标指向小图时，大图查看区域显示*/
</style>
```

以上代码中，定义了缩略图的大小为宽400px、高400px；遮罩的大小为宽200px、高200px，默认不显示；大图查看区域定位在缩略图右侧，大小为宽400px、高400px，默认不显示，溢出内容不显示。当鼠标经过缩略图区域时，遮罩以及大图查看区域才显示。

(3) 定义JavaScript的鼠标事件，完成图片的放大特效。代码如下。

```
<script>
    var picFdj=function(){ //实现图片放大特效的函数表达式
        var smallBox=document.getElementById("smallBox") ; //获取缩略图的div
        //获取缩略图距离页面左边和顶部的距离，如果页面有滚动条，则将滚动条加上
        var smallPicX=Math.round(smallBox.getBoundingClientRect().left+
              document.documentElement.scrollLeft);
        var smallPicY=Math.round(smallBox.getBoundingClientRect().top+
              document.documentElement.scrollTop);
        //获取遮罩(移动的元素)
        var mask=document.getElementById("mask");
        //定义鼠标事件，当鼠标经过缩略图时，被遮罩的区域在大图查看区域显示
        smallBox.onmousemove=function(e){
         //获取遮罩的宽和高
           var maskW=mask.offsetWidth;
           var maskH=mask.offsetHeight;
            //计算鼠标的位置距缩略图左边和顶部的距离，即鼠标在缩略图中的位置
            var x=e.pageX-smallPicX;
             var y=e.pageY-smallPicY;
        //设置遮罩的显示位置，实现鼠标指针在遮罩的中间位置
        var maskX=x-maskW/2+'px';   // maskX用来表示遮罩距缩略图左边的距离
        var maskY=y-maskH/2+'px';   // maskY用来表示遮罩距缩略图顶部的距离
        //设置遮罩不能超出缩略图区域，如果超出区域就重新设置
         if(parseInt(maskX)<0){       //如果遮罩超出缩略图左侧
            maskX=0;                 //重新赋值
          }else {
             //如果遮罩超出缩略图的右侧
             if(parseInt(maskX)>(smallBox.offsetWidth-maskW)){
```

```
                maskX=smallBox.offsetWidth-maskW+"px";
            }
        if(parseInt(maskY)<0){    //如果遮罩超出缩略图顶部
            maskY=0;
        }else {
        //如果遮罩超出缩略图的底部
            if(parseInt(maskY)>(smallBox.offsetHeight-maskH)){
                maskY=smallBox.offsetHeight-maskH+"px";
            }
 //重新设置遮罩的显示位置
 mask.style.left=maskX;
 mask.style.top=maskY;
//计算图片放大的倍数=大图显示区域的宽度/遮罩的宽度
 var rate=document.getElementById("bigBox").offsetWidth/maskW;
 //获取放大图片
 var img=document.getElementById('bigPic');
 //设置大图片的当前位置= -rate*遮罩当前的位置
 img.style.left=-(rate*parseInt(mask.style.left))+"px";
 img.style.top=-(rate*parseInt(mask.style.top))+"px";
        }
    }
    picFdj();    //执行函数,实现图片的放大特效
</script>
```

以上代码中,首先获取缩略图所在 div 的位置,然后设置遮罩只能在缩略图上移动,最后计算图片的放大比率,根据放大比率计算大图的移动距离,让大图在查看区域显示的内容与缩略图被遮罩区域的内容一致,实现图片放大特效。

为了实现图片放大特效,需要准备大图,大图的宽度=缩略图的宽度*放大比率。

7.6 本章小结

本章主要讲解了如何利用 DOM 的方式在 JavaScript 中操作 HTML 元素的内容、属性和样式,以及通过节点的方式获取、追加或删除指定元素的方法,并介绍了页面元素的位置和大小的相关知识。最后通过案例讲解了标签栏切换和图片放大特效。通过本章的学习,希望大家能够熟练地运用 DOM 完成 Web 中常见功能的开发。

7.7 练习题

一、填空题

1. HTML DOM 中的根节点是_____。
2. DOM 中的_____方法可用于创建一个元素节点。

二、判断题

1. document.querySelector('div').classList 可以获取文档中所有 div 的 class 值。（　　）
2. 删除节点的 removeChild()方法返回的是一个布尔类型值。（　　）
3. HTML 文档每个换行都是一个文本节点。（　　）
4. document 对象的 getElementsByClassName()方法和 getElementsByName()方法返回的都是元素对象集合 HTMLCollection。（　　）

三、选择题

1. 下面可用于获取文档中全部 div 元素的是（　　）。
   A. document.querySelector('div')　　　B. document.querySelectorAll('div')
   C. document.getElementsByName('div')　D. 以上选项都可以
2. 下列选项中，可以作为 DOM 的 style 属性操作的样式名的是（　　）。
   A. Background　　B. display　　C. LEFT　　D. background-color
3. 下列选项中，可用于实现动态改变指定 div 中内容的是（　　）。
   A. console.log()　　　　　　　　B. document.write()
   C. innerHTML　　　　　　　　　D. 以上选项都可以

四、编程题

1. 设计如图 7-18 所示的页面，实现动态改变购买数量的功能。

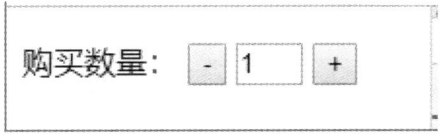

图 7-18　动态改变购买数量

2. 设计实现，鼠标滑过图片时换成另一幅图片，离开时又换成原图。
3. 设计如图 7-19 所示的页面，实现单击按钮，更换页面显示风格的功能，包括字体、背景、文字大小等。

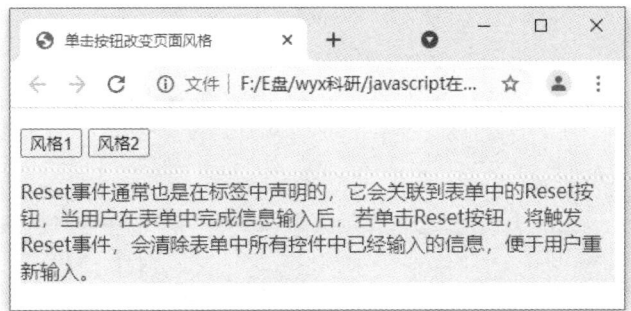

图 7-19　单击按钮更换页面显示风格

4. 单击按钮，对一组复选框实现全选、不选和反选功能，如图 7-20 所示。
5. 鼠标在页面上单击时，获取鼠标单击的位置，并显示一个小圆点，如图 7-21 所示。

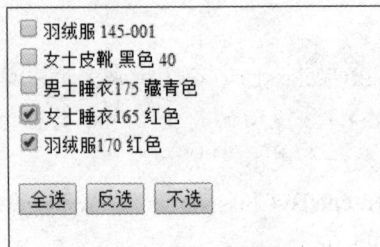

图 7-20　复选框的选择

图 7-21　在页面上显示鼠标位置

第 8 章 事 件

事件是浏览器响应用户操作的一种机制，是 JavaScript 与网页之间交互的桥梁。事件由用户触发或由浏览器自身触发，当事件发生时，浏览器捕获这些事件，然后通过 JavaScript 代码执行相关的操作，完成相应的处理过程，从而实现交互过程。

本章的学习目标

- 熟悉 JavaScript 中事件的基本概念
- 掌握 JavaScript 中事件的绑定方式
- 理解 event 对象的属性和方法
- 掌握 JavaScript 中阻止事件冒泡和默认行为的处理方法
- 熟练掌握 JavaScript 中常用的事件及其处理程序

8.1 事件处理

8.1.1 事件概述

事件概述

事件可被理解为是 JavaScript 侦测到的各种操作，这些动作包括页面的加载、鼠标单击页面、鼠标滑过某个区域等，它对实现网页的交互效果起着重要的作用。下面介绍一些非常基本又相当重要的概念。

1. 事件处理程序

事件处理程序是指 JavaScript 为响应用户操作所执行的程序代码。例如，用户单击超链接或按钮时，产生的单击操作会被 JavaScript 中的 click 事件侦测到，然后执行为 click 事件编写的程序代码，完成相应的交互功能。

2. 事件驱动式

事件驱动式是指在 Web 页面中的 JavaScript 事件，侦测到的用户行为(如鼠标单击、鼠标移入等)，并执行相应的事件处理程序的过程。

3. 事件流

事件发生时，会在发生事件的元素节点与 DOM 树根节点之间按照特定的顺序进行传播，这个事件传播的过程就是事件流。W3C 对事件流的传播顺序做了规定，规定事件发生后，首先实现事件捕获，但不会对事件进行处理；然后进行到目标阶段，执行当前元素对象的事件处理程序；最后实现事件的冒泡，逐级对事件进行处理。事件流在元素各级节点之间的传播顺序如图 8-1 所示。

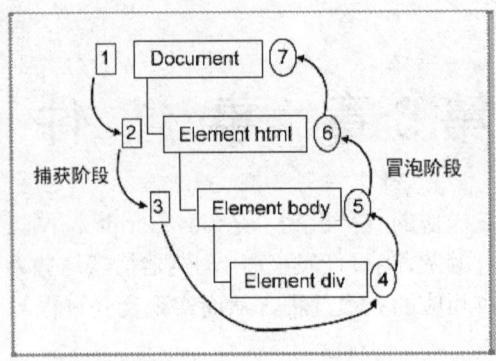

图 8-1　DOM 事件流

8.1.2　事件的绑定方式

事件绑定是指为某个元素对象的事件绑定事件处理程序，只有这样，当事件发生时才能够调用绑定的处理程序来处理事件。JavaScript 中提供了 3 种事件的绑定方式，分别为行内绑定、动态绑定和事件监听。下面详细讲解这 3 种事件绑定方式。

1. 行内绑定

事件的行内绑定是通过 HTML 标签的属性设置实现的，具体语法格式如下。

```
<标签 属性列表 事件="事件的处理程序" />
```

在上述语法中，标签可以是任意的 HTML 标签，如<div>标签、<button>标签等；事件是由 on 和事件名称组成的一个 HTML 属性，如单击事件对应的属性名为 onclick；事件的处理程序指的是 JavaScript 代码，如匿名函数等。

案例 8-1-1　设置 div 的行内绑定事件，实现单击 div 元素时，该 div 改变背景颜色。关键代码如下。

```html
<html>
    <head>
        <style>
            #d1{width:300px;height: 200px;background-color: #EEEEAA;
                text-align: center;line-height: 200px; }
        </style>
    </head>
    <body>
        <div id="d1"  onclick="bg()">点击我</div>
        <script>
            function bg(){
                var div1=document.getElementById("d1");   //获取 div 元素
                div1.style.backgroundColor="#EEEEEE";   //设置 div 的背景颜色
            }
        </script>
    </body>
</html>
```

使用事件的行内绑定方式时,HTML 与 JavaScript 代码混合编写,耦合性比较高,并且事件最后才加载,用户触发事件的时候还没加载完就会引发错误。

2. 动态绑定

在 JavaScript 代码中,为需要事件处理的 DOM 元素对象添加事件与事件处理程序,事件的处理程序一般都是匿名函数或命名函数。具体语法格式如下。

动态绑定事件

```
DOM 元素对象.事件=事件的处理程序;
```

案例 8-1-2　设置 div 的动态绑定事件,关键代码如下。

```
<body>
    <div id="d1" style="width:300px;height: 200px;background-color:
#EEEEAA;"></div>
    <script>
        window.onload=function(){
            document.getElementById("d1").onclick=function(){//动态绑定事件
                var div1=document.getElementById("d1");
                div1.style.backgroundColor="#EEEEEE";
            };
        }
    </script>
</body>
```

动态的绑定方式很好地解决了 JavaScript 代码与 HTML 代码混合编写的问题。

行内绑定方式与动态绑定方式除了实现的语法不同以外,在事件处理程序中关键字 this 的指向也不同。前者的事件处理程序中,this 关键字用于指向 window 对象;后者的事件处理程序中,this 关键字用于指向当前正在操作的 DOM 元素对象。

行内绑定式和动态绑定式是最原始的事件模型(也称 DOM0 级事件模型)提供的事件绑定方式,在该模型中没有事件流的概念,事件不能够传播。因此,同一个 DOM 对象的同一个事件只能有一个事件处理程序。

3. 事件监听

为了给同一个 DOM 对象的同一个事件添加多个事件处理程序,DOM2 级事件模型中引入了事件流的概念,可以让 DOM 对象通过事件监听的方式实现事件的绑定。事件监听分别定义了 3 个事件阶段,依次是捕获阶段、目标阶段和冒泡阶段。由于不同浏览器采用的事件流实现方式不同,事件监听的实现存在兼容性问题。通常根据浏览器的内核可以划分为两大类,一类是早期版本的 IE 浏览器(如 IE6~IE8),一类是遵循 W3C 标准的浏览器(包括 IE9.0 及其以上版本、Firefox、Chrome、Opera、Safari 等浏览器,以下简称标准浏览器)。

绑定事件的方法是用 addEventListener() 或 attachEvent() 来绑定事件监听函数。

(1) 在早期版本的 IE 浏览器中,事件监听的语法格式如下。

```
DOM 对象. attachEvent (type, handle);
```

在上述语法中,参数 type 指的是 DOM 对象绑定的事件类型,它是由 on 和事件名称组成的,如 onclick。参数 handle 表示事件的处理程序。

(2) 标准浏览器中,事件监听的语法格式如下。

```
DOM 对象.addEventListener(type, handle, [capture]);
```

在上述语法中,参数 type 指的是 DOM 对象绑定的事件类型,它是由事件名称设置的,如 click。参数 handle 表示事件的处理程序。参数 capture 默认值为 false,表示在冒泡阶段完成事件处理,将其设置为 true 时,表示在捕获阶段完成事件处理。

案例 8-1-3 设置 div 的事件监听。关键代码如下。

```
<body>
    <div id="d1" style="width:300px;height: 200px;background-color:
#EEEEAA;"></div>
    <script>
        var div1=document.getElementById("d1");
        if(div1.addEventListener){              //Chrome 等标准浏览器
            div1.addEventListener('click',bg); //事件监听
        }else{                                  //IE6 等早期版本的 IE 浏览器
            div1.attachEvent('onclick',bg);    //事件监听
        }
        //定义事件的处理程序
        function bg()
        {
            div1.style.backgroundColor="#EEEEEE";
        }
    </script>
</body>
```

以上代码对 div1 绑定事件监听,如果是标准浏览器,用 addEventListener()绑定事件监听函数,如果是早期版本的 IE 浏览器,用 attachEvent() 绑定事件监听函数。

8.2 事件对象

在 JavaScript 中,当发生事件时,都会产生一个事件对象 event,这个对象中包含所有与事件相关的信息,包括发生事件的 DOM 元素、事件的类型以及其他与特定事件相关的信息。例如,当发生鼠标移动事件时,事件对象中会包括鼠标位置(横、纵坐标)等相关的信息;当发生键盘操作事件时,事件对象中会包括按下键的键值等相关信息。下面详细介绍事件对象的知识。

8.2.1 获取事件对象

虽然所有浏览器都支持事件对象 event,但是不同的浏览器获取事件对象的方式不同。在标准浏览器中会将一个 event 对象直接传入事件处理程序中,而早期版本的 IE 浏览器(IE6~IE8)中,只能通过 window.event 获取事件对象。接下来,通过 button

按钮单击事件的事件对象进行演示。

案例 8-2-1 获取 button 按钮单击事件的事件对象，关键代码如下。

```
<body>
    <button id="btn">获取事件对象</button>
    <script type="text/javascript">
        var btn=document.getElementById("btn");
        btn.onclick=function(e){
            var event=e||window.event;     //获取事件对象的兼容处理
            console.log(event.);
        }
    </script>
</body>
```

上述代码中，事件处理函数中传递的参数 e 表示的就是事件对象 event。若是标准浏览器，可以直接通过 e 获取事件对象；若是早期版本的 IE 浏览器，则需要通过 window.event 获取事件对象。

保存文件，文件名为 8-2-1.html，在 Chrome 浏览器中运行文件，单击按钮显示结果如图 8-2 所示。

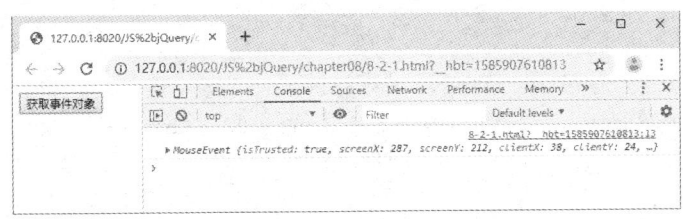

图 8-2 button 按钮单击事件的事件对象

从图 8-2 可知，Chrome 浏览器单击事件触发的是鼠标对象 MouseEvent，展开该对象即可看到当前对象含有的所有属性和方法。

8.2.2 常用属性和方法

在事件发生后，事件对象 event 中不仅包含与特定事件相关的信息，还会包含一些所有事件都有的属性和方法。其中，常用的属性和方法如表 8-1 所示。

表 8-1 事件对象的属性和方法

分　　类	属性/方法	说　　明
公有属性	type	返回当前事件的类型，如 click
标准浏览器事件对象	target	返回触发此事件的元素(事件的目标节点)
	cancelable	表示事件是否取消默认动作
	stopPropagation ()	阻止事件冒泡
	preventDefault()	阻止默认行为

续表

分 类	属性/方法	说 明
早期版本 IE 浏览器事件对象	srcElement	返回触发此事件的元素(事件的目标节点)
	cancelBubble	阻止事件冒泡，默认为 false 表示允许，设置为 true 表示阻止
	returnValue	阻止默认行为，默认为 true 表示允许，设置为 false 表示阻止

下面通过案例介绍阻止事件冒泡和默认行为的实现方法。

1. 阻止事件冒泡

在一个对象上触发某类事件(比如单击 onclick 事件)后，这个事件就要开始传播，从里到外，直至它被处理(父级对象所有同类事件都将被激活)，这个过程称为"事件冒泡"。事件冒泡机制有时候是不需要的，需要进行阻止。

案例 8-2-2 按钮的单击事件冒泡，关键代码如下。

```
1  </DocTYPE html>
2  <html>
3    <head>
4      <title>事件冒泡</title>
5      <meta charset="utf-8">
6      <style>
7        #red { width:200px; height:200px;border:2px  solid #333333;}
8        #yellow { width:100px; height:100px;border:2px  solid #333333;
                  background:#eee;}
9      </style>
10   </head>
11   <body>
12     <div id="red">
13       My id is red.
14         <div id="yellow">  My id is yellow.</div>
15     </div>
16   </body>
17   <script>
18     var red=document.getElementById('red');              //获取元素
19     var yellow=document.getElementById('yellow');        //获取元素
20     red.onclick=function(e){              //参数 e，用于获取事件对象
21       var obj=e.target||window.event.srcElement;
                                             //获取触发此事件的元素对象
22       console.log("id="+obj.id);         //输出触发此事件的对象元素的 id
23       red.style.backgroundColor="red";   //设置 red 元素背景色为红色
24     }
25     yellow.onclick=function(e){          //参数 e，用于获取事件对象
26       var obj=e.target||window.event.srcElement; //获取触发此事件的元素对象
27       console.log("id="+obj.id);         //输出触发此事件的对象元素的 id
28       yellow.style.backgroundColor="yellow";//设置 yellow 元素背景色为黄色
```

阻止事件冒泡

```
29     }
30 </script>
31 </html>
```

以上代码中，12～15 行代码定义了两个 div，id=red 的 div 嵌套 id=yellow 的 div。20～24 行代码为 id=red 的元素定义 onclick 事件，25～29 行代码为 id=yellow 的元素定义 onclick 事件。

在 Chrome 浏览器中运行文件，单击内层 id=yellow 的 div，显示结果如图 8-3 所示。

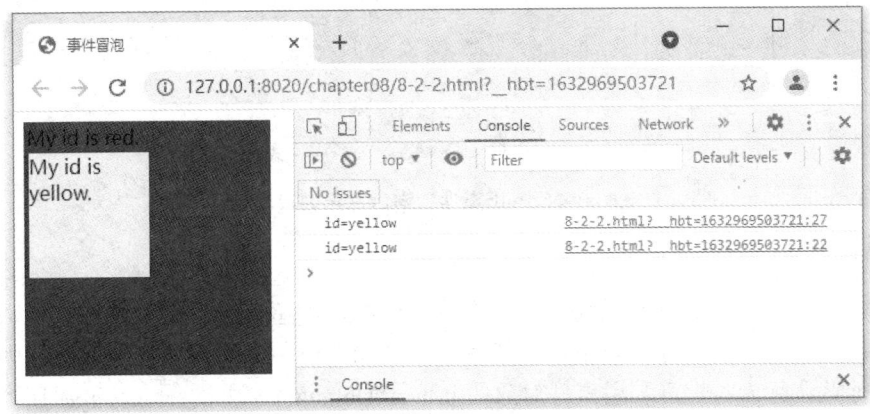

图 8-3　事件冒泡的显示结果

从图 8-3 可以看出，单击 id=yellow 的 div 后，执行了 25～28 行代码，输出处理此事件的对象元素的 id 为 id=yellow，设置内层 div 背景为黄色。然后又执行了 21～23 行代码，输出处理此事件的对象元素的 id，也是 id=yellow，设置外层 div 背景为红色。这是因为，事件是按照事件冒泡的方式进行处理的。当单击内层 id=yellow 的 div 盒子时，不仅触发本元素的单击事件，还逐层向上触发了外层 id=red 的 div 盒子的单击事件，直到最顶层元素。

注意，外层 id=red 的 div 盒子的单击事件是由内层 id=yellow 的 div 盒子触发的。所以，代码 22 行输出"id=yellow"。

开发中若要禁止事件冒泡，可以利用事件对象调用 stopPropagation()方法和 cancelBubble 属性，实现禁止浏览器的事件冒泡行为。

例如，为案例 8-2-2 中 yellow.onclick 单击事件的事件处理程序设置阻止冒泡行为。修改后的代码如下，保存文件，文件名为 8-2-3.html。

```
yellow.onclick=function(e){
    var obj=e.target||window.event.srcElement;   //获取触发此事件的元素对象
    if(window.event){
        window.event.cancelBubble = true;    //早期版本的浏览器
    } else{
        e.stopPropagation();                 //标准浏览器
    }
    console.log("id="+obj.id);               //输出触发此事件的对象元素的 id
    yellow.style.backgroundColor="yellow";
}
```

上述代码中,判断如果是早期版本的 IE 浏览器,则利用事件对象调用 cancelBubble 属性阻止事件冒泡;否则利用事件对象 e 调用 stopPropagation()方法完成事件冒泡的阻止设置。在 Chrome 浏览器中运行 8-2-3.html 文件,单击内层 id=yellow 的 div,显示结果如图 8-4 所示。

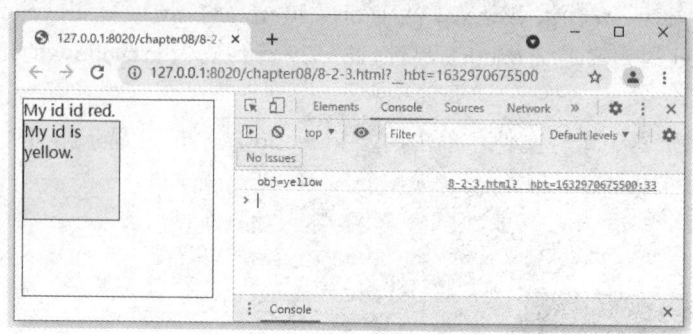

图 8-4　阻止事件冒泡后显示效果

2. 阻止默认行为

网页中的某些元素是有自己的默认行为的,比如单击超链接后需要跳转,单击提交按钮后需要提交表单。在实际开发中,为了使程序更加严谨,有时需要禁止默认行为。当需要禁止执行默认行为时,可利用事件对象的 preventDefault()方法和 returnValue 属性,禁止浏览器执行元素的默认行为。下面以禁用<a>标签的链接为例进行演示,具体代码如下。

```
<body>
    <a href="https://www.baidu.com/" id="bd" >百度搜索</a>
    <script>
        var a = document.getElementById("bd");
        a.onclick =function(e){
            if ( e && e.preventDefault ) {
                e.preventDefault();           //阻止浏览器默认行为(W3C)
            } else {                          //早期 IE 中阻止浏览器默认行为
                window.event.returnValue = false;
            }
        }
    </script>
</body>
```

阻止默认行为

保存文件,文件名为 8-2-4.html,在浏览器中运行文件,单击超链接"百度搜索",因为超链接的默认跳转行为已被禁止,因此浏览器不会跳转到指定的 URL 地址。

8.3　常用的事件

8.3.1　页面事件

页面事件

在项目开发中,经常需要 JavaScript 对网页中的 DOM 元素进行操作,而页面的加载又是按照代码的编写顺序,从上到下依次执行的。因此,若在页面还未加载完成的情况下,就使用 JavaScript 操作 DOM 元素，会出现语法错误，如案例 8-3-1 所示的代码。

案例 8-3-1　DOM 元素访问在 DOM 元素定义之前的情况，关键代码如下。

```
<body>
    <script>
        document.getElementById('d1').onclick=function (){
            console.log('访问 DOM 元素');
        };
    </script>
    <div id="d1" style="width:100px;height:100px; background:#DDD;"></div>
</body>
```

在上述代码中，首先利用 JavaScript 代码获取 id 为 d1 的元素，然后为其添加 on click 事件，并在事件处理函数中，通过控制台输出提示信息"访问 DOM 元素"。最后在 JavaScript 代码后设计了一个 id 为 d1 的<div>元素，用于进行页面单击。

运行文件 8-3-1.html，结果如图 8-5 所示。

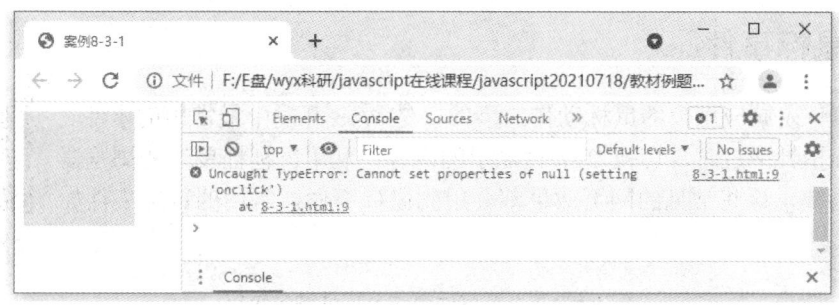

图 8-5　运行结果

从图 8-5 可以看到，在控制台有错误提示，原因是页面在加载的过程中，没有获取到相应的元素对象。为了解决此类问题，JavaScript 提供了页面事件，可以改变 JavaScript 代码的执行时机。JavaScript 的页面事件如表 8-2 所示。

表 8-2　页面事件

事件名称	事件触发时机
load	当页面载入完毕后触发
unload	当页面关闭时触发

在表 8-2 中，load 事件用于 body 内所有标签都加载完成后才触发，又因其无须考虑页面加载顺序的问题，常常在开发具体功能时添加。unload 事件用于页面关闭时触发，开发中经常用于清除引用，避免内存泄漏。

案例 8-3-2　修改案例 8-3-1 中的代码，将上述 JavaScript 代码放到 load 事件的处理程序中，修改后的代码如下所示。

```
<script>
    window.onload=function(){
```

```
            document.getElementById('d1').onclick=function (){
                console.log('访问DOM元素');
            };
        };
    </script>
```

代码修改后,只有当 HTML 文本全部加载到浏览器中时,才会触发 load 事件。

运行文件 8-3-2.html,单击图中的 div 盒子,显示效果如图 8-6 所示。

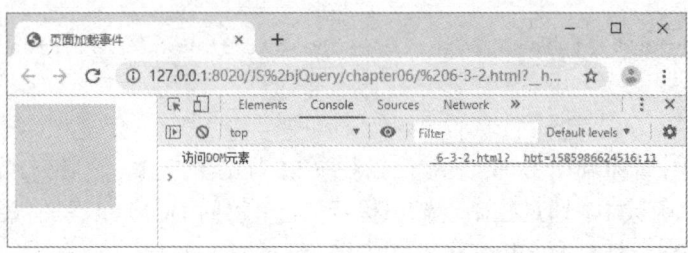

图 8-6　页面加载后执行效果

8.3.2　鼠标事件

鼠标事件是响应用户的鼠标动作的事件,是 Web 开发中最常用的事件。例如,鼠标指针滑过时,切换 Tab 栏显示的内容;利用鼠标拖曳改变浏览器窗口的大小等,这些常见的网页效果都会用到鼠标事件。常用的鼠标事件如表 8-3 所示。

鼠标事件

表 8-3　常用的鼠标事件及事件触发时机

事件名称	事件触发时机
click	当按下并释放任意鼠标按键时触发
dblclick	当双击鼠标时触发
mouseover	当鼠标指针进入时触发
mouseout	当鼠标指针离开时触发
change	当内容发生改变时触发,一般多用于<select>对象
mousedown	当按下任意鼠标按键时触发
mouseup	当释放任意鼠标按键时触发
mousemove	在元素内当鼠标指针移动时持续触发

click 事件是由鼠标在一个控件上单击引发的,该事件实际是由 mousedown(按下鼠标键)及 mouseup(释放鼠标键)两个事件组成,该事件主要应用于 button、checkbox、link、radio、reset 和 submit 等控件。

下面通过案例学习鼠标事件用法。

案例 8-3-3　用 mouseover 事件实现更改鼠标经过的图片。关键代码如下所示。

```
<html>
    <head>
```

```
        <style>
            .p0{width:452px;height:300px ;}
            .p1{width:110px;height:70px;}
        </style>
    </head>
    <body>
        <div><img src="img/pic1.jpg" name="pic" class="p0" id="pic"> </div>
        <div>
            <img src="img/pic1.jpg" class="p1" >
            <img src="img/pic2.jpg" class="p1" onmouseover="replace('img/pic2.jpg')" onmouseout=" reback ()">
            <img src="img/pic3.jpg" class="p1" onmouseover="replace('img/pic3.jpg')" onmouseout=" reback ()">
            <img src="img/pic4.jpg" class="p1" onmouseover=" replace('img/pic4.jpg')" onmouseout=" reback ()">
        </div>
        <script>
            function replace (image){    //鼠标指针经过时大图换成对应的图片
                //document.pic.src=image;      //更换图片，两种方法都可以
                document.getElementById('pic').src=image;      //更换图片
            }
            function reback (){            //鼠标指针离开时换成原来的图片
                document.getElementById('pic').src='img/pic1.jpg';
            }
        </script>
    </body>
</html>
```

保存文件，文件名为 8-3-3.html，在浏览器中执行文件，页面效果如图 8-7 所示。

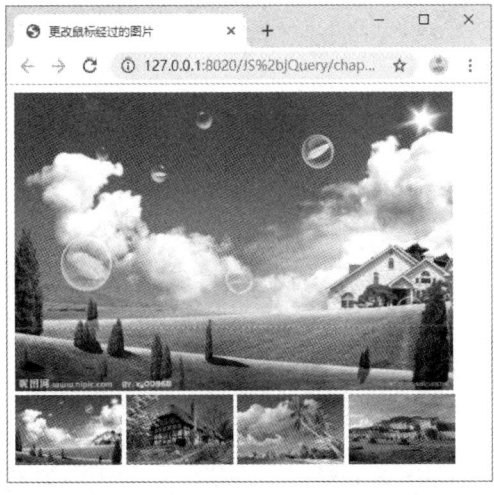

图 8-7　更改鼠标指针经过的图片效果图

在图 8-7 中，鼠标指针经过小图时，将触发 mouseover 事件，大图位置相应地显示对

应的图片。当鼠标指针从小图上移开时，触发 mouseout 事件，在大图位置重新显示 pic1.jpg 图片。

8.3.3 键盘事件

键盘事件是响应用户的键盘输入的事件，要求页面内必须有可被激活的控件。例如，用户按 Esc 键关闭打开的状态栏，按 Enter 键直接完成光标的上下切换等。常用的键盘事件如表 8-4 所示。

键盘事件

表 8-4 常用的键盘事件及事件触发时机

事件名称	事件触发时机
keypress	在控件有焦点时按键被按下触发
keydown	当键盘上某个按键被按下时触发
keyup	当键盘上某个按键被放开时触发

keydown 事件可用于浏览器的窗体、图像、超链接和文本区域等控件。keypress 事件主要用来接收字母、数字等 ANSI 字符，可以捕获单个字符的大小写。keydown 和 keyup 事件可以捕获组合键，但对于单个字符捕获的 keyvalue 属性都是一个值，也就是不能判断单个字符的大小写。

为了让大家更好地理解键盘事件，下面通过光标移动键移动 div 盒子的案例进行演示。

案例 8-3-4 使用光标移动键移动 div 盒子，关键代码如下。

```
<html>
    <head>
    <style>
        #wrap{
         width:1000px;height:800px;border: 1px solid #000000;
         position: relative;   /*相对定位，方块在这个盒子中移动*/
        }
        .box{width:100px;height:100px;background:red;
            position:absolute;top:0;left:0; /*绝对定位，相对于#wrap进行定位*/
        }
    </style>
    </head>
    <body>
        <div id="wrap">
         <div class="box"></div>
        </div>
    </body>
    <script>
        var box=document.querySelector('.box');    //获取被移动的盒子
        document.onkeydown=function(ev){
        //console.log(ev.keyCode);
        //根据键值，判断所按的键，上、下、左、右移动盒子，每次移动 10px
```

```
            switch (ev.keyCode){
                case 7:if(box.offsetLeft>0){box.style.left=box.offsetLeft-10+'px';}
                    break;
                case 8:if(box.offsetTop>0){box.style.top=box.offsetTop-10+'px';}
                    break;
                case 39:if(box.offsetLeft<900){box.style.left=box.offsetLeft+10+'px';}
                    break;
                case 40:if(box.offsetTop<700){box.style.top=box.offsetTop+10+'px';}
                    break;
            }
        }
    </script>
</html>
```

以上代码中，在页面上定义了一个 div 盒子，对这个盒子定义了 keydown 事件，事件处理程序中，捕获按键的键值，根据键值判断所按的光标键，然后对 div 盒子进行相应的移动。

保存文件，在浏览器中运行文件，可以使用光标移动键上、下、左、右移动盒子。如图 8-8 所示。

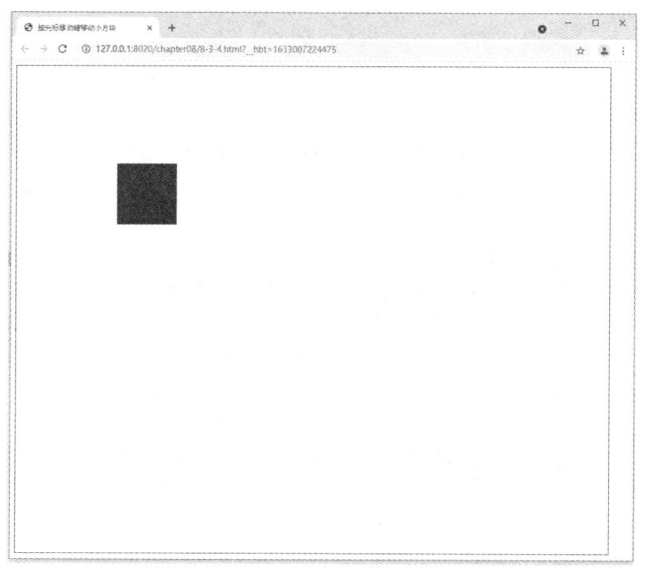

图 8-8　用鼠标键移动盒子

8.3.4　焦点事件

在 Web 开发中，焦点事件多用于表单验证功能，是最常用的事件之一。例如，文本框获取焦点改变文本框的样式，文本框失去焦点时验证文本框内输入的数据等。常用的焦点事件如表 8-5 所示。

焦点事件

表 8-5　常用的焦点事件及事件触发时机

事件名称	事件触发时机
focus	当获得焦点时触发(不会冒泡)
blur	当失去焦点时触发(不会冒泡)

为了让大家更好地掌握焦点事件的使用方法，下面以注册表单的填写为例进行演示。

案例 8-3-5　注册表单填写的焦点事件。

(1) HTML 页面代码和 CSS 样式代码如下。

```html
<html>
    <head>
        <style>
            div{width: 420px;border: 1px solid #555555;}
            .title{border-bottom: 1px solid #1E90FF; text-align: center;}
            .lab{width: 100px;text-align: center;display:inline-block;}
            .btn{margin-left: 70px;}
            .info{color: red;font-size: 12px;}
        </style>
    </head>
    <body>
        <div>
        <form name="form1">
            <h2 class="title">用户注册</h2>
            <p><label class="lab">账    号</label>
            <input type="text" name="acc" value="" onfocus="account()">
            </p>
            <p><label class="lab">密      码</label>
            <input type="password" name="pwd1" value=""> </p>
            <p><label class="lab">确认密码</label>
            <input type="password" name="pwd2" value="" onblur="pwd()">
            <span id="info"  class="info"> </span> </p>
            <p><input type="button" value="提交" id="submit" class="btn">
            <input type="button" value="重置" id="reset" class="btn">
            </p>
        </form>
        </div>
    </body>
</html>
```

以上代码定义了一个注册表单，表单中有账号输入框、密码和确认密码输入框，以及提交按钮和取消按钮。

(2) JavaScript 事件处理程序代码如下。

```
<script>
    //定义账号输入框获取焦点的事件处理程序
    function account(){
        document.form1.acc.value="账号仅限英文字母和数字";
    }
```

```
    //定义确认密码输入框失去焦点的事件处理程序
    function pwd(){
        var pwd1=document.form1.pwd1.value;   //获取密码
        var pwd2=document.form1.pwd2.value;   //获取确认密码
        if(pwd1!=pwd2){                       //如果密码和确认密码不同
            document.getElementById('info').innerHTML="确认密码和密码不同！";
        }
    }
    //定义重置按钮的单击事件处理程序
    document.getElementById('reset').onclick=function(){
        document.form1.acc.value="";          //账号输入框内容清空
        document.form1.pwd1.value="";
        document.form1.pwd2.value="";
        document.getElementById('info').innerHTML="";
        document.form1.acc.focus();           //账号输入框获取焦点
    }
</script>
```

以上代码中，定义了账号输入框的 onfocus 事件处理程序，确认密码输入框的 onblur 事件处理程序，以及重置按钮的 onclick 事件处理程序。

保存文件，文件名为 8-3-5.html，在浏览器中运行文件，效果如图 8-9 所示。

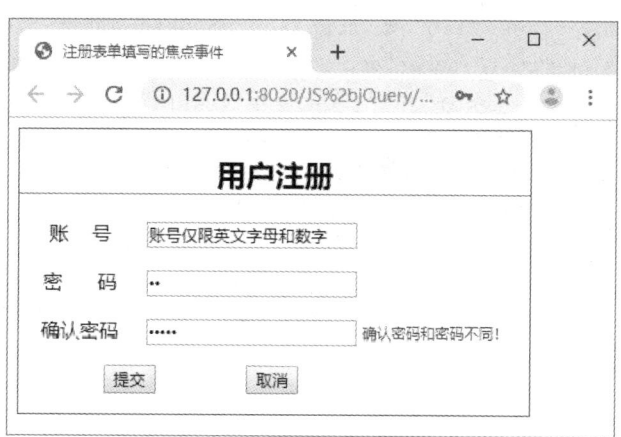

图 8-9　注册表单

将光标定位在账号输入框中，出现提示文字"账号仅限英文字母和数字"，当输入的确认密码和密码不同时，会出现提示信息。

8.3.5　表单事件

表单事件指的是对 Web 表单操作时发生的事件。例如，下拉列表中的选项选择，表单提交前对表单的验证，表单重置时的确认操作等。JavaScript 提供了相关的表单事件，如表 8-6 所示。

表单事件

表 8-6 常用的表单事件及事件触发时机

事件名称	事件触发时机
submit	当表单提交时触发
reset	当表单重置时触发
change	在控件内容发生变化时触发

表 8-6 中的 submit 事件的实现通常要绑定到<form>标签上，在用户单击 submit 按钮提交表单时触发。reset 事件用于单击重置按钮时触发。这两个事件的返回值若是 false 则会取消默认的操作，否则将执行默认操作。

为了让大家更好地理解表单事件的使用，下面以提交和重置表单数据为例进行演示。

案例 8-3-6 注册表单提交和重置的表单事件。

(1) 修改案例 8-3-5，将提交按钮的类型 type 改为 submit，重置按钮的类型 type 改成 reset，修改后的 HTML 代码如下。

```html
<body>
    <div>
        <form name="form1" id="register" action="index.php" method="post">
            <h2 class="title">用户注册</h2>
            <p><label class="lab">账    号</label>
            <input type="text" name="acc" value="" placeholder="英文字母和数字"></p>
            <p><label class="lab">密      码</label>
            <input type="password" name="pwd1" value=""></p>
            <p><label class="lab">确认密码</label>
            <input type="password" name="pwd2" value="">
            <span id="info" class="info"> </span> </p>
            <p><input type="submit" value="提交" id="submit" class="btn">
            <input type="reset" value="重置" id="reset" class="btn"></p>
        </form>
    </div>
</body>
```

(2) JavaScript 事件处理程序代码如下。

```javascript
<script>
    var register=document.getElementById('register');      //获取表单对象
    register.onsubmit=function(){                          //为表单添加 submit 事件
        var account=document.form1.acc.value;     //获取输入的账号
        var pwd1=document.form1.pwd1.value;       //获取输入的密码
        if(account==''||pwd1==''){                //如果账号或密码为空,弹出警告框
            alert('账号和密码不能空!');
            return false;
        }else{ return true; }
    };
    register.onreset=function(){                           //为表单添加 reset 事件
```

```
        return confirm('确认清空重置吗？');        //确定，则清空表单输入的内容
    };
</script>
```

以上代码中，首先获取表单对象 register，然后为它添加 onsubmit 事件和 onreset 事件。单击"提交"按钮，执行 onsubmit 事件的事件处理程序，判断账号和密码是否为空，如果为空，则弹出警告框，否则执行默认操作 action="index.php"。单击"重置"按钮，执行 onreset 事件的事件处理程序，弹出确认框，提示"确认清空重置吗？"，单击"确定"按钮，则清空表单中输入的内容。

保存文件，文件名为 8-3-6.html。在浏览器中运行文件，密码为空时单击"提交"按钮，显示结果如图 8-10 所示，单击"重置"按钮，显示结果如图 8-11 所示。

图 8-10 单击"提交"按钮的效果

图 8-11 单击"重置"按钮的效果

注意：onsubmit 事件的作用对象为<form>，所以把 onsubmit 事件加在提交按钮上是没有效果的。

8.4 实训案例

案例 8-4-1 设计 50 以内加法训练系统。

设计如图 8-12 所示的页面，实现 50 以内加法自动出题训练。每次单击"下一题"按钮，出一道 50 以内的加法题，输入结果后自动判断正误。单击按钮"结束答题"，对答题情况进行统计并显示统计结果。单击"退出"按钮，退出答题页面。

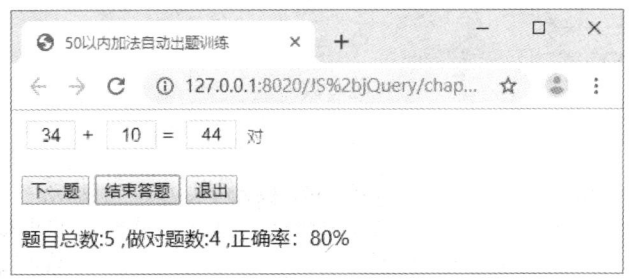

加法训练系统

图 8-12 50 以内加法自动出题训练

接下来，完成案例的设计，具体步骤如下。

(1) 设计 HTML 页面和 CSS 样式，关键代码如下。

```html
<html>
    <head>
        <style>
            .num{width: 40px;font-size: 16px;text-align: center;
                margin:0px 5px; padding:5px;border: 1px solid #DDD;}
            .judge{border-width: 0;width:20px; text-align: center;}
        </style>
    </head>
    <body>
        <div>
            <input type='text'  id='num1' class="num"/>+
            <input type='text'  id='num2' class="num"/>=
            <input type='text'  id='sum' class="num" onblur="compute()" />
            <input type='text'  id='judge' class="judge"/><br/><br/>
            <button id="btn1" onclick="next()">下一题</button>
            <button id="btn2" onclick="end()">结束答题</button>
            <button id="btn3" onclick="quit()">退出</button>
        </div>
        <p id='result'></p>
    </body>
</html>
```

(2) 实现自动出题训练的 JavaScript 代码如下。

```
<script>
    var num1,num2,n=0,m=0;     //n:做题总数，m: 答对题数
    var judge= document.getElementById("judge"); //获取显示对错的输入框对象
    var result=document.getElementById('result');//获取显示统计结果的元素对象
    function next(){                              //出题函数
        num1=Math.floor(Math.random()*50);        //获取 50 以内的随机整数
        num2=Math.floor(Math.random()*(50-num1));//获取另一个随机整数
        document.getElementById("num1").value=num1.toString();
        document.getElementById("num2").value=num2.toString();
        document.getElementById("sum").focus();  //计算结果输入框获取焦点
        document.getElementById("sum").value=""; //清空原来的计算结果
        judge.value="";
        result.innerHTML="";
        n++;              //做题总数加 1
    }
    next();               //首次出题
    function compute(){   //判断对错，输入框失去焦点时触发
    var sum=document.getElementById("sum").value;   //取出输入数值
        var sum=parseInt(sum);                       //输入数值转换成整数
        if(num1+num2==sum) {
            judge.value="对";
            m++;          //答对题数加 1
        }else{
            judge.value="错";
```

```
        }
    }
    //结束做题,显示答题情况统计结果
    function end(){
        var str="题目总数:"+n+",做对题数:"+m+",正确率: "+(Math.round(m/n*100))+"%";
        document.getElementById('result').innerHTML=str;//显示答题情况统计结果
    }
    //关闭答题窗口
    function quit(){
        window.close();            //关闭窗口
    }
</script>
```

以上代码中,next()函数实现生成随机数出题的功能,并统计出题的数目,每次单击"下一题"按钮执行 next()函数,重新出一道加法题。compute()函数实现对输入的运算结果判断对错,并统计答对题数,输入框失去焦点时触发。end()函数实现答题结果的统计,单击"结束答题"按钮时执行 end()函数。单击"退出"按钮时,执行 quit()函数,关闭答题页面。

8.5 本章小结

JavaScript 为了提高 HTML 页面的交互性,提供了事件驱动模型。针对不同的事件,编制了相应的事件处理程序。本章重点讲解了 JavaScript 常用的事件,通过具体的应用案例对事件及其事件处理程序进行详细讲解,帮助读者深入理解事件的使用方法。

8.6 练 习 题

一、填空题

1. 在 JavaScript 中提供了 3 种事件的绑定方式,分别为_____、_____和_____。

2. 在 JavaScript 中,当发生事件时,都会产生一个_____,这个对象中包含所有与事件相关的信息。

二、判断题

1. 事件冒泡机制有时候是不需要的,需要进行阻止。   （   ）
2. 网页中的某些元素是有自己的默认行为的,在实际开发中,为了使程序更加严谨,有时需要禁止默认行为。   （   ）
3. load 事件在 body 内所有标签都加载完成后才触发。   （   ）
4. 在表单事件中,当前元素失去焦点时触发 onblur 事件。   （   ）

三、选择题

1. 关于事件传播，表述正确的是(   )。
   A. focus 不会冒泡
   B. blur 会冒泡
   C. 大部分事件会冒泡到 DOM 树根
   D. 事件一直冒泡，到达 document 对象
2. 不属于表单事件的是(   )。
   A. submit
   B. reset
   C. keydown
   D. focus
3. 在 HTML 页面中，不能与 onChange 事件处理程序相关联的表单元素有(   )。
   A. 文本框
   B. 复选框
   C. 下拉列表框
   D. 按钮
4. 如果按下的是回车键，JavaScript 中正确的判断方式是(   )。
   A. if(event.keyCode == 39)
   B. if(event.keyCode == 38)
   C. if(event.keyCode == 32)
   D. if(event.keyCode == 31)
5. 对于事件流说法错误的是(   )。
   A. 事件流分为三个阶段
   B. 事件流分为捕获阶段、目标节点、冒泡阶段
   C. 若捕获和冒泡同时存在，先执行冒泡阶段
   D. 目标阶段存在捕获和冒泡，按顺序执行

四、编程题

1. 实现鼠标经过表格行时变色，离开时恢复原来的颜色，如图 8-13 所示。

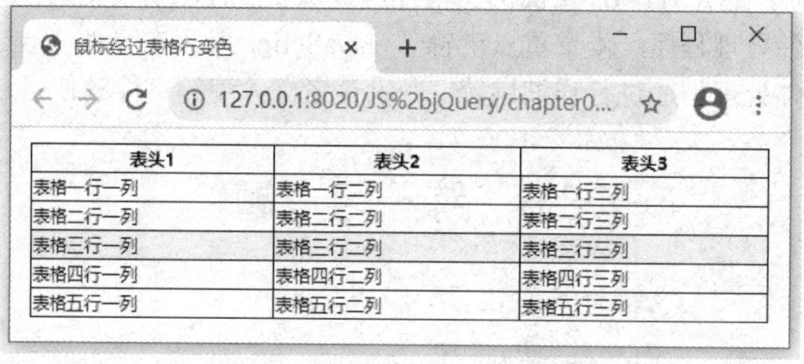

图 8-13 鼠标经过表格行时变色

2. 如图 8-14 所示，图片在水平方向向左连续滚动，当鼠标指针指向图片时停止移动，鼠标指针离开后图片继续滚动。

图 8-14 图片在水平方向向左连续滚动效果

3. 在表单的输入框中按回车键，让下一个输入框获取焦点，如图 8-15 所示。

4. 输出列表框中被选中项的文本，如图 8-16 所示。

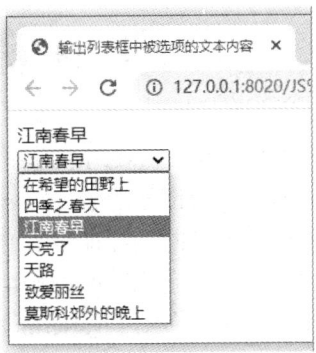

图 8-15　焦点切换　　　　　　图 8-16　输出列表框中被选中项的文本

第 9 章　正则表达式

项目开发中，经常需要对表单中输入的内容进行格式或内容的验证。例如，对用户名、密码、手机号、身份证号的验证等。这些内容遵循的规则既繁多又复杂，进行验证时，需要进行多次的条件判断，这样编写的代码烦琐且容易出错。如果使用正则表达式，就可以利用简短的描述语法完成诸如查找、匹配、替换等功能。正则表达式可以说是前端工程师的一把利器，本章将介绍 JavaScript 中正则表达式的使用方法。

本章的学习目标

- 了解正则表达式的知识
- 掌握正则表达式的语法
- 掌握正则表达式的应用

9.1　认识正则表达式

认识正则表达式

1. 什么是正则表达式

正则表达式(Regular Expression，简称 RegExp)是一种文本模式，是一种描述字符串结构的语法规则，用于验证各种字符串是否匹配这个特征，进而实现高级的文本查找、替换、截取内容等操作。在项目开发中，身份证号指定位数的隐藏、数据采集、敏感词的过滤以及表单的验证等功能，都可以利用正则表达式来实现。

许多程序设计语言都支持利用正则表达式进行字符串操作。例如，在操作系统(Linux、UNIX 等)、编程语言(C、C++、Java、PHP、Python、JavaScript 等)的使用中，都会用到正则表达式。

正则表达式在发展过程中出现了多种形式，其中比较常用的有两种，一种是 POSIX 规范兼容的正则表达式，用于确保操作系统之间的可移植性；另一种是当 Perl(一种功能丰富的编程语言)发展起来后，衍生出来的 Perl 正则表达式，JavaScript 中的正则语法就是基于 Perl 的。

2. 为什么使用正则表达式

正则表达式使用单个字符串来描述、匹配一系列符合某个句法规则的字符串。使用正则表达式进行字符串的搜索和匹配，代码简单，功能强大，可以大大减少项目开发中的代码量。下面我们通过案例看一下。

例如，在如图 9-1 所示用户登录表单中，要求用户账号和密码必须由 8~20 位英文字母、数字或下划线组成，用户输入账号和密码后，要验证输入的账号和密码是否满足要求。验证过程可以用逻辑判断完成，也可以用正则表达式完成。

图 9-1 所示页面的 HTML 代码如下。

```
<html>
    <head>
        <style>
            #d1{width:300px; text-align: center; margin: 5px auto;}
            #acc, #pwd{width: 200px; margin: 10px;}
        </style>
    </head>
    <body>
        <div id="d1">
        <h3>用户登录</h3>
            账号 <input type="text" id="acc" value="" onblur="valide1()" placeholder="8-20位英文字母、数字或下划线"></input><br/>
            密码 <input type="password" id="pwd" value="" onblur="valide2()" placeholder="8-20位英文字母、数字或下划线"></input><br/>
            <input type="button" value="提交"></input> <input type="button" value="取消"></input>
        </div>
    </body>
</html>
```

以上代码中,定义了账号输入框和密码输入框的 onblur 事件,用于验证输入的内容是否满足要求。

图 9-1　用户登录表单

(1) 用逻辑判断验证账号输入的代码如下。

```
<script>
    //判断账号是否满足要求,是否由8~20位英文字母、数字或下划线组成
    function valide1(){
        var str=document.getElementById('acc').value;
        if(str.length<8||str.length>20){alert('账号长度不合要求!');}
        else{
            for(i=0;i<str.length;i++){
                //不是数字
                if(!(str[i].charCodeAt()>=48&&str[i].charCodeAt()<=57 )){
                    //不是大写英文字母
                    if(!(str[i].charCodeAt()>65&&str[i].charCodeAt()<=90 )){
                        //不是小写英文字母
                        if(!(str[i].charCodeAt()>97&&str[i].charCodeAt()
                            <=122 )){
```

```
                        if(str[i]!=95)//不是下划线
                        {alert('账号有非法字符');break; }//弹出警告信息
                    }
                }
            }
        }
    }
}
</script>
```

(2) 用正则表达式验证密码的代码如下。

```
<script>
    //判断密码是否满足要求,是否由8~20位英文字母、数字或下划线组成
    function valide2(){
        var pwd=document.getElementById('pwd').value.toString();
        var reg=/^\w{8,20}$/;
        if(!reg.test(pwd)) alert('密码不符合要求,请重新输入!');
    }
</script>
```

比较以上代码可以看到,正则表达式验证的代码比逻辑判断验证的代码要简洁许多。因此,在软件开发中,经常会根据正则匹配模式对指定字符串进行搜索和匹配。

9.2 创建正则表达式

创建正则表达式

在 JavaScript 应用中,使用正则表达式之前首先需要创建正则表达式对象。下面介绍创建正则表达式的语法、字符类别和运算符等。

正则表达式的创建方式有两种,一种是用字面量的方式创建,另一种是通过构造函数创建。下面介绍两种创建方式的语法和区别。

(1) 字面量方式创建正则表达式的语法:/pattern/flags。
(2) 构造函数创建正则表达式的语法: new RegExp(pattern [,flags])。

在上述语法中,pattern 是由元字符和文本字符组成的正则表达式模式文本,其中,元字符是具有特殊含义的字符,如 "^" "." 或 "*" 等,文本字符就是普通的文本,如字母和数字等。

flags 表示模式修饰标识符,用于进一步对正则表达式进行设置。flags 取值为 0 个或多个可选项,这些选项及其含义如下。

- i:表示忽略大小写,就是在字符串匹配的时候不区分大小写。
- g:表示全局匹配,即匹配字符串中出现的所有模式。
- m:表示进行多行匹配。

下面通过案例学习正则表达式的创建。

案例 9-2-1 正则表达式的创建,关键代码如下。

```
//字面量的方式创建正则表达式对象,正则表达式直接包裹在一对斜杠(/)之间。
var reg1=/tom/i;              //创建正则表达式,匹配时不区分大小写;
```

```
var reg2=/\d{1,5}/;            //创建正则表达式，匹配1~5位的数字；
console.log(reg1.test("My name is Tom!"));      //输出true
console.log(reg2.test("我的幸运数字是：666"));    //输出true
```

在上述代码中，"/tom/i"中的"/"是正则表达式的定界符，"tom"表示正则表达式的模式文本，"i"是模式修饰标识符，表示匹配时忽略大小写。

test()方法用于验证字符串中是否包含匹配该正则表达式的子串，如果包含这样的子串，那么返回true，否则返回false。

```
//构造函数创建正则表达式
var reg3=new RegExp('tom', 'i');           //创建正则模式，匹配时不区分大小写
var reg4=new RegExp('\\d{1,5}');           //创建正则表达式，匹配1~5位的数字
console.log(reg3.test("My name is Tom!"));     //输出true
console.log(reg4.test("我的幸运数字是：666"));    //输出true
```

由于JavaScript中的字符串存在转义问题，因此正则对象reg4代码中的"\\"表示反斜线"\"。

用构造函数方式与字面量方式创建的正则对象，虽然在功能上完全一致，但它们在语法实现上有一定的区别。前者的 pattern 在使用时需要对反斜线(\)进行转义，在匹配其他特殊字符时，也需要用反斜线(\)对特殊字符进行转义，例如，"\\n"经过字符转义后变成"\n"。而后者的 pattern 在编写时，要放在定界符"/"内，flags 标记则放在结尾定界符之外。

9.3 正则表达式的字符

正则表达式就是一个字符串格式的规则，是由普通字符(例如英文字符、数字等)以及特殊字符(例如元字符、限定字符等)组成的文字模式。

9.3.1 普通字符

普通字符包括没有显式指定为元字符的所有可打印和不可打印字符，包括所有大写和小写字母、所有数字、所有标点符号和一些其他符号。

普通字符是在正则表达式的模式文本中表示原来字符含义的字符，如abc、123等。

普通字符

9.3.2 元字符

元字符是指有特殊含义的非字母字符,是用于构建正则表达式的符号(用于连接字母和数字，创建高度描述性的文本模式)。常用的元字符如表9-1所示。

元字符

表9-1 常用的元字符

字 符	含 义	字 符	含 义
.	匹配除"\n"之外的任何单个字符	\cX	匹配与X对应的控制字符(Ctrl+X)
\d	匹配一个数字字符，等价于[0-9]	\D	匹配除了ASCII码数字之外的任何字符，等价于[^0-9]

续表

字　符	含　义	字　符	含　义
\w	匹配字母、数字、下划线，等价于[A-Za-z0-9_]	\W	匹配任何不是 ASCII 码字符组成的单词，等价于[^a-zA-Z0-9]
\s	匹配一个空白符，包括空格、制表符、换页符、换行符等	\S	匹配一个非空白符
\b	匹配单词边界	\B	匹配非单词边界
\n	匹配一个换行符	\r	匹配一个回车符
\xdd	匹配以十六进制 dd 规定的字符，如"\x61"表示"a"	\uxxxx	匹配以十六进制数 xxxx 规定的 Unicode 字符，如"\u597d"表示"好"
^	不在方括号表达式中使用时，表示匹配输入字符串的开始位置，在方括号表达式中使用时，表示匹配该方括号中的字符之外的任意字符	$	匹配字符串的结尾位置

为了方便读者理解元字符的使用，下面通过案例进行演示。代码如下。

案例 9-3-1　无字符应用。

```
1  <script>
2    var reg1 = /\s.+/;
3    var str1='My name is Tom.\n I am a student.';
4    console.log(reg1.exec(str1));   //匹配结果" name is Tom."
5    var reg2=/^Chapter\d\d/;
6    var str2="Chapter01-JavaScript 简介";
7    console.log(reg2.exec(str2));   //匹配结果"Chapter01"
8  </script>
```

以上代码中，定义了两个正则表达式，reg1 的意思是匹配一个空格以及其后的所有非换行字符，reg2 的意思是匹配行首位置的"chapter+两位数字"的字符串。

exec()方法用于在目标字符串中检索正则表达式的匹配情况，如果字符串中有匹配的值返回该匹配值，否则返回 null。

第 4 行代码输出的匹配结果是" name is Tom."(从第一个空格开始到换行符结束，不包括换行符)，第 7 行代码输出的匹配结果是"Chapter01"。

9.3.3　字符集合

项目开发中，若需要匹配英文字母、数字和汉字等普通字符，可以使用元字符"["和"]"实现一个字符集合，表示匹配字符集合中的一个字符。"[]"与连字符"-"一起使用时，表示匹配指定范围内连续字符的一个字符。但是，当"[]"与元字符"^"一起使用时，表示匹配任意不在字符集合中的字符。

常用的字符集合 pattern 及其说明如表 9-2 所示。

字符集合

表 9-2 常用的字符集合

pattern	说 明
[xyz]	匹配字符集合中的任意一个字符
[^xyz]	匹配除 x、y、z 以外的任意字符
[a-z]	匹配指定范围 a～z 内的任意字符
[^a-z]	匹配指定范围 a～z 外的任意字符
[a-zA-Z0-9]	匹配大小写字母和 0～9 的数字
[\u4e00-\u9fa5]	匹配任意一个中文字符
(x|y)	匹配由|分隔的任何选项

为了方便读者理解字符集合的使用，下面通过案例进行讲解演示。案例 9-3-2 字符集合的应用代码如下。

案例 9-3-2 字符集合的应用。

```
1  <script>
2    var reg1=/^[A-Za-z0-9]+/;
3    var reg2=/[^A-Za-z0-9]+/;
4    var reg3=/[\u4e00-\u9fa5]+/;
5    var str="Chapter01-JavaScript 简介";
6    console.log(reg1.exec(str));   //匹配结果"Chapter01"
7    console.log(reg2.exec(str));   //匹配结果"-"
8    console.log(reg3.exec(str));   //匹配结果"简介"
9  </script>
```

以上代码中，定义了三个正则表达式，reg1 的意思是匹配行首位置的 1 个或多个英文字符和数字，reg2 的意思是匹配 1 个或多个英文字符和数字之外的任意字符，reg3 的意思是匹配一个或多个任意中文字符。元字符"+"表示至少匹配一次前面的字符。

运行文件，第 6 行代码输出的匹配结果是"Chapter01"，第 7 行代码输出的匹配结果是"-"，第 8 行代码输出的匹配结果是"简介"。

需要注意的是，字符"-"在通常情况下只表示一个普通字符，只有在表示字符范围时才作为元字符来使用。连字符"-"表示的范围须遵循字符编码的顺序，如"a-Z""z-a""A-9"都是不合法的范围。

9.3.4 限定符

项目开发中，若需要匹配一个连续出现的字符，如 8 个连续出现的数字"13457926"时，通过前面的学习，可创建如下所示的正则表达式对象。

限定符

```
var reg=/\d\d\d\d\d\d\d\d/;
```

以上正则对象虽然可以实现用户的需求，但是重复出现的"d"既不便于阅读，书写又烦琐。此时，可以使用限定符(?、+、*、{}等)完成某个字符连续出现的匹配。常用的限定符如表 9-3 所示。

表 9-3　限定符

字　符	说　明
?	匹配前面的字符零次或一次
*	匹配前面的字符零次或多次
+	匹配前面的字符一次或多次
{n}	匹配前面的字符 n 次
{n,}	匹配前面的字符最少 n 次
{n,m}	匹配前面的字符最少 n 次，最多 m 次

按照表 9-3 中给出的限定符，若要匹配 8 个连续出现的数字，可以通过如下的正则表达式实现。

```
var reg=/\d{8}/g;
```

下面通过常用的正则表达式，学习限定字符的使用。

例 1：匹配账号是否合法(字母开头，由 8～20 位英文字母、数字、下划线组成)。

```
var reg=/^[a-zA-Z][a-zA-Z0-9_]{7,19}$/;
```

例 2：匹配国内电话号码，匹配形式如 0511-4405213 或 021-87567822。

```
var reg=/\d{3}-\d{8}|\d{4}-\d{7}/;
```

例 3：匹配 m～n 位的数字。

```
var reg=/\d{m,n}/
```

例 4：匹配整数(正整数、负整数、0)。

```
var reg1=/-?[1-9]\d*|0/
var reg2=/-?[1-9][0-9]*|0/
```

从以上示例可以看出，正则对象中限定符的灵活运用，可以使正则表达式更加清晰易懂。

9.3.5　括号字符

在正则表达式中，括号字符"()"实现了分组功能，被括号括起来的内容，称为"子表达式"。下面将针对子表达式的作用及其用法进行详细讲解。

1. 分组和选择

1) 分组功能

使用圆括号对字符或元字符进行分组，这样就可以对组合的字符使用限定符。案例 9-3-3 字符分组代码如下。

案例 9-3-3　字符分组。

括号字符-分组功能

```
1 <script>
```

```
2    var reg1 =/a\d+/g;        //全局匹配字符 a 和连续出现的数字
3    var reg2 =/(a\d)+/g;      //全局匹配连续出现的 a 和数字
4    var str = "a1,a23,a389,a467";
5    console.log(str.match(reg1)); //匹配结果(4)[ "a1","a23","a389","a467"]
6    console.log(str.match(reg2)); //匹配结果(4)[ "a1","a2","a3","a4"]
7    </script>
```

以上代码中,match()方法用于在字符串 str 中检索与正则表达式匹配的文本,如果匹配成功,匹配结果存入数组返回,否则返回 null。正则表达式中有模式修饰符 g,将执行全局匹配。

2) 选择功能

圆括号和元字符"|"组合使用,用法(x|y)表示可选择性,实现从两个或多个直接量中选择一个功能。案例 9-3-4 圆括号的选择功能代码如下。

案例 9-3-4 圆括号的选择功能。

括号字符-选择功能

```
<script> var reg1=/gr(a|e)y/g;    //可以匹配 gray 和 grey
//  "/gr(a|e)y/g"还可以使用 "gr[ae]y/g"表示,但使用字符集合效率会更高。
var reg2=/(Doctor|Dr\.?)/g;   //可以匹配 Doctor,Dr,Dr.三种情况
var str1="gray grey today is gray";
var str2="Doctor,now iS Dr,today is Dr.12";
console.log(str1.match(reg1));//匹配结果(3)["gray","grey","gray"]
console.log(str2.match(reg2));//匹配结果(3)["Doctor","Dr","Dr"]
</script>
```

2. 分组引用

在进行检索匹配时,当圆括号中的子表达式匹配到相应的内容时,系统会将子表达式匹配到的内容存储到系统的缓存区中,这个过程称为"捕获"。捕获到的内容可以用数组方式进行访问,可以用于分组提取数据和替换等操作,具体用法如下。

1) 提取数据

除了判断是否匹配之外,正则表达式还可以提取子串,用()表示要提取的分组。

案例 9-3-5 分组提取数据。

括号字符-提取数据

正则表达式/^(\d{4})-(\d{4,9})$/定义了两个组,实现直接从匹配的字符串中提取出区号和本地号码。关键代码如下。

```
1 <script type="text/javascript">
2   var reg=/(\d{4})-(\d{4,9})/;
3   console.log(reg.exec('0530-12306'));   //输出包含 3 个元素的数组
4   console.log(reg.exec('0530 12306'));   //输出 null
5 </script>
```

在 Chrome 浏览器中运行文件,控制台显示的输出结果如图 9-2 所示。

从图 9-2 可以看出,第 3 行代码中的 exec()方法在匹配成功后,返回一个数组,["0530-12306","0530","12306"],其中第一个元素是正则表达式匹配到的整个字符串,后面的各个字符串表示匹配成功的子串。第 4 行代码中,exec()方法匹配失败,返回 null。

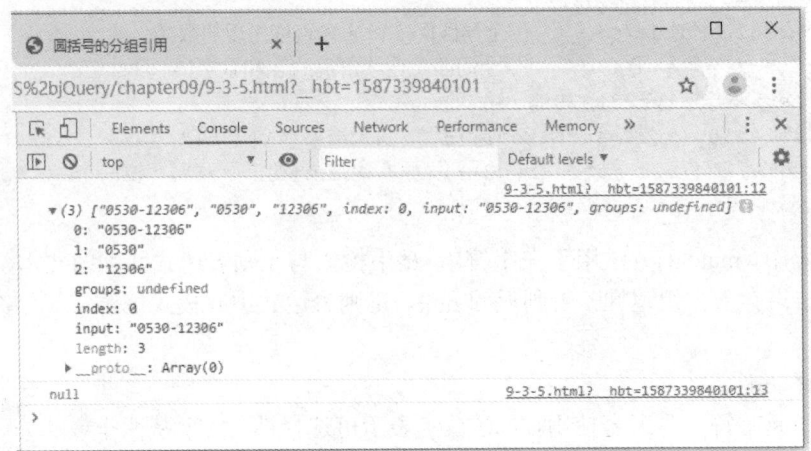

图 9-2　分组提取数据的结果

2) 替换

在项目开发中，如果需要对字符串中的子串执行替换操作，可以通过 String 对象的 replace()方法，直接利用$n(n 是大于 0 的正整数)的方式捕获内容，完成对子表达式捕获的内容进行替换的操作。

案例 9-3-6　替换操作。

括号字符-替换

把 yyyy-mm-dd 的日期格式替换成 mm/dd/yyyy 格式。关键代码如下。

```
<script type="text/javascript">
    var reg = /(\d{4})-(\d{2})-(\d{2})/;
    var date1 = "2020-06-09";
    var result = date1.replace(reg, "$2/$3/$1");
    console.log(result);    //输出 "06/09/2020"
</script>
```

上述代码中，replace()方法的第 1 个参数为正则表达式，用于与 date1 字符串进行匹配，将符合规则的内容利用第 2 个参数设置的内容进行替换。第 2 个参数里用$1、$2、$3 指代相应的分组，$2 表示 reg 正则表达式中第 2 个子表达式捕获的内容"06"，$3 表示 reg 正则表达式中第 3 个子表达式捕获的内容"09"，$1 表示第 1 个子表达式捕获的内容"2020"。replace()方法的返回值是替换后的新字符串，因此，并不会修改原字符串的内容。

3) 非捕获匹配

若要在开发中不想将子表达式的匹配内容存放到系统的缓存中，可以使用 "(?: x)"的方式实现非捕获匹配。(?:ab)表示匹配到 ab 这样一个子串，但不记录，不保存到$变量中。当然，通过$n 获取第 n 个括号所匹配到的内容时，也获取不到它。

括号字符-非捕获匹配

案例 9-3-7　使用正则表达式的非捕获匹配，从电话号码字符串中提取出完整的电话号码和本地号码，不提取区号。关键代码如下。

```
<script type="text/javascript">
    var reg=/(?:\d{4})-(\d{4,9})/;
    console.log(reg.exec('0530-12306'));    //输出(2)["0530-12306","12306"]
```

```
</script>
```

以上代码中,正则表达式的第一个分组设置了非捕获,因此第一个子表达式捕获的内容不保存,即不捕获电话号码的区号。

3. 反向引用

在正则表达式中,可以使用 "\n" (n 是大于 0 的正整数)的方式引用存放在缓存区内的子表达式的捕获内容,这个过程就是"反向引用"。其中,"\1" 表示第 1 个子表达式的捕获内容,"\2" 表示第 2 个子表达式的捕获内容,依次类推。

括号字符-
反向引用

案例 9-3-8 写一个正则表达式,同时匹配三种格式的日期。关键代码如下。

```
<script>
    var reg = /\d{4}(-|\/|\.)\d{2}\1\d{2}/;    //正则中的/和.需要转义
    var str1="出生日期: 2020-06-19";
    var str2="出生日期: 2020/06/19";
    var str3="出生日期: 2020.06.19";
    console.log(str1.match(reg)[0]);    //输出"2020-06-19"
    console.log(str2.match(reg)[0]);    //输出"2020/06/19"
    console.log(str3.match(reg)[0]);    //输出"2020.06.19"
</script>
```

以上代码中,reg 中的\1,表示引用之前的那个分组(-|\/|\.),无论它匹配到什么内容(比如-),\1 都匹配到同样的内容。这样,实现了日期分隔符的前后一致。

4. 零宽断言

零宽断言是一种零宽度的子表达式匹配,它匹配到的内容不会保存到匹配结果中,而是一个与子表达式匹配的位置。它的作用是给指定位置添加一个限定条件,用来规定此位置之前或者之后的字符必须满足限定条件才能使正则中的子表达式匹配成功。

括号字符-
零宽断言

零宽断言分为正向预查和反向预查,在 JavaScript 中仅支持正向预查,即匹配含有或不含有捕获内容之前的数据,匹配的结果中不含捕获的内容。零宽断言子表达式及其示例如表 9-4 所示。

表 9-4 零宽断言子表达式及其示例

子表达式	说明	示例
x(?=y)	仅当 x 的后面紧跟着 y 时,才匹配 x	/ab(?=[A-Z])/ 表示匹配后面跟随任意一个大写字母的字符串"ab"
x(?!y)	仅当 x 的后面不紧跟着 y 时才匹配 x	/ab(?![A-Z])/ 表示匹配后面不跟随任意一个大写字母的字符串"ab"

在使用正则表达式时,如果需要捕获的内容之前或之后必须是特定内容,但又不捕获这些特定内容的时候,就可以使用零宽断言。

案例 9-3-9 将数字 35486235 转变为 35,486,235 格式,使用零宽断言找到合适的位置,插入","字符。具体代码如下。

```
<script>
    var str = '35486235';
    var reg =/(\d)(?=(\d{3})+$)/g;
    console.log(str.replace(reg,'$1,'));  //输出 35 486 235
</script>
```

以上代码中,正则表达式"/(\d)(?=(\d{3})+$)/g"的意思是匹配一个数字,它的后面紧跟着三个数字,并且结尾也要有三个数字。

程序执行时,对字符串 str 执行匹配,匹配结果是数字 5 和 6,因为它们后面紧跟着三个数字,并且结尾也是三个数字。然后执行替换操作,用"5,"替换"5",用"6,"替换"6",就实现了将 35486235 转变为 35,486,235 的要求。

9.3.6 正则运算符优先级

通过前面的学习可知,正则表达式中的运算符有很多。在实际应用时,各种运算符会遵循优先级顺序进行匹配。正则表达式中常用的运算符优先级,由高到低的顺序如表 9-5 所示。

正则运算符优先级

表 9-5 正则表达式中常用的运算符优先级

运算符	说明
\	转义符
()、(?=)、(?!)、[]	括号和中括号
*、+、?、{n}、{n,}、{n,m}	限定符
^、$、\任意字符、任意字符	定位点和序列
|	"或"操作

要想在开发中能够熟练使用正则完成指定规则的匹配,在掌握正则运算符的含义与使用的情况下,还要了解各个正则运算符的优先级,才能保证编写的正则表达式按照指定的模式进行匹配。

9.4 与正则相关的方法

9.4.1 RegExp 类中的方法

RegExp 对象是一个预定义了属性和方法的正则表达式对象,其中常用的方法是 test()和 exec()。

RegExp 类中的方法-test()

1. test()方法

test()方法的功能是测试字符串中是否包含了匹配该正则表达式的子串,如果包含这样的子串,那么返回 true,否则返回 false。

每个正则表达式都有一个 lastIndex 属性,用于记录上一次匹配结束的位置。如果正则表达式没有使用模式修饰符 g,匹配成功后 lastIndex 属性的值是 0;如果使用了 g,则进行全局搜索,在匹配成功的情况下,lastIndex 属性的值是最后一个匹配结束后,匹配的字符串后面一个字符的位置。当匹配不成功时,lastIndex 属性的值也是 0。

案例 9-4-1　test()方法的用法,具体代码如下。

```
<script>
    var str1 ="abcdABCD1234";
    var str2 ="abcd*ABCD&1234#dfg";
    var reg1=/[^\w]/g;    //全局匹配英文字母、数字和下划线以外的其他字符
    var reg2=/[^\w]/;
    console.log(reg1.test(str1));    //匹配不成功,输出 false
    console.log(reg1.lastIndex);     //输出 0
    console.log(reg1.test(str2));    //首次匹配成功,输出 true
    console.log("reg1.lastIndex="+reg1.lastIndex); //输出 reg1.lastIndex=5
    console.log(reg1.test(str2));    //二次匹配成功,输出 true
    console.log("reg1.lastIndex="+reg1.lastIndex);//输出 reg1.lastIndex=10
    console.log(reg2.test(str2));    //匹配成功,输出 true
    console.log("reg2.lastIndex="+reg2.lastIndex); //输出 reg2.lastIndex=0
</script>
```

2. exec()方法

exec()方法的功能非常强大,它是一个通用的方法,而且使用起来也比 test()方法更为复杂。

RegExp 类中的方法-exec()

exec()方法在功能上与 String 对象的 match()方法类似,它使用正则表达式指定的匹配模式搜索字符串,从中找到匹配的子串。如果匹配失败则返回 null,否则会返回一个增强的数组对象(Array Object),该数组中包含匹配的子串。

当执行 exec()方法后,正则表达式对象的 lastIndex 属性的值为前一次匹配字符串后面的第一个字符的位置(从 0 开始计数)。

另外,返回的数组中,第 0 个元素是与正则表达式相匹配的文本,第 1 个元素是与正则表达式对象的第 1 个子表达式相匹配的文本(如果有的话),第 2 个元素是与正则表达式对象的第 2 个子表达式相匹配的文本(如果有的话),以此类推。

案例 9-4-2　演示 exec()的使用方法,并给出该方法返回数组的内容和几个属性的取值。

```
<script>
    var reg1 = /\d{4}(-|\/|\.)\d{1,2}\1\d{1,2}/g;
    var str="开工日期:2020-04-05,完工日期:2020/6/7";
    //第一次匹配
    var array1=reg1.exec(str);
    if(array1){
       var str1 = "\n首次匹配,找到了匹配子串!"
             +"\n 返回数组的值为:"+array1
             +"\n 数组元素个数为:"+array1.length
             +"\n 被搜索的字符串为:"+array1.input
             +"\n 匹配子串的开始位置为:"+array1.index
```

```
            +"\n匹配子串后面第一个字符的位置为："+reg1.lastIndex;
    console.loy(str1);
    console.loy(reg1.exec(str));//第二次匹配
    }else{
      alert("没有找到匹配的子串！");
    }
</script>
```

在 Chrome 浏览器中运行以上代码，结果如图 9-3 所示。

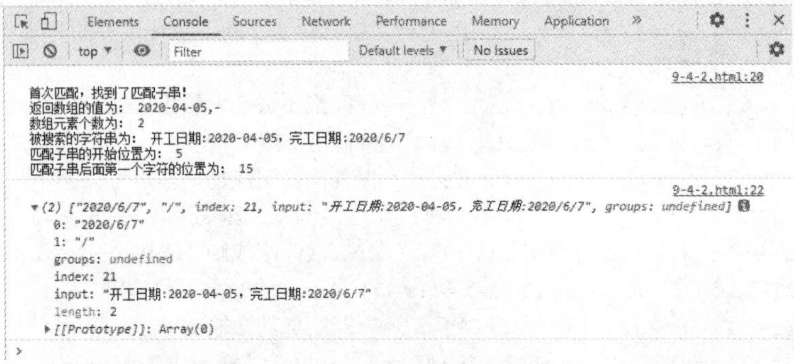

图 9-3 exec()方法的执行结果

从图 9-3 可以看出，首次匹配后，返回的数组中有两个元素，第 0 个元素“2020-04-05”是与正则表达式相匹配的文本，第 1 个元素“-”是与正则表达式对象的第 1 个分组(子表达式)相匹配的文本。第二次匹配后，返回的数组中有两个元素，第 0 个元素是"2020/6/7"，第 1 个元素是“1”，第二次匹配的开始位置是 21。

9.4.2 String 类中的方法

除了 test()和 exec()方法，String 对象也提供了 4 个使用正则表达式的方法，分别是 match()、replace()、search()和 split()方法。下面通过案例讲解 String 对象中的各个正则表达式方法的用法。

1. match()方法

match() 方法用于在字符串中检索与正则表达式匹配的文本，返回与 regexp 匹配的子字母串或 null。语法：

```
stringObject.match(regexp);
```

String 类中的方法-match()

如果匹配不成功，返回 null。匹配成功时，如果正则表达式包含全局标志 g，则返回一个包含所有匹配到的子字符串的数组；如果正则表达式不包括 g 标志，返回的结果等同于 regexp.exec(string)。

案例 9-4-3 在字符串中检索与正则表达式匹配的所有子串。

```
<script type="text/javascript">
    var str = "For more information, see Chapter 3.4.5 and Chapter 3.4.6.";
    var reg = /(chapter \d+(\.\d)*)/ig;
```

```
        var found = str.match(reg);
        console.log(found);    // 输出 ["Chapter 3.4.5", "Chapter 3.4.6"]
</script>
```

运行以上代码,在控制台输出匹配结果["Chapter 3.4.5", "Chapter 3.4.6"]。

2. replace()方法

replace() 方法用于在字符串中用一些字符替换另一些字符,或替换一个与正则表达式匹配的子串,返回值是一个替换后的新字符串。语法:

与正则相关的方法-replace()

```
stringObject.replace(regexp/substr,replacement);
```

replace() 方法执行的是查找并替换的操作。它将在字符串中查找与 substr 或 regexp 相匹配的子字符串,然后用 replacement 来替换这些子串。如果 regexp 具有全局标志 g,那么 replace()方法将替换所有匹配的子串。否则,它只替换第一个匹配子串。

replace() 方法的返回值是用 replacement 替换了 regexp/substr 后的字符串。其中 replacement 可以是替换文本也可以是生成替换文本的函数。

下面通过案例学习 replace()方法的用法。

案例 9-4-4 用 replace()方法对文本框输入内容过滤,实现文本框只能输入英文字母、数字、小数点和汉字,代码如下。

```
<form method = "post" id >"myForm">
    账号:<input type="text"id="name" onkeyup=nameset(this)">
</form>
<script type="text/javascript">
    function nameset(name){
    var str=name.value;//获取输入的文本
    //用 replace() 将英文字母、数字、小数点和汉字之外的字符用空串替换
    var name-val=str.replace(/[^a-zA-Z0-9/u4e00-/U9fa5/.]/g."");
    document.getElementBy2d("name").value=name_val;
    }
</script>
```

以上代码中,对表单中的文本框定义 3 onkeyup()事件,在输入信息时利用正则表达式过滤不想输入的内容,其中的 this 指的是文本框对象。

3. search() 方法

search() 方法用于检索字符串中指定的子字符串,或检索与正则表达式相匹配的子字符串,返回与 substr 或者正则表达式相匹配的子字符串的起始位置。语法:

与正则相关的方法-search()

```
stringObject.search(regexp/substr);
```

如果匹配成功,返回第一个相匹配的子字符串的起始位置,否则,返回-1。

案例 9-4-5 在字符串中查找日期首次出现的位置。

```
<script>
```

```
    var reg = /\d{4}(-|\/|\.)\d{1,2}\1\d{1,2}/;
    var str="开工日期:2020-04-05,完工日期:2020/6/7";
    var num=str.search(reg);
    console.log("日期首次出现位置: "+num);   //输出 "日期首次出现位置: 5"
</script>
```

search() 方法忽略标志 g，不执行全局匹配，总是从字符串的开始进行检索，因此返回 stringObject 中第一个匹配的位置。

4. split()方法

split()方法用于把一个字符串用子字符串或正则表达式分隔成字符串数组，并返回分隔后的数组。语法：

与正则相关的方法-split()

```
stringObject.split(regexp/substr,limit);
```

参数 limit 可选，指定返回的数组的最大长度。如果设置了 limit 参数，返回的子字符串不会多于这个参数指定的数组。如果没有设置该参数，整个字符串都会被分隔，不考虑它的长度。

案例 9-4-6 用正则表达式分隔字符串

```
<script type="text/javascript">
    var str="白菜:23.09,萝卜:12.90,西瓜:34.78";
    var reg=/,?[\u4e00-\u9fa5]+:/g;
    var aa=str.split(reg);
    console.log(aa);   //输出 ",23.09,12.90,34.78"
</script>
```

以上代码中，定义了正则表达式"reg=/,?[\u4e00-\u9fa5]+:/g"，表示用数字之间的逗号、汉字和冒号分隔字符串，分隔后得到一组数据组成的数组。因为字符串的开始就是分隔符，所以返回数组的第一个元素为空。

如果用空串 ("") 分隔字符串，目标串中的每个字符之间都会被分隔。

注意： split() 方法不改变原始字符串。

9.5 实 训 案 例

案例 9-5-1 对如图 9-4 所示的用户注册表单进行验证。

Web 项目开发中，表单验证是常见的功能之一。例如，用户注册、用户登录、个人信息填写等内容，都需要对用户填写的内容进行验证。下面以用户注册为例，讲解用户名、密码、手机号码和邮箱的验证，具体实现步骤如下。

实训-表单验证

(1) 设计 HTML 页面结构，文件名为 9-5-1.html。

```
<body>
    <form name="form1" id="register" action="register.php" method="post">
        <table>
```

```
            <tr><td colspan="2" class="td0">用户注册</td></tr>
            <tr><th>账    号</th>
                <td><input type="text" name="username" placeholder="4--20位
英文大小写字母"><label></label></td>         </tr>
            <tr><th>密    码</th>
                <td><input type="password" name="pwd1" placeholder="8--20位
大小写字母、数字或下划线"><label></label></td>         </tr>
            <tr><th>确认密码</th>
                <td><input type="password " name="pwd2" placeholder="请再次输
入密码"><label></label></td>     </tr>
            <tr><th>手机号码</th>
                <td><input type="text" name="tel" placeholder="输入11位手机号"
><label></label></td>         </tr>
            <tr><th>电子邮箱</th>
                <td><input type="text " name="email" placeholder="输入你的邮
箱"><label></label></td>     </tr>
            <tr><th></th>
                <td><input type="submit" name="submit" id="submit" class =
'btn' value="注册">    
                <input type="reset" name="reset" id="reset" class = 'btn'
value="取消"></td>
            </tr>
        </table>
    </form>
</body>
```

上述代码通过 placeholder 属性在文本框中显示提示信息,name 属性用于在 JavaScript 中获取设置对应文本的正则验证规则,label 标签用于显示输入出错时的提示信息。

(2) 编写 CSS 样式代码。

```
<style>
    form{width:480px;margin: 10px auto;}
    table{width:480px;border:1px solid #DDDDDD;border-collapse: collapse;}
    th,td{border-width:0px;height: 40px;font-size: 14px;}
    .td0{text-align:center;font-size:18px; font-weight: 900;
border-bottom:1px solid #DDD;}
    th{width:90px; text-align: right; padding-right: 10px;font-weight: 600;}
    .error{color: red;}
    input{width: 250px; height: 25px;}
    .btn{width: 100px; height: 30px; font-size: 14px;}
</style>
```

以上代码定义了用户注册页面的样式,其中类样式.error 是出错提示信息的样式。运行文件,页面显示效果如图 9-4 所示。

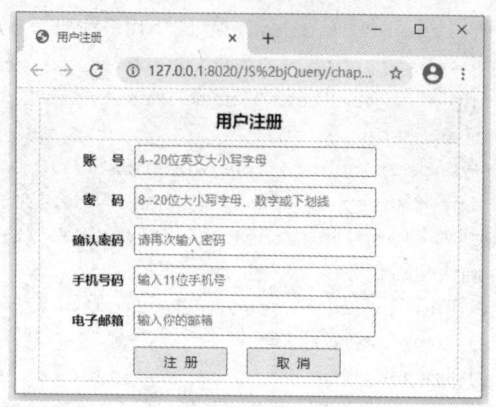

图9-4 用户注册页面

(3) 编写对输入内容验证的 JavaScript 事件代码。

① 编写 input 元素的失去焦点事件。

输入框的失去焦点事件，用于输入框失去焦点时，对用户输入信息进行验证。

```
//获取所有的input元素(输入框)
var inputs=document.getElementsByTagName('input');
//对每个input元素添加失去焦点事件
for(var i=0;i<inputs.length-1;i++){
    inputs[i].onblur=inputBlur;// 输入框失去焦点时，调用inputBlur()函数进行验证
}
```

以上代码中，首先获取所有的 input 元素，然后为每个 input 元素添加失去焦点事件。当用户输入内容后，输入框失去焦点时，触发 onblur 事件，调用 inputBlur()函数对用户输入的信息进行验证。

② 编写 inputBlur()事件处理函数。

inputBlur()函数用于对输入框的输入信息进行验证，并给出验证出错时的提示信息。

```
function inputBlur(){
    var name=this.name;            //获取input元素的name属性值
    var val=this.value;            //获取input元素的value属性值
    var tips=this.placeholder;     //获取input元素的placeholder属性值
    var label=this.nextSibling;    //获取对应的label
    val=val.trim();                //去掉输入内容两端的空格
    if(!val){                      //如果输入内容为空
        errorShow(label,'输入框不能为空！');  //调用函数，显示出错提示信息
        return false;
    }
    var reg_msg=getRegMsg(name,tips);   //调用函数，获取正则表达式和出错提示信息
    if(reg_msg['reg'].test(val)){       //用户输入信息验证
        return true;                    //如果验证通过返回true
    }else{                              //否则显示出错提示信息
        errorShow(label,reg_msg['msg']);  //调用函数，显示出错提示信息
    }
}
```

以上代码中，首先获取对应<input>元素的各种属性的值，然后判断输入内容是否为空。如果为空，则在对应的 label 中显示提示信息"输入框不能为空"；如果不为空，调用函数 getRegMsg()获取对应的正则表达式和出错提示信息。最后用获取的正则表达式和 test()方法对用户输入的内容进行验证，如果验证通过就返回 true，验证失败则调用 errorShow()函数，在对应的 label 中显示错误提示信息。

③ 编写 getRegMsg()函数。

getRegMsg()函数用于获取对输入信息进行验证的正则表达式和验证出错时的提示信息。函数参数 name 接受主调函数传递的 input 元素的 name 属性值，参数 tips 接受传递的 input 元素的 placeholder 属性值(用于出错提示)。函数返回值是对应 input 元素的验证规则 reg 和出错提示信息 msg。

```
function getRegMsg(name,tips){
    var reg=msg='';
    switch(name){
        case 'username':
            reg=/^[a-zA-Z]{4,20}$/;  //验证账号的正则表达式
            msg=tips;
            break;
        case 'pwd1':
            reg=/^\w{8,20}$/;        //验证密码的正则表达式
            msg=tips;
            break;
        case 'pwd2':
            var txt=document.form1.pwd1.value;  //获取输入的密码
                    reg=RegExp('^'+txt+'$');//验证两次密码是否相同的正则表达式
            msg='两次密码不同';
            break;
        case 'tel':
            reg=/^1[34578]\d{9}$/;   //验证手机号的正则表达式
            msg=tips;
            break;
        case 'email':
            reg=/^(\w+(\_|\-|\.)*)+@(\w+(\-)?)+(\.\w{2,})+$/;//邮箱验证规则
            msg="邮箱格式不对！";
            break;
    }
    return {'reg':reg, 'msg':msg};
}
```

以上代码中，switch 语句根据参数 name 的值(input 元素的 name)设置对应的验证规则和出错提示信息。账号的验证规则是/^[a-zA-Z]{4,20}$/，匹配只包含大小写英文字母，且长度在 4~20 之间的字符串。密码的验证规则是/^\w{8,20}$/，匹配由大小写英文字母、数字或下划线组成的长度在 8~20 之间的字符串。确认密码的验证规则是 RegExp('^'+txt+'$')，验证两次密码是否匹配。手机号的验证规则是/^1[34578]\d{9}$/，匹配 11 位的手机号，它以 1 开头，第 2 位数字是 3、4、5、7、8 中的一个，剩余的数字可以是 0~9 之间的任意数

字。邮箱的验证规则是/^(\w+(_|\-|\.)*)+@(\w+(\-)?)+(\.\w{2,})+$/，匹配 email 地址，它由三部分组成，分别为用户名、"@"符号和邮箱域名，其中，域名由字母、数字、短线"-"和域名后缀组成，并且域名后缀至少由 2 个字符构成。

④ 编写 errorShow()函数。

errorShow()函数用于在对应的 label 中显示出错提示信息。函数参数 obj 接受主调函数传递的 label，参数 msg 接收传递的错误提示信息。

```
function errorShow(obj,msg){
    obj.className='error';      //错误提示信息的样式
    obj.innerHTML=msg;          //显示错误提示信息
}
```

⑤ 编写输入框的获取焦点事件代码。

为每个 input 元素添加获取焦点事件，实现当输入框获取焦点时，触发 onfocus 事件，把对应 label 中曾经的提示信息清除。

```
for(var i=0;i<inputs.length-1;i++){
    inputs[i].onfocus=inputFocus;
}
function inputFocus(){
    var tips_obj=this.nextSibling;
    tips_obj.innerHTML="";
}
```

以上代码中，this.nextSibling 用于获取当前元素相邻的下一个节点，即当前输入框对应的 label 元素，然后清除其中的内容。

⑥ 编写取消按钮的事件代码。

定义表单的 reset 事件，实现单击"取消"按钮时清除所有 label 中的内容。

```
//获取表单对象
var register=document.getElementById('register');
//定义 reset 事件，对所有的 label 清空
register.onreset=function(){    //表单的 reset 事件
    var labels=document.getElementsByTagName('label');    //获取所有的 label
    for(var i=0;i<=labels.length-1;i++){
        labels[i].innerHTML="";    //对每个 label 清空
    }
return true;//返回 true
};
```

以上代码中，首先获取表单对象，然后定义表单的 reset 事件，实现获取所有的 label 元素，并对其逐个赋值空字符串，同时将所有的 input 输入框重置为默认值。

9.6 本章小结

本章主要介绍了正则表达式的概念、正则表达式的语法规则、与正则相关的方法和属

性,以及常见的正则表达式案例。通过本章的学习,使读者熟练掌握正则表达式的书写,能利用正则表达式完成 Web 开发中的各种字符串格式验证需求。

9.7 练 习 题

一、填空题

1. 正则表达式的创建方式有两种,一种是_____,另一种是_____。

2. 正则表达式就是一个字符串格式的规则,是由_____字符(例如英文字母、数字等)以及_____字符(例如元字符、限定字符等)组成的文字模式。

二、根据要求,写出正确的正则表达式

1. 要求:验证是否为手机号,第一位是(1),第二位则为(3,4,5,7,8),第三位则是(0~9)并且匹配9个数字。

2. 要求:绝对路径变相对路径。比如:<img src="http://m.163.com/images/163.gif" /> 替换成 <img src="/images/163.gif" />,要替换 http:// 和后面的域名,直到第一个/为止。

3. 要求:匹配身份证号,身份证号为15位或者18位,最后一位为数字或者X。

4. 要求:删除字符串两端的空格。

三、编程题

设计如图 9-5 所示的注册页面,对用户名、邮箱、密码输入框定义 blur 事件进行输入验证,对确认密码输入框定义 keyup 事件验证和密码是否一致,验证信息都在控制台输出,对提交按钮定义 submit 事件进行表单验证,验证失败弹出提示信息。

图 9-5 注册页面

第 10 章　jQuery 的元素操作

jQuery 是一个兼容多浏览器的 JavaScript 库，利用 jQuery 可以使开发人员更加便捷地操作文档对象、选择 DOM 元素、制作动画效果、进行事件处理、使用 Ajax 以及其他功能。使用 jQuery 提供的选择器，可以选择元素的样式、内容、属性等，可以通过 DOM 实现对页面中各种元素的操作。

本章的学习目标

- 了解 jQuery 的特点和功能
- 掌握 jQuery 中代码的编写
- 掌握 jQuery 选择器的分类
- 掌握 jQuery 中元素样式的操作方法
- 掌握 jQuery 中元素属性的操作方法
- 掌握 jQuery 中各种 DOM 的操作方法

10.1　jQuery 概述

jQuery 是一个快速、简洁的 JavaScript 框架，它封装了 JavaScript 常用的功能代码，提供了一种简便的 JavaScript 设计模式，使程序员从设计和编写烦琐的 JavaScript 代码中解放出来，将关注点转向功能而非实现细节上，从而提高了项目的开发速度。

1. jQuery 简介

jQuery 是由 John Resig 等于 2006 年创建的一个开源项目，它兼容 CSS3 和各种浏览器(IE6.0+、Safari2.0+、Opera9.0+)，能够快速、简洁地处理、HTML 文档，控制事件，操作 DOM，给页面添加动画和 Ajax 效果。其简洁而又优雅的代码风格改变了 JavaScript 程序的设计思路和程序编写方式。

jQuery 概述

2. jQuery 的特点

jQuery 是继 prototype 之后又一个优秀的轻量级 JavaScript 框架。jQuery 设计的宗旨是倡导写更少的代码，做更多的事情。jQuery 的核心特性可以总结为：具有独特的链式语法和短小清晰的多功能接口；具有高效灵活的 CSS 选择器，并且可对 CSS 选择器进行扩展；拥有便捷的插件扩展机制和丰富的插件。

3. 配置 jQuery 开发环境

jQuery 库文件是开源免费的，可以从 jQuery 的官方网站 https://jQuery.com/ 直接下载。jQuery 库分为两种：一种是可以调试的开发版(Development)，包含注释，没有经过压缩，相对较大，在开发环境中使用；另一种是经过压缩处理的产品版(Production)，库文件较小，加载的时间短，在运行环境中使用。

jQuery 是一个单独的 JavaScript 文件，不需要安装，只要把下载的 jQuery.js 文件放到网站的公共位置，在需要使用的 HTML 页面中引入该库文件的位置即可，代码如下。

```
<script src="js/jquery-3.0.0.min.js"></script>
```

4. jQuery 代码的编写

jQuery 代码完全符合 JavaScript 的语法规则。

jQuery 语句主要包含三大部分：$()、document 和 ready()，分别被称为工厂函数、选择器和方法。语法如下。

```
$(selector).action();
```

美元符号"$"表示 jQuery 类，也就是说"$()"等价于"jQuery()"，即 jQuery 的构造函数。

最常使用的 jQuery 基础方法是 ready()，代码如下。

```
$(document).ready(function(){
    //script goes here
});
```

或者简写为：

```
$(function(){
    //script goes here
});
```

以上 jQuery 代码的功能与传统的 JavaScript 代码中的 window.onload()方法类似，当页面被载入时自动执行。

案例 10-1-1 页面加载后，弹出欢迎框。

```
<html>
    <head>
        <meta charset="UTF-8">
        <title>jQuery 程序</title>
    </head>
    <body>
        <script src="js/jquery-3.0.0.min.js"></script>
        <script type="text/javascript">
            $(document).ready(function(){
                alert('欢迎访问本网站！');
            });
        </script>
    </body>
</html>
```

或者，jQuery 代码变形如下。

```
<script type="text/javascript">
```

```
$(function(){
        alert('欢迎访问本网站！');
});
</script>
```

10.2　jQuery 的选择器

在程序开发过程中，经常需要对 HTML 元素进行操作，在操作前必须先选择对应的 DOM 元素。为此，jQuery 提供了类似 CSS 选择器的机制，利用 jQuery 的选择器可以轻松地获取 DOM 元素。

利用 jQuery 选择器获取元素的基本语法为"$(选择器)"，根据选择器获取方式的不同，大致可以分为基本选择器、层级选择器、过滤选择器和表单选择器等，下面将分别介绍各个选择器的使用。

10.2.1　基本选择器

基本选择器是 jQuery 中最常用、最简单的选择器，它通过 HTML 标签的 id、class 和标签名等来查找 DOM 元素。基本选择器如表 10-1 所示。

基本选择器

表 10-1　基本选择器

选择器	功能描述	示　　例
#id	根据指定的 id 匹配一个元素	$('#d1')选取 id 为 d1 的元素
.class	根据指定的类名匹配所有元素	$('.d2')获取所有 class 为 d2 的元素
element	根据指定的元素名称匹配所有元素	$('div')获取所有的<div>元素
selector1,…,selectorN	将每一个选择器匹配到的元素合并后返回	$('#d1,.d2')同时获取所有 id 为 d1 和 class 为 d2 的元素

为了方便读者的理解，下面通过案例 10-2-1 进行演示。

案例 10-2-1　基本选择器的应用，关键代码如下。

```
<html>
<body>
<div id="d1">第一个 DIV</div>
<div class="d2">第二个 DIV</div>
<div>第三个 DIV</div>
<script src="js/jquery-3.0.0.min.js"></script>
<script>
$(function(){
        $('#d1').css("background","yellow");//选取 id 为 d1 的元素，设置黄色背景
        $('.d2').css('fontSize','30px');//选取 class 为 d2 的元素,设置文本大小为 30px
        $('div').css('border','5px solid green');//选取所有的 div 元素，设置边框效果
        $('#d1,.d2').css('color','red');
          //获取所有 id 为 d1 和 class 为 d2 的元素，设置文字颜色为红色
```

```
        });
    </script>
</body>
</html>
```

以上代码实现了通过 HTML 标签的 id、class 和标签名等来查找 DOM 元素,进而对获取的元素进行样式设置。

10.2.2 层次选择器

除了可以通过 id、class 和标签名等来查找 DOM 元素外,还可以通过 DOM 元素之间的层次关系来获取特定元素。jQuery 提供了层次选择器,可以使用指定符号(空格、>、+、~)完成多层级元素之间的选择,方便地获取后代元素、子元素、相邻元素和同辈元素等。层次选择器的具体用法和示例如表 10-2 所示。

层次选择器

表 10-2 层次选择器

选 择 器	功能描述	示 例
ancestor descendant	选取祖先 ancestor 元素中的所有后代 descendant 子元素	$("#menu li")选取#menu 下所有的<li>元素
parent > child	选取父元素 parent 下的所有直接子元素 child	$('#menu>li') 选取#menu 下的第一级<li>元素
prev + next	选取紧邻 prev 元素的下一个同级元素 next	$('#menu+ul') 选取#menu 下紧邻的<ul>元素
prev ~ siblings	选取 prev 元素的所有同级元素 siblings	$('#menu~ul')选取#menu 下的所有同级<ul>元素

从表 10-2 中可以看出,利用 jQuery 层次选择器可以轻松地获取某个元素下的所有指定的后代元素、子元素、下一个兄弟元素等,下面通过案例 10-2-2 进行演示。

案例 10-2-2 选择无序列表的子元素和下级子元素并设置样式,关键代码如下。

```
<html>
<body>
    <div>
        <ul id="menu">
            <li>    主菜单 1
                <ul>    <li>子菜单 11</li> <li>子菜单 12</li> <li>子菜单 13</li> </ul>
            </li>
            <li>    主菜单 2
                <ul>    <li>子菜单 21</li> <li>子菜单 22</li> <li>子菜单 23</li> </ul>
            </li>
        </ul>
<ul><li>ABCD</li></ul>
```

```
            <ul><li>EFGH</li></ul>
        </div>
<script src="js/jquery-3.0.0.min.js"></script>
<script>
    $("#menu li").css('color','red');    //#menu 下所有的 li 文字颜色为红色
    $('#menu>li').css('color','blue');   //#menu 下的第一级 li 文字颜色为蓝色
$('#menu+ul').css('color','green');      //#menu 下紧邻的 ul 文字颜色为绿色
    $('#menu~ul').css('color','#444');   //#menu 下同级的 ul 文字颜色为黑色
</script>
</body>
</html>
```

以上代码实现了利用 jQuery 层次选择器获取某个元素下的所有指定的后代元素、子元素、下一个兄弟元素等，进而对获取的元素进行样式设置。

10.2.3 过滤选择器

过滤选择器主要是通过特定的过滤规则来筛选出所需要的 DOM 元素。按照不同的过滤规则，过滤选择器可以分为基本过滤选择器、内容过滤选择器、可见性过滤选择器、属性过滤选择器和子元素过滤选择器等。

过滤选择器-基本过滤选择器

1. 基本过滤选择器

基本过滤选择器是 jQuery 过滤选择器中最常用的一种，它的过滤规则主要体现在元素的位置或索引上以及针对一些特定元素的过滤。常用的基本过滤选择器如表 10-3 所示。

表 10-3 基本过滤选择器

选择器	功能描述	示 例
:first	选取指定选择器中的第一个元素	$('li:first')选取第一个<li>元素
:last	选取指定选择器中的最后一个元素	$('li:last')选取最后一个<li>元素
:even	选取指定选择器中索引为偶数的元素，索引从 0 开始	$('li:even')选取所有<li>元素中带有偶数 index 值的元素(比如 index 为 0、2、4、6 的元素)
:odd	选取指定选择器中索引为奇数的元素，索引从 0 开始	$('li:odd')选取所有<li>元素中带有奇数 index 值的元素(比如 index 为 1、3、5、7 的元素)
:eq(index)	选取索引号等于 index 的元素	$('li:eq(3)')选取索引为 3 的<li>元素
:gt(index)	选取索引号大于 index 的元素	$('li:gt(3)')选取索引大于 3 的所有<li>元素
:lt(index)	选取索引号小于 index 的元素	$('li:lt(3)')选取索引小于 3 的所有<li>元素
:not(selector)	选取除指定的选择器外的其他元素	$('li:not(li:first)')选取除第 1 个<li>之外的所有<li>元素
:focus	匹配当前获取焦点的元素	
:animated	选取当前正在执行动画的所有元素	

从表 10-3 可以看出，jQuery 中的基本过滤选择器和 CSS 中的伪类选择器很相似，下面通过案例进行学习。

案例 10-2-3 为表格不同的行设置不同的背景色，关键代码如下。

```
<body>
<table>
<tr><th>项目</th><th>分类 A</th><th>分类 B</th></tr>
<tr><td>项目 1</td><td>16</td><td>19</td></tr>
<tr><td>项目 2</td><td>28</td><td>20</td></tr>
<tr><td>项目 3</td><td>30</td><td>18</td></tr>
<tr><td>项目 4</td><td>22</td><td>25</td></tr>
<tr><td>项目 5</td><td>20</td><td>15</td></tr>
<tr><td>合计</td><td>116</td><td>97</td></tr>
</table>
<script src="js/jquery-3.0.0.min.js"></script>
<script>
$('tr:even').css('background','#EEE');   //所有偶数行设为黑色背景
$('tr:first').css('background','#BBB');  //第一行设为深灰色背景
$('tr:last').css('background','yellow'); //最后一行设为黄色背景
$('tr:not(tr:first)').css('color','red');//除第一行外，所有文本设置为红色
</script>
</body>
```

以上代码实现对表格的表头行、表尾行和奇数行分别设置不同的背景色。在浏览器中预览页面，效果如图 10-1 所示。

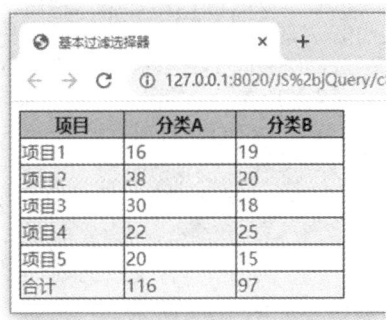

图 10-1 设置表格不同行的背景色

2. 内容过滤选择器

内容过滤选择器是根据元素中的文字内容或所包含的子元素特征选取元素的，具体用法如表 10-4 所示。

过滤选择器-内容过滤选择器

10-4 内容过滤选择器

选 择 器	功能描述	示 例
:contains(text)	选取内容包含 text 的元素	$("li:contains('主菜单')") 选取内容中包含"主菜单"的<li>元素

续表

选 择 器	功能描述	示 例
:empty	选取内容为空的元素	$("li:empty")选取内容为空的<li>元素
:has(selector)	选取内容中包含指定选择器的元素	$("li:has('a')") 选取内容中包含<a>元素的所有<li>元素
:parent	选取内容不为空的元素	$("li:parent")选取内容不为空的<li>元素

从表 10-4 可知，可以根据元素的内容(文本、后代选择器)，利用 jQuery 获取符合要求的所有元素。下面通过案例进行学习。

案例 10-2-4 根据元素的内容选择元素并设置其样式，关键代码如下。

```
<body>
    <div>
        <ul id="menu">
            <li>主菜单 1</li>
            <li><a href="">ABCD</a></li>
            <li><a href="">EFGH</a></li>
            <li>主菜单 2</li>
            <li><a href="">MNOP</a></li>
            <li><a href="">EFGH</a></li>
            <li></li>
        </ul>
    </div>
    <script src="js/jquery-3.0.0.min.js"></script>
    <script>
        $("li:contains('主菜单')").css({borderBottom:'3px solid #555',fontSize:'25px'});  //选取内容中包含"主菜单"的<li>元素
        //选取内容为空的<li>元素
        $("li:empty").css('borderBottom','2px solid #444');
        //选取内容中包含 a 元素的所有<li>元素
        $("li:has('a')").css('fontSize','18px');
        //选取内容不为空的<li>元素
        $("li:parent").css('lineHeight',"40px");
    </script>
</body>
```

在浏览器中运行文件，显示效果如图 10-2 所示。

3. 可见性过滤选择器

可见性过滤选择器是根据元素的可见和不可见状态来选择相应的元素，其过滤规则如表 10-5 所示。

图 10-2 内容过滤选择器应用

表 10-5 可见性过滤选择器

选 择 器	功能描述	示 例
:hidden	选取所有隐藏的元素	$("li:hidden")选取所有隐藏的<li>元素
:visible	选取所有可见的元素	$("li:visible")选取所有可见的<li>元素

从表 10-5 可知，当元素的 display 设置为 none 时，可以通过":hidden"获取隐藏的元素；当元素的 display 设置为 block 时，可以通过":visible"获取可见的元素。

4. 属性过滤选择器

属性过滤选择器的过滤规则是通过元素的属性来获取相应的元素，其过滤规则如表 10-6 所示。

过滤选择器-属性过滤选择器

表 10-6 属性过滤选择器

选 择 器	功 能 描 述	示 例
[attribute]	选取拥有此属性的元素	$("div[id]")选取拥有属性 id 的<div>元素
[attribute=value]	选取属性值等于 value 的元素	$("a[title=链接 11]")选取属性 title 的值等于"链接 11"的<a>元素
[attribute!=value]	选取属性值不等于 value 的元素	$("a[title!=链接 11]")选取属性 title 的值不等于"链接 11"的<a>元素
[attribute^=value]	选取属性值以 value 开头的元素	$("a[title^=链接]")选取属性 title 的值以"链接"开始的<a>元素
[attribute$=value]	选取属性值以 value 结束的元素	$("a[title$=1]") 选取属性 title 的值以 1 结束的<a>元素
[attribute*=value]	选取属性值包含 value 的元素	$("a[title*=1]") 选取属性 title 的值包含 1 的<a>元素
[selector1]…[selectorn]	选取匹配所有指定选择器的元素	$("a[target][title*=2]")选取拥有 target 属性并且 title 属性中含有 2 的<a>元素

案例 10-2-5 通过元素的属性选择元素，设置样式代码如下。

```
<body>
    <a href="" title="链接 11">ABCD</a>
    <a href="" title="链接 12">EFGH</a>
    <a href="" title="链接 21">RWST</a>
    <a href="" target="_blank">QWAS</a>
    <a href="" target="_blank"title="链接 22">ZXCV</a>
    <Script Src="js/jquery-3.0.0.min.js"></script>
    <script>
        $(document).ready(funetion(){
            $("a[target]").css('color','green');
            $("a[title^=链接]").css('color','blue');
            $("a[title $=1]").css('color','red');
            $("a[title =链接 12]").css('color','blue');
            $("a[title][title*=2]").css('color','orange');
        });
    </script>
<body>
```

5. 子元素过滤选择器

子元素过滤选择器的过滤规则是通过父元素和子元素的关系来获取相应的元素，其过滤规则如表 10-7 所示。

过滤选择器-子元素过滤选择器

表 10-7 子元素过滤选择器

选 择 器	功能描述	示 例
:nth-child(eq|even|odd|index)	获取父元素下的特定位置元素，索引号从 1 开始	$("li:nth-child(odd)")选取索引号为奇数的<li>元素
:first-child	获取父元素下的第一个子元素	$("li:first-child")选取第一个<li>元素
:last-child	获取父元素下的最后一个子元素	$("li:last-child")选取最后一个<li>元素
:only-child	获取父元素下的仅有一个子元素	$("li:only-child")选取只有一个元素的<li>元素

子元素过滤选择器的过滤规则相对于其他选择器稍微复杂些，要注意它与其他过滤选择器的区别。例如，:eq(index)只匹配一个元素，而:nth-child 会为每一个父元素匹配子元素，并且:nth-child(index)的 index 是从 1 开始的，而 eq(index)的 index 是从 0 开始的。

10.2.4 表单选择器

表单作为 HTML 中一种特殊的元素，操作方法较为多样性和特殊性，开发者不但可以使用常规选择器或过滤器选取表单元素，也可以使用 jQuery 为表单专门提供的选择器和过滤器准确地选取表单元素。

1. 表单元素选择器

为了使用户能更加方便、高效地使用表单，在 jQuery 选择器中引入了表单选择器，该选择器专为表单量身打造，通过它可以在页面中快速定位某种表单元素。其过滤规则如表 10-8 所示。

表单元素选择器

表 10-8 表单选择器

选择器	功能描述	示 例
:input	选取所有表单元素，包括<input>、<textarea>、<select>和<button>元素	$(":input")选取所有表单元素
:text	选取所有单行文本框	$(":text")选取所有单行文本框
:password	选取所有密码框	$(":password")选取所有密码框
:radio	选取所有单选按钮	$(":radio")选取所有单选按钮
:checkbox	选取所有复选框	$(":checkbox")选取所有复选框
:submit	选取所有提交按钮	$(":submit")选取所有提交按钮
:image	选取所有图像域	$(":image")选取所有图像域
:reset	选取所有重置按钮	$(":reset")选取所有重置按钮
:button	选取所有按钮，包括<button></button>和 type="button"	$(":button")选取所有的按钮
:file	选取所有文件域	$(":file")选取所有文件域
:hidden	选取所有隐藏域	$(":hidden")选取所有隐藏域

需要注意的是，选择器"$('input')"和"$(':input')"虽然都可以获取表单元素，但是它

们获取的元素有一定的区别，前者仅能获取表单标签是<input>的控件，后者则可以同时获取页面中所有的表单控件，包括表单标签是<select>和<textarea>的控件。

2. 表单对象属性过滤选择器

表单对象属性过滤选择器主要是对所选择的表单元素进行过滤，如选择下拉列表框中被选中的选项、复选框等元素。其过滤规则如表 10-9 所示。

表 10-9 表单对象属性过滤选择器

选择器	功能描述	示 例
:enabled	选取所有可用的元素	$("#form1 input:enabled")选取表单中可用的<input>元素
:disabled	选取所有不可用的元素	$("#form1 input:disabled")选取表单中不可用的<input>元素
:checked	选取所有被选中的元素(单选按钮、复选框等)	$("input:checked")选取所有被选中的<input>元素
:selected	选取所有被选中的选项元素(下拉列表)	$("select :selected")选取下拉列表框中被选中的选项

表单对象属性过滤选择器经常与表单元素选择器结合使用，用来选择表单元素。为了便于理解，下面通过案例学习表单控件的用法。

案例 10-2-6 用表单控件选取页面中的表单控件，关键代码如下。

```
<body>
    <form name="form1">
    账  号<input type="text"><br/>
    密  码<input type="password"><br/>
    确认密码<input type="password"><br/>
    性别<input type="radio" name='sex' value="1" checked="checked">男
        <input type="radio" name='sex' value="2" >女<br />
    爱好<input type="checkbox"  value="1">旅游
        <input type="checkbox"  value="2">上网
        <input type="checkbox"  value="3">读书
        <input type="checkbox"  value="4">运动<br />
    年龄<input type="number" value="25" min='16'><br/>
        <button type="submit">提交</button>
        <button type="reset">重置</button>
    </form>
<script src="js/jquery-3.0.0.min.js"></script>
<script>
    $(document).ready(function(){
        $(':password').css('border',"1px solid green");
        var a=$(':radio:checked').val();//获取选中的单选按钮的值
        console.log("性别是:"+(a==1?'男':'女'));//输出"性别是男"
        $(':checkbox').attr('checked','checked');//设置所有的复选框为选中状态
        var n=$(':input').length;  //n=12
        console.log("表单中的控件总数为: "+n);
```

```
        });
    </script>
</body>
```

10.3 jQuery 中元素内容的操作

jQuery 提供了一系列方法用于返回和设置被选择元素的内容,这些方法主要有 html()、text()和 val()。具体使用说明如表 10-10 所示。

jQuery 中元素内容的操作

表 10-10 元素内容操作方法

方 法	说 明
html()	获取第一个匹配元素的 html 内容
html(context)	设置第一个匹配元素的 html 内容
text()	获取所有匹配元素包含的文本内容组合起来的文本
text(context)	设置所有匹配元素的文本内容
val()	获取表单元素的 value 值
val(value)	设置表单元素的 value 值

html()、text()、val()这 3 种方法都是用来读取选定元素的内容。html()方法用来读取元素的 HTML 内容(包括其 HTML 标签),text()方法用来读取元素的纯文本内容(包括其后代元素), val() 方法用来读取表单元素的 value 值。其中,html()和 text()方法不能在表单元素上使用,而 val()方法只能在表单元素上使用。如果 text()方法被应用在多个元素上时,将会读取所有选中元素的文本内容。

案例 10-3-1 实现修改商品购买数量并计算总金额,关键代码如下。

```
<body>
    <div>
        <p>商品价格:<span id="price">34.5</span></p>
        <p>购买数量 <input type="text" value='1' id="number">
            <input type="button" value="+"  id="plus"/>
            <input type="button" value="-"  id="minus"/>
        </p>
        <p><input type="button" value="合计"  id="cal"/>
            总金额:<span id="total">0.0</span>
</p>
    </div>
    <script src="js/jquery-3.0.0.min.js"></script>
    <script>
        $(function(){
            var price=parseFloat($('#price').html());//获取单价
            var num=parseInt($('#number').val());//获取数量
            //单击加按钮实现数量加 1
            $('#plus').click(function(){
                num++;
```

```
            $('#number').val(num);
        });
        //单击减按钮实现数量减1
        $('#minus').click(function(){
            if(num>1){num--;}
            $('#number').val(num);
        });
        //单击合计按钮实现金额合计
        $('#cal').click(function(){
            var zj=price*num;
            //显示总金额
            $('#total').html(zj);
        });
    });
</script>
</body>
```

在浏览器中运行文件，效果如图 10-3 所示。

单击图 10-3 中的"+"和"-"按钮，修改商品的购买数量，单击"合计"按钮，获取商品的价格和数量进行运算，并把运算结果显示在页面上。

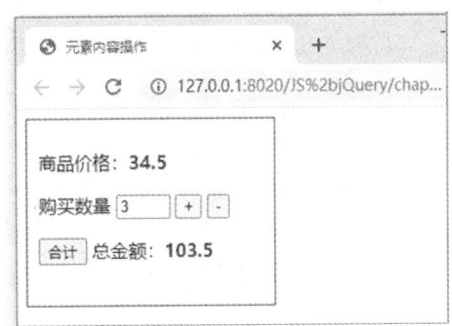

图 10-3　元素内容操作

10.4　jQuery 中元素样式的操作

在程序开发中，经常需要设置元素的样式。在 jQuery 中，可以很方便地设置元素的样式。操作元素样式时可以直接设置元素的 style 属性，也可以操作元素的 class 属性动态设置元素的样式。

10.4.1　元素样式操作

元素样式操作就是直接获取或设置元素的 style 属性，常用的样式操作方法如表 10-11 所示。

样式的操作

表 10-11　元素样式操作方法

方　　法	说　　明	示　　例
css(name)	获取第一个匹配元素的样式属性值	alert($("div").css("color"));
css(properties)	将一个"名/值"对形式的对象设置为所有匹配元素的 CSS 属性	$("div").css({border:"solid 3px red",color:"red", fontSize:"20px"})
css(name,value)	为所有匹配的元素设置指定的 CSS 属性，如果 CSS 属性的值是数字默认为像素值	$("div").css("border-width","5");

需要注意的是，css()方法中传递的参数如果是对象，需要去掉 CSS 属性中的"-"，并将第 2 个单词的首字母变为大写。下面通过案例进行学习。

案例 10-4-1　单击按钮更改选择元素的样式，关键代码如下。

```
<body>
    <div id="d1">
        <p> <button id="btn1">风格 1</button>
         <button id="btn2">风格 2</button></p>
            <p class="p1" id="pp" >Reset 事件通常也是在标签中声明的，它会关联到表单中的 Reset 按钮，当用户在表单中完成信息输入后，若单击 Reset 按钮，将触发 Reset 事件，会清除表单中所有控件中已经输入的信息，便于用户重新输入。</p>
    </div>
<script src="js/jquery-3.0.0.min.js"></script>
<script>
$(document).ready(function(){
    $('#btn1').click(function(){
        //两种语法都可以实现设置 CSS 样式
        //$('#d1').css({color:'red',backgroundColor:'#EEE',fontFamily:'微软雅黑',fontSize:"17px"});
        $('#d1').css({'color':'red','background-color':'#EEE','font-family':'微软雅黑','font-size':"17px"});
});
        $('#btn2').click(function(){
            //两种语法都可以实现设置 CSS 样式
        $('#d1').css({color:'blue',backgroundColor:'#EEE',fontFamily:'隶书',fontSize:"20px"});
        $('#d1').css({'color':'blue','background-color':'#EEE','font-family':'隶书','font-size':"20px"});
    });
});
</script>
</body>
```

保存文件，浏览网页，效果如图 10-4 所示。

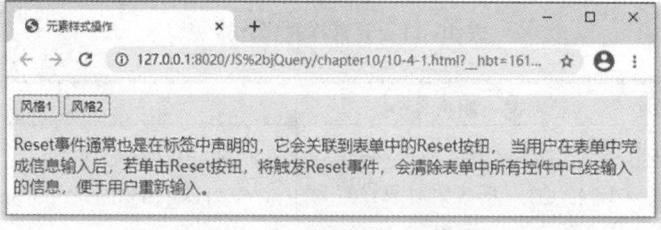

图 10-4　单击按钮更改选择元素的样式

单击图 10-4 中的"风格 1"和"风格 2"按钮，给选择的元素设置指定的 CSS 样式。

10.4.2 元素的大小和偏移操作

jQuery 提供了 width() 方法和 height()方法，用来获取或设置匹配元素的当前宽度和高度，提供了 offset()方法，用来设置或获取匹配元素相对于文档的偏移坐标。元素大小和偏移操作的具体使用方法如表 10-12 所示。

元素的大小和偏移操作

表 10-12 元素大小和偏移操作方法

方法	说明	示例
width()	获取第一个匹配元素的当前宽度值(返回数值型结果)	$("div").width()
width(value)	为所有匹配的元素设置宽度值(可以是字符串或数字)	$("div").width(300)
height()	获取第一个匹配元素的当前高度值(返回数值型结果)	$("div"). height()
height(value)	为所有匹配的元素设置高度值(可以是字符串或数字)	$("div"). height(300)
offset()	返回元素的位置对象，包含 top 和 left 属性	w=$("div").offset(); alert("位置:"+w.left+","+w.top);
offset (properties)	设置匹配元素的偏移坐标，必须包含 left 和 top 属性	$("div").offset({left:200,top:300});

案例 10-4-2 单击图片修改它的大小和位置，关键代码如下。

```
<body>
<div>   <img src="img/pic1.jpg" >  </div>
<script src="js/jquery-3.0.0.min.js"></script>
<script>
    $('img').click(function (){
        var w=$('img').offset();    //获取元素的位置
        $('img').width(200);        //设置元素的宽度
        $('img').height(120);       //设置元素的高度
        $("img").offset({left:200,top:100});   //设置元素的位置
    });
</script>
</body>
```

以上代码中，通过 width()方法设置图片的宽度，使用 height()方法设置图片的高度，用 offset()方法设置图片的位置。保存文件，在浏览器中运行，显示效果如图 10-5 所示。单击图片后，图片的大小和位置被重新设置，显示效果如图 10-6 所示。

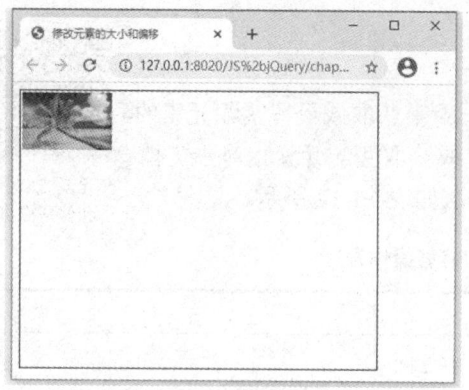

图 10-5　网页初始效果

图 10-6　单击图片后效果

10.4.3　元素样式类操作

为了方便设置元素的样式，jQuery 专门提供了针对 class 属性操作的方法，其具体使用方法如表 10-13 所示。

元素样式类操作

表 10-13　元素样式类操作方法

方　法	说　明	示　例
hasClass(class)	判断元素是否包含指定的 css 类，如果有则返回 true	alert($("p").hasClass("b1"));
addClass(classes)	为匹配的元素添加指定的 css 类	$("p").addClass("c1 b1");
removeClass([classes])	从元素中移除全部或指定的 css 类	$("p").removeClass("c1 b1");
toggleClass(classes)	如果存在(不存在)就删除(添加)指定类	$("p").toggleClass("c1");

下面通过案例学习元素样式类的操作。

案例 10-4-3　如图 10-7 和图 10-8 所示，单击图中的"电灯开关"按钮，在两种页面效果之间切换，实现开灯和关灯效果。

图 10-7　关灯效果

图 10-8　开灯效果

单击按钮时，移除或设置覆盖在图片上面的 div 元素的类样式 d2，实现开灯关灯效果，关键代码如下。

```
<html>
<head>
    <style>
        #d0{position: relative;}
        .pic1{position: absolute;top:0;left:0;width: 500px;height:300px;}
        .d1{position: absolute;top:0;left:0;width:500px;height:300px;
        opacity: 0.7;background:#000000;}
        .d2{opacity: 0;}
        button{position: absolute;top:310px;}
    </style>
</head>
<body>
    <div id="d0">
        <img src="img/pic1.jpg" class="pic1">
        <div class="d1" id="d1"></div>
    </div>
    <button>电灯开关</button>
    <script src="js/jquery-3.0.0.min.js"></script>
    <script>
        $('button').click(function(){     //两种方法都可以实现
            //判断元素如果有类样式 d2 就移除，没有就加上，实现切换效果
            if($('#d1').hasClass('d2')) {$('#d1').removeClass('d2');}
            else $('#d1').addClass('d2');
            //如果不存在则添加类，如果已设置则删除，实现切换效果
            //$('#d1').toggleClass('d2');
        });
    </script>
</body>
</html>
```

以上代码中，使用 hasClass()方法判断元素是否有指定的样式类，如果有用 removeClass()方法移除，否则通过 addClass()方法添加样式类，也可以使用 toggleClass()方法实现样式类的移除和设置。

10.5 jQuery 中元素属性的操作

HTML 标签具有各种各样的属性，jQuery 中提供了 attr()和 prop()方法，用于设置或获取匹配元素的属性值，它们的具体用法如表 10-14 所示。

表 10-14 基本属性操作方法

语 法	说 明
attr(name)	获取第一个匹配元素的属性值，否则返回 undefined
attr(properties)	将一个键值对形式的对象设置为所有匹配元素的属性

续表

语 法	说 明
attr(name,value)	为所有匹配的元素设置属性值
attr(name,function)	把函数的返回值设置为所有匹配元素的 name 属性值
prop(name)	获取第一个匹配元素的属性值,否则返回 undefined
prop(properties)	将一个键值对形式的对象设置为所有匹配元素的属性
prop(name,value)	为所有匹配的元素设置属性值
prop(name,function)	把函数的返回值设置为所有匹配元素的 name 属性值
removeAttr(name)	从匹配的元素中删除属性

prop()常用来操作标签的状态,比如 disabled 属性、checkbox 的 checked 属性、select 的 selected 属性等,而 attr()常用来操作标签的属性。

1. attr()方法

jQuery 中用 attr()方法来获取和设置元素属性,attr 是 attribute(属性)的缩写,在 jQuery DOM 操作中会经常用到 attr()方法。

案例 10-5-1 单击图片,更改图片的属性,实现更换图片及图片样式,代码如下。

```
<html>
    <head>
        <style>
            img{width: 300px;}
            .a{border: 5px solid #11BB99;}
            .b{border: 5px solid #EE9900;}
        </style>
    </head>
    <body>
        <img src="img/pic1.jpg" id="pic1"  class="a">
        <script src="js/jquery-3.0.0.min.js"></script>
        <script>
            //单击图片,更改图片的属性,实现图片样式更改
            var i=0;
            $('#pic1').click(function(){
                if(i%2==0){
                    //$('#pic1').attr('src','img/pic2.jpg');
                    //$('#pic1').attr('class','b');
                    //上面的两行代码,可以合并为下边一行代码实现功能
                    $("#pic1").attr({src:'img/pic2.jpg',class:'b'});
                    i++;
                }
                else{
                    $('#pic1').attr('src','img/pic1.jpg');
                    $('#pic1').attr('class','a');
                    //$("#pic1").attr({src:'img/pic1.jpg',class:'a'});
                    i++;
```

jQuery 中元素属性的操作-attr()方法

```
                    }
                });
            </script>
        </body>
</html>
```

以上代码中,通过attr("属性名":"属性值")方法设置元素的属性值,也可以用键值对的形式,通过attr(properties)方法给指定元素设置多个属性值,即通过attr({属性名1: "属性值1", 属性名2: "属性值2", … })的形式,给所有匹配元素批量设置多个属性。保存并运行文件,单击图片,显示效果在图10-9和图10-10之间切换。

图10-9 图片样式1

图10-10 图片样式2

注意:attr()是从页面搜索获得元素值,所以页面必须明确定义元素和元素属性才能获取或设置它的值,对不存在的元素或元素属性操作会报错。

2. prop()方法

prop()方法用于设置或返回当前 jQuery 对象所匹配的元素的属性值,一般用于获取或设置元素的 checked、disabled、selected 等固有属性。下面通过案例学习。

案例 10-5-2 用 jQuery 实现对复选框的全选、不选和反选功能,关键代码如下。

```
<body>
    <button id="allcheck">全选</button>
    <button id="invertcheck">反选</button><br/>
    <div id="ch">
        <input type="checkbox" >选项信息1<br />
        <input type="checkbox" >选项信息2<br />
        <input type="checkbox" >选项信息3<br />
        <input type="checkbox" >选项信息4
    </div>
    <script src="js/jquery-3.0.0.min.js"></script>
    <script type="text/javascript">
        $("#allcheck").click(function() {
            //把所有复选框选中
            $("#ch input:checkbox").each(function(index, element) {
                $(element).prop("checked", true);
```

jQuery 中元素属性
的操作-prop()方法

```
            });
         });
         $("#invertcheck").click(function() {
            //遍历所有复选框，然后取值进行 !非操作
            $("#ch input:checkbox").each(function(index, element) {
               $(element).prop("checked", !$(element).prop("checked"));
            });
         });
      </script>
   </body>
```

以上代码实现了对匹配到的复选框进行遍历，设置 checked 属性，从而实现复选框的全选和反选功能，运行结果如图 10-11 所示。

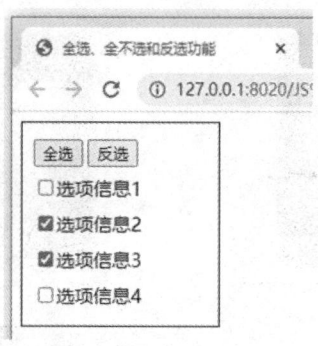

图 10-11 操作复选框

代码中的 each()方法可以遍历匹配到的所有元素，该方法的参数是一个回调函数，每个匹配的元素都会执行这个函数。在回调函数中，index 表示当前元素的索引位置(从 0 开始)，element 表示当前元素。

10.6 元素的筛选和查找

虽然使用 jQuery 选择器可以很方便地获取符合一定条件的 HTML 元素，但有时需要根据 HTML 元素的具体情况进一步查找元素集中的元素，这时就可以使用 jQuery 提供的元素过滤和查找方法来实现此功能，具体如表 10-15 所示。

元素的筛选和查找

表 10-15 元素的筛选和查找方法

语 法	说 明	示 例
eq()	筛选出指定索引号的元素	$("p").eq(1)，获取第 2 个<p>元素
hasClass()	检查匹配元素是否含有指定类	$("p").hasClass('p2')，如果<p>元素含有样式类.p2，则返回 true，否则返回 false
filter()	筛选出与指定表达式匹配的元素集合	$("p").filter('.p1')，获取应用了类样式.p1 的所有<p>元素

续表

语 法	说 明	示 例
children()	筛选出满足指定条件的子元素	$("div").children('.p2')，获取 div 中应用了类样式.p2 的所有子元素
find()	查找满足条件的所有子元素	$("div").find('.p2')，获取 div 中应用了类样式.p2 的所有子元素
parent()	获取指定元素的直接父元素	$('.p4').parent()，获取应用了类样式.p4 的元素的直接父元素
siblings()	获取指定元素的所有同级元素	$('.p3').siblings()，获取应用了类样式.p3 的元素的所有同级元素
next()	获取指定元素的紧邻的同级的下一个元素	$('#d3').next()，获取应用了 id 样式#d3 的元素紧邻的下一个同级元素
prev()	获取指定元素的紧邻的同级的上一个元素	$('#d3').prev()，获取应用了 id 样式#d3 的元素紧邻的上一个同级元素

表 10-15 列举了元素查找和过滤的常用语法、说明和操作示例。

下面通过折叠菜单的实现技术，进一步学习 jQuery 元素操作的方法。

案例 10-6-1　使用 jQuery 实现折叠菜单的功能，具体步骤如下。

(1) 设计 HTML 网页，代码如下。

```html
<body>
<div class="fold">
<ul> <li> <a href="#">信息管理</a>
        <ul class="wrap">
            <li><a href="#">未读信息</a></li>
            <li><a href="#">已读信息</a></li>
            <li><a href="#">信息列表</a></li>
        </ul>
    </li>
    <li> <a href="#">商品管理</a>
        <ul class="wrap">
            <li><a href="#">商品添加</a></li>
            <li><a href="#">商品列表</a></li>
            <li><a href="#">商品分类</a></li>
        </ul>
    </li>
    <li> <a href="#">用户管理</a>
        <ul class="wrap">
            <li><a href="#">权限设置</a></li>
            <li><a href="#">用户列表</a></li>
            <li><a href="#">重置密码</a></li>
        </ul>
    </li>
</ul>
</div>
</body>
```

以上代码，用无序列表实现导航菜单，其中嵌套的无序列表是可以被折叠的子菜单。

(2) 编写 CSS 样式规则，代码如下。

```
<style>
    ul{list-style:none;padding:0;margin:0}
    .fold{width:150px;border:1px solid #515E7B;margin:10px;}
    .fold li{background:#515E7B;border-bottom:1px solid #fff;}
    .fold li a{text-decoration:none;color:#fff;font-size:16px;height:40px;
            line-height:40px;padding-left:10px;}
    .fold li a:hover{text-decoration:underline;}
    .wrap {display:none;}      /*嵌套的无序列表及子菜单不显示*/
    .wrap li{background: #EEE;}     /*重新定义嵌套 li 的背景*/
    .wrap li a{color:#334455;font-size:14px;}/*重新定义嵌套 li 的超链接的样式*/
</style>
```

以上代码中，首先定义了无序列表、列表项和超链接的样式，即所有菜单项的样式。然后重新定义了嵌套的无序列表项及超链接的样式，即子菜单的样式。

(3) 编写 jQuery 代码，实现菜单的折叠功能，代码如下。

```
<script src="js/jquery-3.0.0.min.js"></script>
<script>
        // 默认情况下，显示第一个分类下的菜单
        $('.fold>ul>li:first').find('.wrap').css({display: 'block'});
        // 根据用户单击，折叠或展开对应的菜单
        $('.fold>ul>li').click(function () {
          $(this).siblings('li').find('.wrap').css({display: 'none'});
          //折叠所有子菜单
          $(this).find('.wrap').css({display: 'block'});   //展开当前子菜单
        });
</script>
```

以上代码中，首先找到第一个列表项下的子菜单，设置为显示。然后设置列表项的单击事件，实现隐藏所有子菜单项并显示当前菜单项。

保存文件，在浏览器中运行文件，效果如图 10-12 所示，单击菜单项后，效果如图 10-13 所示。

图 10-12　折叠菜单效果 1

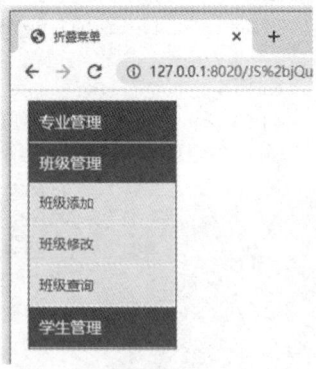

图 10-13　折叠菜单效果 2

10.7 jQuery 中的 DOM 操作

在实际应用中，经常需要动态创建 HTML 页面元素，使 HTML 页面根据用户的操作在浏览器中呈现不同的效果，从而达到人机交互的目的。当需要在页面中添加或移除内容时，就需要在 DOM 操作中进行页面元素的插入、删除、复制、替换等操作。

10.7.1 插入元素

当需要在页面上添加新的内容时，需要先创建新的元素(节点)。创建元素可以使用 jQuery 的工厂方法(工厂函数)，即$()方法，语法如下。

```
$(html);
```

创建一个<li>元素的代码如下。

```
var str=$("<li class='a'>abcd</li>");
```

jQuery 中的 DOM 操作-插入元素

创建元素后，需要将新创建的元素插入 HTML 文档中，才会在页面上显示。将新创建的节点(元素)插入 HTML 文档的方法如表 10-16 所示。

表 10-16 插入元素的方法

语 法	说 明
$ selector).append(content)	在被选元素的结尾(在内部)插入指定内容
$(selector).prepend(content)	在被选元素的开头(在内部)插入指定内容
$(content).appendTo(selector)	把指定内容插入在被选元素的结尾(在内部)
$(content).prependTo(selector)	把指定内容插入在被选元素的开头(在内部)
$(selector).after(content)	在被选元素后插入指定的内容
$(selector).before(content)	在被选元素前插入指定的内容
$(content).insertAfter(selector)	在被选元素之后插入 HTML 标记或已有的元素
$(content).insertBefore(selector)	在被选元素之前插入 HTML 标记或已有的元素

在表 10-16 中，前 4 个方法实现在被选元素中插入子节点，后 4 个方法实现在被选元素前后插入兄弟节点。

在插入节点时，如果插入内容是已有元素，这些元素会被从当前位置移走，然后插入被选元素之后或之前，即实现剪切操作。

案例 10-7-1 设计实现如图 10-14 和图 10-15 所示的"左移、右移"功能。

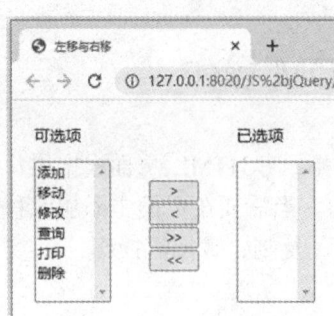

图 10-14 运行结果

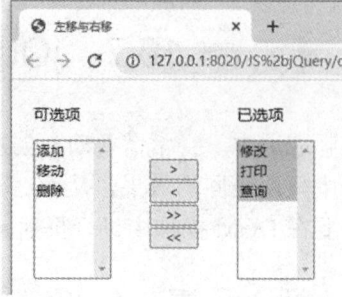

图 10-15 实现右移功能

单击图 10-14 中的左移或右移按钮,实现下拉列表框中的选项在左、右两个下拉列表框中移动,具体步骤如下。

(1) 设计 HTML 页面,代码如下。

```html
<body>
    <div id="box">
    <div id="left">  <p>可选项</p>
       <select multiple="multiple">
         <option>添加</option>  <option>移动</option>
         <option>修改</option>  <option>查询</option>
         <option>打印</option>  <option>删除</option>
       </select>
    </div>
     <div id="opt">
       <input id="toRight" type="button" value=">"><br>
       <input id="toLeft" type="button" value="<"><br>
       <input id="toAllRight" type="button" value=">>"><br>
       <input id="toAllLeft" type="button" value="<<"><br>
     </div>
     <div id="right">  <p>已选项</p>
       <select multiple="multiple"></select>
     </div>
    </div>
</body>
```

(2) 编写 CSS 样式代码。

```
<style>
     #box{margin: 40px 50px;}
     #left,#opt,#right{ float:left;width: 90px;height: auto;}
     #opt{padding:70px 0 0 30px;}
     select{width:80px;height: 140px;}
     input[type=button]{width:50px}
</style>
```

(3) 编写 jQuery 代码,实现左右移动功能。

```
<script src="js/jquery-3.0.0.min.js"></script>
<script>
```

```
    // 获取按钮添加单击事件,左侧下拉列表框中被选中的 option 添加到右侧下拉列表框中
    $('#toRight').click(function() {     //右移按钮的单击事件,选中项右移
      $('#right>select').append($('#left>select>option:selected'));
    });
    $('#toLeft').click(function() {     //左移按钮的单击事件,选中项左移
      $('#left>select').append($('#right>select>option:selected'));
    });
    $('#toAllRight').click(function() {  //全部右移按钮的单击事件,全部右移
      $('#left>select>option').appendTo( $('#right>select'));
    });
    $('#toAllLeft').click(function() {   //全部左移按钮的单击事件,全部左移
      $('#right>select>option').appendTo($('#left>select'));
    });
</script>
```

保存文件,在浏览器中运行文件,效果如图 10-14 所示,在左侧下拉列表框中依此选择 "修改" "打印" 和 "查询" 选项,单击 "右移" 按钮,选中项移入右侧下拉列表框中,如图 10-15 所示。如此操作实现左移和右移功能。

10.7.2 替换元素

元素替换是指将选中的节点替换成指定的 HTML 内容或元素,元素替换的方法如表 10-17 所示。

jQuery 中的 DOM 操作-替换元素

表 10-17 元素替换方法

方　　法	说　　明
$(selector).replaceWith(content)	将所有选中的元素替换成指定的 HTML 内容或 DOM 节点
$(content).replaceAll(selector)	用指定的 HTML 内容或元素替换被选中的元素

案例 10-7-2 用新节点替换选择的元素,关键代码如下。

```
<body>
    <ul>   <li>列表项 1</li>  <li>列表项 2</li>
    <li>列表项 3</li> <li>列表项 4</li>  </ul>
    <script src="js/jquery-3.0.0.min.js"></script>
    <script>
        var str=$("<li class='a'>abcd<li>");
        $('li:last').replaceWith(str);
        str.replaceAll('li:odd');   //用指定内容替换所有奇数序号的<li>元素
</script>
</body>
```

10.7.3 删除元素

jQuery 提供了删除元素的方法,可以轻松地实现节点删除。元素删除的方法如表 10-18 所示。

jQuery 中的 DOM 操作-删除元素

表 10-18　元素删除方法

方　法	说　明
$(selector).empty()	清空元素中的所有内容，但不删除元素本身
$(selector).remove()	清空元素中的所有内容，并删除元素本身
$(selector).detach()	移除被选元素中的所有内容，但会保留数据和事件

从表 10-18 可以看出，如果只需从被选元素中移除内容，可使用 empty() 方法；如果需移除元素及其数据和事件，可使用 remove() 方法；如果只是移除被选元素，继续保留它的数据和事件，要使用 detach() 方法。下面通过案例进行学习。

案例 10-7-3　单击按钮，删除指定的元素，关键代码如下。

```
<body>
    <ul>    <li>列表项1</li>   <li>列表项 2</li>
    <li>列表项 3</li><li>列表项 4</li>   </ul>
    <button>删除元素</button>
    <script src="js/jquery-3.0.0.min.js"></script>
    <script>
            $('button').click(function(){
                $('li:first').remove();    //删除第一个列表项的所有内容
                $('li:last').empty();      //删除最后一个列表项的内容
            });
    </script>
</body>
```

保存文件，在浏览器中运行，显示效果如图 10-16 所示。单击图 10-16 中的"删除元素"按钮，效果如图 10-17 所示。

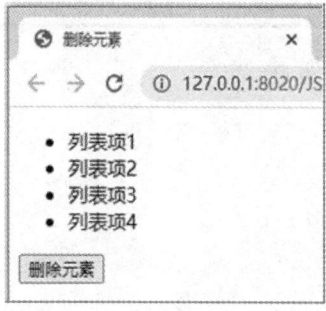

图 10-16　删除元素前页面效果

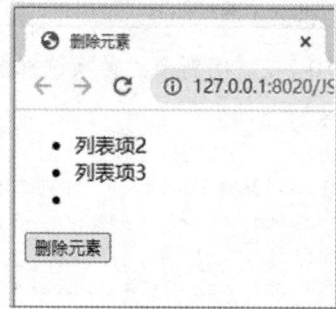

图 10-17　删除元素后页面效果

从图 10-17 可以看出，用 remove() 方法删除元素时，它的数据和元素本身都被移除了，用 empty() 方法删除元素时，只是把元素内容清空，仍然保留空的 <li> 元素。

10.7.4　获取元素

jQuery 提供了获取特定的 DOM 元素的方法，具体用法如表 10-19 所示。

jQuery 中的 DOM
操作-获取元素

表 10-19　获取 DOM 元素的方法

方　　法	说　　明
$(selector).index()	返回指定元素相对于其他指定元素的 index 位置
$(selector).get(index)	获得由选择器指定的 DOM 元素
$(selector).toArray()	以数组的形式返回 jQuery 选择器匹配的元素

下面通过案例学习表 10-19 中各种方法的用法。

案例 10-7-4　设计如图 10-18 所示的页面，单击按钮，实现按钮对应的操作功能。

(1) 页面的 HTML 代码如下。

```
<body>
    <p>请点击下面的按钮，以获得列表项指定元素的信息。</p>
    <button id="btn1">获得指定元素的 index</button>
    <button id="btn2">获得第一个 DOM 元素</button>
    <button id="btn3">输出所有列表项的值</button>
    <ul>
        <li>Milk</li>    <li>Tea</li>    <li id="favorite">Coffee</li>
    </ul>
</body>
```

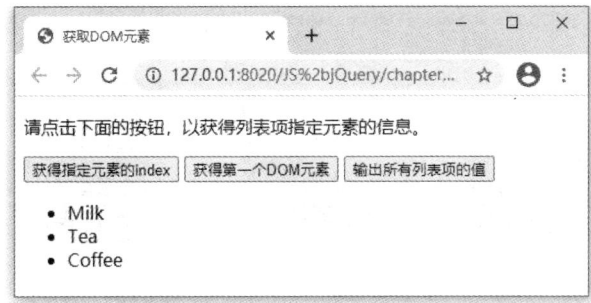

图 10-18　获取 DOM 元素

(2) 编写 JavaScript 代码，实现图 10-18 中各个按钮的功能，获取的元素信息用 alert() 显示，代码如下。

```
<script type="text/javascript" src="js/jquery-3.0.0.min.js"></script>
<script type="text/javascript">
    $(document).ready(function(){
        //获取选择器中指定元素的索引位置，两种方法都可以
        $("#btn1").click(function(){
            // alert($("li").index($("#favorite")));
            alert($("li#favorite").index());
        });
        //获得由选择器指定的 DOM 元素
        $("#btn2").click(function(){
            x=$("li").get(0);
            alert(x.nodeName + ": " + x.innerHTML);
```

```
        });
        //以数组的形式返回jQuery选择器匹配的元素,并循环输出
        $("#btn3").click(function(){
            x=$("li").toArray();
            for (i=0;i<x.length;i++)
            {
                alert(x[i].innerHTML);
            }
        });
    });
</script>
```

保存文件,文件名为 10-7-4.html,在浏览器中预览,效果如图 10-18 所示。

10.8 实训案例

案例 10-8-1 用 jQuery 的 index 和 find 等方法实现横向选项卡。
如图 10-19 所示,单击选项卡标题,实现选项卡的切换。

图 10-19 横向选项卡

分析图 10-19 所示的页面,页面中的选项卡由选项卡标题和内容框组成,有三个内容框分别和标题对应,初始状态只显示一个,其他内容框不显示。当鼠标经过某个选项卡时,该选项卡更换样式,同时其对应的内容显示出来。

选项卡设计实现的逻辑在于找到选项卡和内容框相对应的下标,具体实现步骤如下。
(1) 编写页面的 HTML 代码,关键代码如下。

```
1  <body>
2      <div id="buyact">
3          <div class="thead">
4              <h2>促销在进行...</h2>
5              <ul class="tab">
6                  <li class="index"><b>时令果蔬</b></li>
```

```
7          <li><b>热带水果</b></li>
8          <li><b>新鲜蔬菜</b></li>
9      </ul>
10  </div>
11  <div class="tbody">
12      <div class="show">   <!--初始显示的内容框,对应第一个选项卡标题-->
13          <div class="tinfo">
14              <img src="img/p11.png">
15              <h4>新鲜西红柿 </h4>
16              <p>口感超好的西红柿,鲜嫩多汁,可以做三明治或牛排的配菜</p>
17          </div>
18          <div class="tinfo">
19              <img src="img/p12.png">
20              <h4>脆嫩爽口黄瓜 </h4>
21              <p>口感清爽,富含丰富的维生素 C、水溶性维生素和膳食纤维</p>
22          </div>
23          <div class="tinfo">
24              <img src="img/p13.png">
25              <h4>无核红葡萄</h4>
26              <p>克伦生无核葡萄,味美色艳,果肉脆硬,既可鲜食又可制干</p>
27          </div>
28      </div>
29      <div class="none">   <!--初始不显示的内容框,对应第二个选项卡标题-->
30          <div class="tinfo">
31              <img src="img/p21.png">
32              <h4>鹰嘴芒果</h4>
33              <p>果肉橙红色,纤维极少或无,味道香甜,果核小,品质上等</p>
34          </div>
35          <div class="tinfo">
36              <img src="img/p22.png">
37              <h4>红美人香蕉</h4>
38              <p>果肉饱满呈浅黄色,色泽诱人,浓香四溢,口感香甜软糯</p>
39          </div>
40          <div class="tinfo">
41              <img src="img/p23.png">
42              <h4>红绣球荔枝</h4>
43              <p>果实较大,果皮鲜红厚软,果肉黄蜡色,汁多,有蜜香味</p>
44          </div>
45      </div>
46      <div class="none">   <!--初始不显示的内容框,对应第三个选项卡标题-->
47          <div class="tinfo">
48              <img src="img/p31.png">
49              <h4>新鲜紫长茄</h4>
50              <p>维生素 P 含量高,果皮薄,水分多,果肉纤维细,口感细嫩 </p>
51          </div>
52          <div class="tinfo">
53              <img src="img/p32.png">
```

```
54              <h4>现摘五角秋葵</h4>
55              <p>脆嫩多汁，滑润不腻，香味独特，营养丰富，烹饪简单</p>
56          </div>
57          <div class="tinfo">
58              <img src="img/p33.png">
59              <h4>营养丰富的彩椒</h4>
60              <p>含有多种营养元素，尤其含有丰富的蛋白质以及维生素C</p>
61          </div>
62      </div>
63   </div>
64 </body>
```

以上代码中，第3~10行定义选项卡标题，用无序列表进行定义。第11~63行定义选项卡的内容框，其中第12~28行定义第一个内容框，也是打开页面就显示的内容框。第29~45行定义第二个内容框，第46~62行定义第三个内容框，第二和第三个内容框初始不显示。每个内容框中又有三个DIV元素，即页面上的三列商品信息。

(2) 定义CSS样式，代码如下。

```
1  *{padding: 0; margin: 0; box-sizing: border-box;}
2  body{font-family: "微软雅黑";}
3  ul{list-style: none;}
4  #buyact{margin: 10px 20px;}
5  .thead {width:700px; height:34px; font-size: 14px; border-bottom: 4px
6  solid #1E90FF; }
7  .thead h2{font-size:15px; overflow: hidden; text-indent:5px;
8  width:170px; height:34px;
9       line-height:34px; display: inline; float: left;}
10 .thead tab{width:610px; float:left;}
11 .thead li{float:left; width:140px; height:30px; line-height: 30px;
12 margin:0px 15px; text-align: center;
13   border: solid 1px #DDD; border-bottom: none; background: #EEE;
14 border-radius: 5px 5px 0 0;}
15 .thead .index{color: #FFFFFF; background: #0099FF;}
16 .tbody { width:700px; height:270px; padding:10px; border:1px solid #CCC;
17 border-top: none; }
18 .tbody .tinfo{width: 200px; font-size: 13px; float: left; margin: 0px 13px;}
19 .tbody .tinfo img{width: 200px; height:170px; margin-bottom: 10px;
20 border: 1px solid #BBB;}
21 .tbody .tinfo p{line-height: 20px; margin-top: 5px;}
22 .tbody .show{display: block;}    /*定义内容框显示*/
23 .tbody .none{display: none;}     /*定义内容框不显示*/
```

以上代码中，第5~15行定义了选项卡标题部分的样式，其中第11~13行定义无序列表的样式，实现列表项在一行显示。第11行定义了当前显示的选项卡标题的样式。

(3) 编写JavaScript代码，实现选项卡功能。以下代码写在页面标签</body>之前。

```
1 <script src="js/jquery-3.0.0.min.js"></script>
2 <script type="text/javascript">
```

```
3   $(document).ready(function(){ tabs(); });
4   function tabs(){
5     var _obj = $("#buyact").find(".tab>li");  //查找所有li元素
6     $(_obj).click(function(){         //li元素的单击事件
7       var _ID = $(_obj).index(this);  //获取单击的选项卡标题的位置索引号
8       $(_obj).removeClass();          //移除所有li元素的样式
9       $(this).addClass("index");      //对当前点击的选项卡标题添加样式index
10      $("#buyact").find(".tbody>div").removeClass().addClass("none");
//所有内容框不显示
11      $("#buyact").find(".tbody>div:eq("+ _ID
+")").removeClass().addClass("block"); //显示当前框
12    });
13  }
14  </script>
```

以上代码中，第 5 行获取选项卡标题栏中所有的列表项，然后第 6~12 行，定义列表项的单击事件，当单击选项卡标题时，设置当前选项卡标题的 index 样式(第 9 行)，设置对应内容框的 block 样式(第 11 行)，实现选项卡功能。

10.9 本章小结

本章介绍了 jQuery 的基本知识和 jQuery 中各种类型选择器的基本用法，通过选择器可以轻松找到文档中的元素，并且以 jQuery 包装集的形式返回。选择器是从文档页面中快速查找元素或元素集的快捷途径，也是 jQuery 后续内容学习的基础。

10.10 练 习 题

一、判断题

1. 在 jQuery 中 addClass()可以增加多个样式，各个样式间用：隔开。   （ ）
2. 在 jQuery 中指定的元素后面追加内容可以使用 after()方法。   （ ）
3. jQuery 中获取元素的内部宽度(包含 padding)方法的是 innerwidth()。   （ ）

二、单项选择题

1. 在 jQuery 中，选择 id 为 box 的元素，以下操作正确的是(   )。
    A. $(".box")   B. $("#box")   C. $("box")   D. $(#box)
2. jQuery 中，找到所有子元素的方法是(   )。
    A.find()   B.siblings()   C.children()   D.parent()
3. 在 jQuery 的遍历中，要找到一个表格的指定行数的元素，用下面(   )方法。
    A. text()   B. eq()   C. get()   D. contents()
4. 在 jQuery 中，获取表单元素的值的方法是(   )。
    A. text()   B. html()   C. val()   D. value()

5. 在jQuery中，能够操作HTML代码及其文本的方法是(　　)。
  A. attr()　　　　B. text()　　　　C. html()　　　　D. val()
6. jQuery中遍历指定的对象和数组使用方法(　　)。
  A. $.each(object, callback)　　　　B. $(selector).each(function())
  C. foreach()　　　　D. for…in
7. 在jQuery中，下列(　　)用来将$("<p></p>")追加到指定元素末尾。
  A. insertAfter()　　B. append()　　C. appendTo()　　D. after()
8. 在jQuery中，移除类名为"box"的节点下的div元素的方法是(　　)。
  A. $(".box div").remove();　　　　B. $(".box div").empty();
  C. $("div").innerhtml("");　　　　D. $("div").innerHTML = "";
9. 以下关于jQuery节点的说法中，错误的是(　　)。
  A. jQuery中用$(".box").insertBefroe(ele1,ele2)给指定ele2前添加ele1元素
  B. jQuery中用$(".box").append(ele)给box类后添加ele元素
  C. jQuery中用$(".box").appendTo(ele)给box类后添加ele元素
  D. jQuery中用$(".box").insertAfter(ele1,ele2)给ele2后添加ele1元素

三、多项选择题

1. jQuery中遍历节点的方法，正确的是(　　)。
  A. next()取得匹配元素后面紧邻的同辈元素
  B. prev()取得匹配元素前面紧邻的同辈元素
  C. siblings()取得匹配元素前的所有同辈元素
  D. parent()取得元素的父级元素
2. 下列选项中属于jQuery属性选择器的是(　　)。
  A. $("img[src$='.gif']")　　　　B. $("img")
  C. $("[class][title]")　　　　D. $("div>span")
3. 网页的<body>元素中包含以下HTML代码：

```
<div id="box">
    <h2 id='top1' name='header1'>标题1</h2>
    <h2 id='top2' name='header2'>标题2</h2>
</div>
```

下列能弹出"标题1"的jQuery代码是(　　)。
  A. alert($('#top1').text());　　　　B. alert($('[name=header1]').text());
  C. alert($('[name='header1']').text());　　　　D. alert($('#header1').text());
4. 在jQuery中，通过jQuery对象.css()可实现样式控制，以下说法正确的是(　　)。
  A. css()方法会去除原有样式而设置新样式　　B. 正确语法：css("属性","值")
  C. css()方法不会去除原有样式　　D. 正确语法：css("属性")
5. 在jQuery中，下列方法能实现添加移除样式类操作的是(　　)。
  A. addClass()　　　　B. removeClass()
  C. toggleClass()　　　　D. attr("class")

6. 下面( )是 jQuery 中表单的对象属性。

A. :checked B. :enabled C. :hidden D. :selected

四、编程题

1. 通过元素样式类操作的方法，将元素移除或为其设置样式类，设计单击按钮更换元素的样式风格，效果如图 10-4 所示。

2. 单击图 10-20 中的"好好学习，天天向上"，文字移动位置，如图 10-21 所示。

图 10-20 初始显示效果

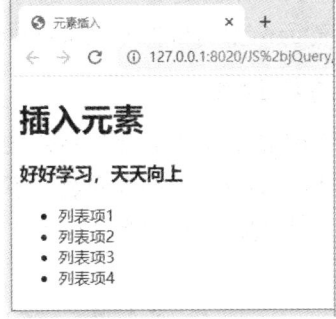
图 10-21 文字移动到新位置

3. 应用 jQuery 的 each 和 css 方法设计如图 10-22 所示的纵向选项卡，鼠标经过不同选项卡时更改对应的图片，如图 10-23 所示。

图 10-22 选项卡初始状态

图 10-23 鼠标指针经过不同选项卡时的状态

第 11 章 jQuery 的事件处理

JavaScript 和 HTML 页面之间的交互是通过事件实现的,当页面中的元素状态发生变化时,浏览器会自动生成一个事件。事件的处理在 JavaScript 中是一个重要的功能,jQuery 对每种类型的事件都提供了相应的方法进行处理,如表单事件、鼠标事件、键盘事件等。本章将对 jQuery 中的事件处理操作进行详细讲解。

本章的学习目标
- 了解 jQuery 中的常用事件及其方法
- 掌握 jQuery 中的页面载入事件
- 掌握 jQuery 中的事件绑定方法

11.1 jQuery 中的事件处理

事件处理程序指的是当 HTML 页面中发生某些事件时所调用的方法,jQuery 事件处理方法是 jQuery 中的核心函数,jQuery 通过 DOM 为元素添加事件。

在传统的 JavaScript 代码中,要给网页中的 DOM 对象指定事件处理程序,可在标签中通过属性进行设置,元素支持的每种事件,都由一个 on 和事件名组成。例如,click 事件对应的属性为 onclick,而在 jQuery 中则可以直接使用其提供的与事件类型同名的方法,使代码更加明了。下面介绍 jQuery 中常用的事件。

11.1.1 表单事件

表单是网页中经常用到的页面元素,像用户注册、登录、调查信息填写等,表单及表单中的元素都有对应的事件实现表单的交互处理。常用的表单事件的方法如表 11-1 所示。

表单事件

表 11-1 jQuery 常用的表单事件的方法

方法	说明
blur()	当元素失去焦点时触发
focus()	当元素获得焦点时触发
change()	当元素的值发生改变时触发
select()	当文本框(包括\<input\>和\<textarea\>)中的文本被选中时触发
submit()	当表单提交时触发
mouseup()	当释放鼠标按钮时触发

下面通过案例学习常用表单事件的使用。

案例 11-1-1 对如图 11-1 所示的表单进行验证,为注册表单中的文本框编写获得焦点

(focus)、失去焦点(blur)或内容修改(change)的事件，实现输入内容的验证。为表单编写提交(submit)事件，对表单输入的有效性进行验证。

图 11-1　用户注册表单

(1) HTML 页面设计，代码如下。

```
<body>
    <div class="box" id="box">
        <h2>注册</h2>
        <form action="" method="get">
            <ul>
                <li> <label class="label1"><span>*</span>用户名：</label>
                    <input type="text" name="username" placeholder="只能输入6-20个字母、数字、下划线" id="username">
                    <label id="label_username" class="label2"></label></li>
                <li> <label class="label1"><span>*</span>电子邮箱：</label>
                    <input type="text" name="email" placeholder="输入正确的电子邮箱地址" id="email">
                    <label id="label_email" class="label2"></label></li>
                <li> <label class="label1"><span>*</span>密码：</label>
                    <input type="password" name="pwd" placeholder="由字母开头,包含字母、数字、下划线,6-16位" id="pwd">
                    <label id="label_pwd" class="label2"></label></li>
                <li> <label class="label1"><span>*</span>确认密码：</label>
                    <input type="password" name="pwdOk" placeholder="确认密码必须与密码一致" id="pwdOk">
                    <label id="label_pwdOk" class="label2"></label></li>
            </ul>
```

```
            <button name="submit">提交</button>
        </form>
    </div>
    <script src="js/jquery-3.0.0.min.js"></script>
    <script src="js/11-1-1.js"></script>
</body>
```

(2) CSS 样式设计，美化页面，代码参考 11-1-1.css 文件。

(3) JavaScript 脚本代码，实现表单事件，代码如下。

```
$(document).ready(function(){
    //用户名验证函数,用户名的格式符合要求返回 true,否则返回 false
    function validate_strLenght(str) {
        var regExp = /^(\w){6,20}$/;
        return regExp.test(str);
    }
    //邮箱验证函数,邮箱的格式符合要求返回 true,否则返回 false
    function validate_email(str) {
        var regExp = /^\w+([-+.]\w+)*@\w+([-.]\w+)*\.\w+([-.]\w+)*$/;
        return regExp.test(str);
    }
    //密码验证函数,密码的格式符合要求返回 true,否则返回 false
    function validate_pwd(str) {
        var regExp = /^[a-zA-Z]\w{5,15}/;
        return regExp.test(str);
    }
    //表单元素对象
    var username=$('#username');    //用户名输入框对象
    var email=$('#email');          //邮箱输入框对象
    var pwd=$('#pwd');              //密码输入框对象
    var pwdOk=$('#pwdOk');          //确认密码输入框对象
    var form=$('form');             //表单对象
    //表单提交事件,实现表单验证,验证通过后才能提交表单。
    form.submit(function () {
        if (validate_strLenght(username.val())
&&validate_email(email.val()) && validate_pwd(pwd.val()) && checkOk()) {
            alert("验证通过");
            return true;      //提交表单
        } else {
            alert("验证失败");
            return false;    }   //不提交表单
    });
    // 用户名输入框的失去焦点事件,检查用户名格式是否合法
    username.blur(function() {
        if (validate_strLenght(username.val())) {
            $('#label_username').html("<font color='green'>用户名符合要求
</font>");
```

```javascript
        } else {
            $('#label_username').html("<font color='green'>用户名不符合要求</font>");
        }
    });
// 用户名输入框的获取焦点事件,清空输入值和提示信息
    username.focus(function(){
        $('#username').val('');
        $('#label_username').html("");
    });
    // 邮箱输入框失去焦点的事件,检查email格式是否合法
    email.blur(function () {
        if (validate_email(email.val())) {
            $('#label_email').html("<font color='green'>邮箱符合要求</font>");
        } else {
            $('#label_email').html("<font color='green'>邮箱不符合要求</font>");
        }
    });
// 邮箱输入框的获取焦点事件,清空输入值和提示信息
    email.focus(function(){
        $('#email').val('');
        $('#label_email').html("");
    });
    // 密码输入框的失去焦点事件,检查密码格式是否合法
    pwd.blur (function () {
        if (validate_pwd(pwd.val())) {
            $('#label_pwd').html("<font color='green'>密码符合要求</font>");
        } else {
            $('#label_pwd').html("<font color='green'>密码不符合要求</font>");
        }
    });
    // 密码输入框的获取焦点事件,清空输入值和提示信息
    pwd.focus(function(){
        $('#pwd').val('');
        $('#label_pwd').html("");
    });
    //确认密码和密码比较函数,检查确认密码和密码是否一致,一致返回true
    function checkOk() {
        if (pwd.val() == pwdOk.val()) {
         $('#label_pwdOk').html("<font color='green'>密码一致</font>");
            return true
        } else {
         $('#label_pwdOk').html("<font color='red'>两次密码不一致</font>");
            return false
        }
    }
    //确认密码的change()事件,调用checkOk()函数
```

```
        pwdOk.change(checkOk);
        //确认密码输入框的获取焦点事件,清空输入值和提示信息
        pwdOk.focus(function(){
            $('#pwdOk').val('');
            $('#label_pwdOk').html("");
        });
    });
```

在以上代码中,为各个输入框编写了失去焦点事件,当输入框失去焦点时,用正则表达式验证输入内容是否符合要求。还为各个输入框编写了获得焦点事件,当输入框获得焦点时,清空对应的输入框和 label 中的提示信息。为确认密码输入框编写了 change()事件,当输入内容改变时,调用 checkOk()函数,检查确认密码和密码是否一致。并且为表单定义了提交事件,实现表单提交前的验证。

11.1.2 键盘事件

当使用键盘输入内容或键盘按键时就用到了键盘监听事件,jQuery 的键盘事件分为 keypress、keydown 和 keyup 事件。键盘事件的具体用法如表 11-2 所示。

键盘事件

表 11-2 jQuery 常用的键盘事件

方法	说明
keydown()	键盘按键按下时触发
keypress()	键盘按键(Shift、Fn、CapsLock 等非字符键除外)按下时触发
keyup()	键盘按键弹起时触发

下面通过案例学习键盘事件的使用。

案例 11-1-2 在如图 11-2 所示的用户注册表单中,实现按回车键光标切换到下一个输入框,关键代码如下。

图 11-2 按回车键光标切换

```
<body>
    <div>
        <h2>用户注册</h3>
```

```
            <form name="form1"  id="zhuce">
                <p>用户姓名：<input type="text" value=""></p>
                <p>电子邮箱：<input type="text" value=""></p>
                <p>手机号码：<input type="text" value=""></p>
                <p>个人描述：<input type="text" value=""></p>
                <p><input type="button" value="提交">  
                <input type="button" value="重置"></p>
            </form>
        </div>
        <script src="js/jquery-3.0.0.min.js"></script>
        <script>
            var index = 0;
            $('#zhcue>input:first').focus();
            //键盘按键按下时，判断是否按了回车键，如果是，下一个文本框获得焦点
            $('#zhuce').keydown(function onEnter() {
                if (event.which== 13){   //判断是否按下了回车键
                    index++;
                    if (index >= $('input[type=text]').length) { index = 0; }
                    $('input[type=text]').each(function (i) {
                        if(i == index) { $(this).focus(); }
                    });
                }
            });
        </script>
    </body>
```

在以上代码中，为<form id="zhuce">元素设置了一个"按下键盘的事件"，然后通过 event 对象的 which 属性获取当前按下键盘对应的码值 keyCode，并通过码值 keyCode 判断是否按了回车键，如果按键是回车键并且 index 的值小于 input 元素的个数，则当前的 input 元素获取焦点，否则第一个 input 元素获取焦点。

$('#zhuce').keydown()可以换成$('#zhuce').keyup()，运行效果一样。

11.1.3 鼠标事件

鼠标事件是在用户移动鼠标光标或者使用任意鼠标键单击时触发的，jQuery 常用的鼠标事件如表 11-3 所示。

鼠标事件

表 11-3 jQuery 常用的鼠标事件

方 法	说 明
click()	当单击元素时触发
dbclick()	当双击元素时触发
mouseover()	当鼠标移入对象时触发(元素及其嵌套的子元素都触发)
mouseout()	当鼠标从元素上离开时触发(元素及其嵌套的子元素都触发)
mousedown()	当鼠标指针移到元素上方，并按下鼠标按钮时触发
mouseup()	当释放鼠标按钮时触发

续表

方法	说明
mouseenter()	当鼠标移入对象时触发
mouseleave()	当鼠标从元素上离开时触发

下面通过案例学习鼠标事件的使用。

案例 11-1-3 如图 11-3 所示,一组模糊的图片,鼠标经过图片时改变透明度为 1.0,鼠标离开时恢复透明度 0.4。

(1) 编写 HTML 页面代码如下,用无序列表进行页面布局,显示一组图片。

```
<body>
    <div class="wrap">
        <ul>
            <li>    <img src="img/pic1.jpg">  </li>
            <li>    <img src="img/pic2.jpg">  </li>
            <li>    <img src="img/pic3.jpg">  </li>
            <li>    <img src="img/pic4.jpg">  </li>
            <li>    <img src="img/pic5.jpg">  </li>
            <li>    <img src="img/pic6.jpg">  </li>
        </ul>
    </div>
</body>
```

图 11-3 鼠标经过图片时改变透明度

(2) 编写 CSS 样式代码,实现在两行上显示无序列表的图片,代码如下。

```
<style>
    *{padding:1px ;margin:1px;}
    .wrap{width:630px; border: 1px solid #333; height: 330px; }
    .wrap ul li{float: left; list-style: none; opacity: 0.4; }
    img{width:200px;height: 150px; }
```

(3) 编写 JavaScript 代码，实现鼠标经过图片时改变透明度。

```
<script src="js/jquery-3.0.0.min.js"></script>
<script>
    $(document).ready(function () {
        //当鼠标指针位于li元素上方时,让li变亮,让li的所有兄弟透明度降低
        $(".wrap>ul>li").mouseover(function () {
            $(this).css("opacity","1").siblings().css("opacity",".4");
        });
        //离开父盒子时，所有li变模糊
        $(".wrap").mouseout(function () {
            //$(this).children().children("li").css("opacity", 0.4);
            $(this).find('li').css("opacity", 0.4);
        });
    });
</script>
```

以上代码中，为<li>元素编写了鼠标经过图片时的 mouseover()处理函数，实现当鼠标指针位于<li>元素上方时，设置当前的<li>元素透明度为1.0，同时设置<li>的所有兄弟元素透明度为0.4。鼠标离开图片的父容器时执行 mouseout()函数，设置所有<li>元素的透明度为0.4。

11.1.4 浏览器事件

对浏览器窗口的各种事件处理有相应的事件处理函数，常用的如表 11-4 所示。

浏览器事件

表 11-4　jQuery 常用的浏览器事件

方　　法	说　　明
scroll()	当用户滚动指定的元素时触发
resize()	当调整浏览器窗口大小时触发

表 11-4 中，scroll()既可以绑定 window 也可以绑定元素，带有滚动条的元素都可以绑定 scroll 事件。下面通过案例学习浏览器事件的使用。

案例 11-1-4　调整浏览器窗口的大小时，在标题栏显示窗口的宽度和高度，关键代码如下。

```
<body>
    <p>调整窗口，在标题栏显示窗口的大小。</p>
    <script type="text/javascript" src="js/jquery-3.0.0.min.js"></script>
    <script type="text/javascript">
        $(function(){
            $(window).resize(function(){   //当改变窗口大小时触发
                var w=$(window).width();   //获取当前窗口的宽度(不包含滚动条)
```

```
            var h=$(window).height();   //获取当前窗口的高度(不包含滚动条)
            document.title = "窗口宽度: "+w+", 高度: "+h;
        });    });
    </script>
</body>
```

以上代码中,编写了 window 的 resize 事件,实现在浏览器窗口大小改变时获取窗口的大小并显示。保存文件,在浏览器中运行文件,效果如图 11-4 所示。

图 11-4 浏览器事件

11.1.5 页面加载事件

页面加载事件

jQuery 中的页面加载事件$(document).ready()是 jQuery 事件处理中最重要的一个方法。该方法与 window.onload()方法功能相似,但在执行时机方面又有区别。

window.onload()方法必须等待网页中的所有内容加载完成后(包括外部元素,如图片)才能执行,并且该方法只能添加一个事件处理函数。

$(document).ready()方法注册的事件处理程序,在页面对应的 DOM 结构就绪时就可以被调用(可能关联的外部资源并未全部下载完毕),该方法还允许注册多个事件处理程序。

jQuery 中的页面加载事件方法有 3 种语法形式,具体如下。

```
$(document).ready(function(){  })        //语法形式 1
$().ready(function(){  })                //语法形式 2
$(function(){  })                        //语法形式 3
```

11.2 事件绑定与切换

jQuery 中不仅提供了事件添加机制,还提供了更加灵活的事件处理机制,即事件绑定和事件切换,统一了事件处理的各种方法。下面详细介绍事件绑定与切换的使用。

11.2.1 事件的绑定与取消绑定

事件的绑定与取消绑定

为匹配元素绑定事件处理函数用 on()方法,为匹配元素移除事件处理函数用 off()方法。下面通过案例学习。

案例 11-2-1 为页面上的<div id="d1">元素绑定单击事件,单击 3 次后取消绑定的单击事件,关键代码如下。

```
<html>
```

```
<head>
    <style>
        div{width: 100px;height: 100px;border: 1px solid #000000; margin: 5px;}
    </style>
</head>
<body>    <div id="d1"></div> </body>
<script src="js/jquery-3.0.0.min.js"></script>
<script>
    var i=0;
    $('#d1').on('click',function(){            //绑定事件
        i++;
        alert('你单击了div,共'+i+"次");
        if(i==3) {$('div').off('click');}    //取消绑定
    });
</script>
</html>
```

11.2.2 绑定单次事件

为匹配的元素绑定一次性的事件处理函数，用 one()方法。

案例 11-2-2 用 one()方法为<div id="d1">元素绑定单击事件，该事件执行一次后失效，关键代码如下。

绑定单次事件

```
<html>
    <head>
        <style>
            div{width: 100px;height: 100px;border: 1px solid #000000;margin: 5px;}
        </style>
    </head>
    <body>    <div id="d1"></div> </body>
    <script src="js/jquery-3.0.0.min.js"></script>
    <script>
        //绑定单次事件
        $('#d1').one('click',function(){
            alert('你单击了div');
        });
    </script>
</html>
```

11.2.3 多个事件绑定同一个函数

用 on()方法可以为匹配元素的多个事件绑定同一个处理函数。下面通过案例学习。

案例 11-2-3 鼠标进入或离开图片，图片的样式(透明度)改变，关键代码如下。

多个事件绑定同一个函数

```
<html>
    <head>
        <style>
            img{width: 300px;opacity: 0.4;}
            .op{opacity: 1.0;}
        </style>
    </head>
    <body>
        <p><img src="img/pic3.jpg" id="p1"> </p>
    </body>
    <script src="js/jquery-3.0.0.min.js"></script>
    <script>
        $(document).ready(function(){
          $("#p1").on("mouseover mouseout",function(){
            $("#p1").toggleClass("op");    //添加或移除样式,即实现样式切换
          });
        });
    </script>
</html>
```

以上代码中,为<img src="img/pic3.jpg" id="p1">元素的 mouseover 和 mouseout 方法绑定了同一个处理函数,用来实现样式切换。当鼠标移至图片上时,触发 mouseover,为图片添加.op 样式,图片的透明度设置为 1.0。当鼠标移出图片时,触发 mouseout,移除为图片添加的.op 样式,图片透明度恢复为 0.4。如此,实现了图片的样式切换。

保存文件,在浏览器中运行文件,效果如图 11-5 所示。当鼠标指向图片时,显示效果如图 11-6 所示,当鼠标离开图片时,显示效果如图 11-5 所示。

图 11-5　鼠标离开图片时的效果　　　　图 11-6　鼠标指向图片时的效果

11.2.4　多个事件绑定不同的处理函数

用 on()方法可以为匹配元素的多个事件,绑定不同的处理函数。下面通过案例学习。

案例 11-2-4　修改案例 11-1-3 的 JavaScript 代码,用 on()方法为<li>元

多个事件绑定不同的处理函数

素的 mouseover 和 mouseout 方法绑定不同的事件处理函数,仍然实现案例 11-1-3 的功能。修改的 JavaScript 代码如下。

```
<script>
    $(document).ready(function() {
        $(".wrap>ul>li").on({
            mouseover:function {
                //当鼠标指针位于li元素上方时,让li变亮,让li的所有兄弟透明度降低
                $(this).css("opacity","1").siblings().css("opacity",".4");
            },
            mouseout:function(){
                //当鼠标指针离开li元素时,让li及li的所有兄弟透明度都降低
                $(this).css("opacity","0.4").siblings().css("opacity",".4");

            }
        });
    });
```

以上代码中,为<li>元素绑定了不同的事件处理函数,当鼠标移至<li>元素上时,触发 mouseover,将当前元素的透明度设置为 1.0,其兄弟元素设置透明度为 0.4。当鼠标移出时,触发 mouseout,将当前的<li>元素及其兄弟元素都设置透明度为 0.4。

注意,当使用 on()方法对多个事件绑定不同的处理函数时,事件名称与其处理函数之间用冒号(:)分隔,多个事件之间使用逗号(,)分隔。

保存 11-2-4.html 文件,在浏览器中运行文件,效果如图 11-3 所示。

11.2.5 为以后创建的元素委派事件

有的元素是在网页运行过程中生成并插入网页中的,对这类未来的元素,也可以用 on()方法绑定事件处理程序。

为以后创建的元素委派事件

案例 11-2-5 单击按钮在页面上生成一个段落,单击该段落隐藏它,代码如下。

```
<html>
    <head>
        <style> p{width: 300px;height: 100px;background: #EEDD00;} </style>
    </head>
    <body>   <button>生成段落</button></div>   </body>
</html>
<script src="js/jquery-3.0.0.min.js"></script>
<script>
    $(document).ready(function(){
        //单击按钮,生成段落
        $("button").click(function(){   //生成新的<p>元素
            $("<p id='p1'> A new paragraph.</p>").insertAfter("button");
        });
        //单击段落,隐藏该段落
        $("body").on("click","#p1",function(){
            $(this).hide(1000);    //单击<p>元素,用1秒时间隐藏
        });
```

        });
    </script>
```

以上代码中,单击按钮时触发 click()事件,生成一个<p>元素并插入网页。

$("body").on("click","#p1",function(){ });语句中,on()方法设置了 3 个参数,其中第 1 个参数表示事件名称,第 2 个参数表示待设置事件的 HTML 元素(已存在的或不存在的元素),第 3 个参数表示事件处理函数。

$(this).hide(1000);语句实现用 1000 毫秒隐藏自己,即隐藏<p>元素。

保存文件,在浏览器中预览文件,效果如图 11-7 所示;单击"生成段落"按钮,效果如图 11-8 所示。单击图 11-8 中生成的段落,该段落用 1 秒时间隐藏自己。

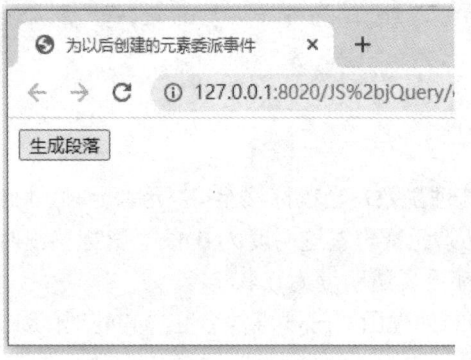
图 11-7　初始页面效果

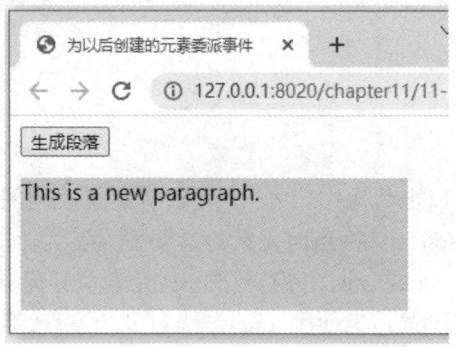
图 11-8　单击按钮生成段落的效果

## 11.3　jQuery 中的合成事件

在 HTML 页面中,有些效果是通过将多个事件合并到一起实现的,如 mouseover、mouseout 等。jQuery 提供了一些方法来实现将两种效果合并到一起完成,合成事件处理方法主要有 hover()方法和 toggle()方法。但是 toggle() 方法在 jQuery 版本 1.8 中已被废弃,在版本 1.9 中已被移除,这里不再介绍。

jQuery 中的
合成事件

下面学习 hover()方法的使用。

hover()方法用于模拟光标悬停事件,用于规定当鼠标指针悬停在被选元素上时要运行的两个函数,该方法触发 mouseenter 和 mouseleave 事件。该方法的基本语法如下。

```
$(selector).hover(inFunction,outFunction)
```

其中,参数 inFunction 定义 mouseenter 事件发生时运行的处理函数,即光标移到元素上时触发。参数 outFunction 定义 mouseleave 事件发生时运行的处理函数,即当光标离开元素时触发。如果只指定一个处理函数,则 mouseenter 和 mouseleave 都执行它。

案例 11-3-1　用 jQuery 实现表格隔行变色且鼠标经过时变色。

(1) HTML 页面代码如下。

```
<body>
    <table id="tb">
```
```

```
        <tr><th>姓名</th><th>性别</th><th>学号</th><th>班级</th></tr>
        <tr><td>王芳</td><td>女</td><td>10010001</td><td>1 班</td></tr>
        <tr><td>刘丽梅</td><td>女</td><td>10010002</td><td>1 班</td></tr>
        <tr><td>李玉刚</td><td>男</td><td>10010103</td><td>1 班</td></tr>
        <tr><td>吴春熙</td><td>男</td><td>10010004</td><td>1 班</td></tr>
        <tr><td>张伟</td><td>男</td><td>10010005</td><td>2 班</td></tr>
    </table>
</body>
```

(2) CSS 样式代码如下。

```
<style>
    table,th,td{ border:1px solid #DDDDDD; border-collapse:collapse; }
    td,th{width:80px; height:26px; text-align:center;}
    th{ background-color:#EE9900; color:#111;}
    .tdbgcolor{background-color:#FFDD55;color:#111;} /*鼠标经过行的样式*/
</style>
```

(3) JavaScript 代码如下。

```
<script src="js/jquery-3.0.0.min.js"></script>
<script>
    $().ready(function(){
        $("#tb tr:even").css("background","#EEEEAA");
        //$("#tb tr:odd").css("background","#EEE");
        $("#tb tr").hover(function(){
            $(this).children('td').addClass("tdbgcolor");
        },function(){
            $(this).children('td').removeClass("tdbgcolor");
        });
    });
</script>
```

以上代码中，当鼠标经过表格行时，给所有单元格加上类样式 tdbgcolor，当鼠标离开时移除类样式 tdbgcolor。

保存文件，在浏览器中预览文件，效果如图 11-9 所示。

图 11-9　jQuery 表格隔行变色且鼠标经过时变色

11.4 实训案例

案例 11-4-1 实现鼠标滑过图片时预览大图。

如图 11-10 所示为用无序列表布局显示的一组图片，当鼠标滑过小图时，在鼠标右下方位置显示其对应的原始大图。

实训-实现鼠标滑过图片时预览大图

图 11-10 鼠标滑过图片时预览大图

实现图 11-10 所示效果的步骤如下。

(1) 编写 HTML 页面代码，用无序列表显示一组图片，单击图片链接到原始图片文件。

```
<body>
    <ul>
        <li><a href="img/p1.jpg" class="tip" title="美丽的海边风景">
            <img src="img/p1.jpg" alt="美丽的海边风景" /></a></li>
        <li><a href="img/p2.jpg" class="tip" title="圣水湖畔">
            <img src="img/p2.jpg" alt="圣水湖畔"/></a></li>
        <li><a href="img/p3.jpg" class="tip" title="丹巴藏寨">
            <img src="img/p3.jpg" alt="丹巴藏寨"/></a></li>
        <li><a href="img/p4.jpg" class="tip" title="海南热带风光">
            <img src="img/p4.jpg" alt="海南热带风光"/></a></li>
    </ul>
</body>
```

(2) 编写 CSS 样式代码，实现图片在一行上显示。

```
<style type="text/css">
    *{margin: 0;padding: 0;}
    body{padding:20px;}
    li{ list-style:none;    float:left;    margin-right:10px; }
```

```
        li img{width:150px;height: 110px;border: 1px solid #AAAAAA;}
        #tooltip{ position: absolute;  background: #EEEEEE;
 border:1px solid #AAAAAA;  color: #000000; }
</style>
```

(3) 编写 JavaScript 代码，实现当鼠标滑过小图时，在鼠标右下方位置显示其对应的原始大图。

```
<script src="js/jquery-3.0.0.min.js"></script>
<script type="text/javascript">
    $(function(){
        var x = 10, y = 20;
        $("a.tip").on({
            mouseover:function(e){  //光标指向小图时触发,生成大图的div
                this.myTitle = this.title;
                this.title = "";
                var imgTitle =  "<div style='text-align: center;'>" + this.myTitle+"</div>" ;
                var bigpic = "<div id='tooltip'><img src='"+ this.href +"' alt='预览图片'/>"+imgTitle+"<\/div>";  //创建大图的 div 元素,其内容为图片文件
                $("body").append(bigpic);    //把大图的<div>追加到文档中
                $("#tooltip").css({          //设置大图所在<div>的样式
                    "top":(e.pageY+y)+"px",       //设置 x 坐标
                    "left":(e.pageX+x)+"px";      //设置 y 坐标
                }).show("fast");             //显示隐藏的 div, 即显示大图
            },
            mouseout:function(){             //鼠标离开时,移除大图
                this.title = this.myTitle;
                $("#tooltip").remove();      //移除大图所在的 div
            },
            mousemove:function(e){           //鼠标移动时,使大图跟随鼠标移动
                $("#tooltip").css({
                    "top":(e.pageY+y) + "px",
                    "left":(e.pageX+x)  + "px"
                });
            }
        });
    })
</script>
```

以上代码中，用 on()方法为<a>元素的 mouseover、mouseout、mousemove 事件分别绑定不同的处理函数。当鼠标指向超链接图片时，生成一个<div>，其内容就是图片对应的图片文件，然后把<div>追加到文档中并设置其 CSS 样式，实现<div>在鼠标右下角显示。当鼠标离开超链接图片时，移除大图所在的<div>元素。当鼠标在超链接图片上移动时，设置大图所在的<div>元素的 CSS 样式，让大图始终在鼠标右下角位置显示。

案例 11-4-2 设计项目提成计算器。

设计如图 11-11 所示的项目提成计算器。对不同角色有不同的提成计算方法，对程序

员，项目的销售额大于 2000 时，提成 50 元，大于 10000 时，提成 5%。对项目经理，销售额超过 20000 时，提成 20%，否则，提成 10%。对销售人员，销售额超过 200000 时，提成 30%，大于 50000 时，提成 20%，否则，提成 10%。

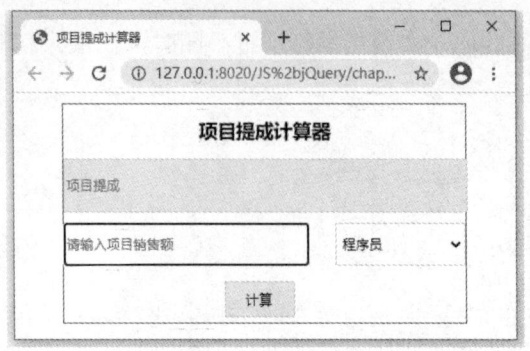

实训-设计项目提成计算器

图 11-11　项目提成计算器

项目提成计算器的设计步骤如下。

(1) HTML 页面设计，代码如下，文件名为 11-4-2.html。

```html
<body>
    <div id="box">
        <h3>项目提成计算器</h3>
        <input type="text" id="bonus" readonly="readonly" placeholder="项目提成">
        <div id="dataBox">
        <input type="text" name="" id="benefit"  placeholder="请输入项目销售额"/>
          <select id="roles">
            <option value="1">程序员</option>
            <option value="2">项目经理</option>
            <option value="3">销售人员</option>
          </select>
        </div>
        <input id="count" type="button" value="计算 ">
</div>
</body>
```

(2) CSS 样式设计，代码如下，文件名为 11-4-2.css。

```css
*{margin: 0px; padding: 0px;}
h3{ text-align:center;margin-bottom: 15px; margin-top: 13px;}
#box{margin: 10px auto;width: 400px;border: 1px solid #666;}
#bonus{height: 50px;width: 398px;background-color:#EEEEEE;}
#dataBox{padding: 10px 0;}
#dataBox #benefit{ height: 40px; width: 240px;}
#dataBox #roles{height: 42px;width: 130px; float: right;}
#count{height: 35px;width: 70px; text-align: center;  cursor: pointer;
     margin: 5px 0 5px 160px;background: #EEEEEE;}
#benefit,#roles,#count,#bonus{border: 1px solid #DDDDDD;padding-left: 2px;}
```

(3) 页面交互功能设计，代码如下，文件名为 11-4-2.js。

```javascript
$(function(){
    //文本域只能输入整数,绑定输入和粘贴事件
    $("#benefit").on("keyup paste", function(){
        //只能为整数,绑定输入和粘贴事件,非数字不能输入
        if(/[^\d]+/.test(this.value)) {
            this.value = this.value.replace(/[^\d]/g, ''); }
    });
$("#benefit").focus();    //项目销售额输入框获取焦点
//单击"计算"按钮,根据不同角色计算提成
$("#count").on('click',function(){
    var s=$('#roles option:selected').val();    //获取选择的角色
    var num=$("#benefit").val();                //项目销售额
    var money=Number(num);
    var tiCheng=0;
    //提成计算,根据角色
    switch(s){
        case "1":   if(num>10000){tiCheng=num*0.05;}
                else if(num>=2000){tiCheng=50;}
                    else{   tiCheng=0;}
                break;
        case "2":   if(num>20000){tiCheng=num*0.2; }
                else {tiCheng=num*0.1; }
                break;
        case "3":   if(num>100000){tiCheng=num*0.3;}
                else if(num>=50000)  {tiCheng=num*0.2;}
                    else{   tiCheng=num*0.5;    }
                break;
    }
    $("#bonus").val(tiCheng);          //显示提成数
})
})
```

11.5 本章小结

本章主要介绍了 jQuery 中的常用事件处理方法和常用事件绑定方法。事件处理方法是 jQuery 中的核心部分，这些方法是 jQuery 为处理 HTML 事件而专门设计的。

11.6 练习题

一、单选题

1. 在 jQuery 中，下列关于事件的说法错误的是(   )。
    A. jQuery 中，用 on()方法为匹配元素绑定事件，用 off()方法移除绑定的事件
    B. jQuery 中，可以用 on()方法为匹配元素的多个事件绑定同一个处理函数

C. jQuery 中，可以用 on()方法为匹配元素的多个事件，绑定不同的处理函数
D. 对页面运行过程中生成的元素，不能用 on()方法绑定事件处理程序

2. 在 jQuery 中，不属于鼠标事件的是(　　)。

  A. mouseover B. mouseenter C. keydown D. mousemove

二、多选题

1. 在 jQuery 中，下列关于事件的说法正确的是(　　)。

  A. jQuery 中用 onclick 绑定点击事件

  B. jQuery 中用 on 来给未来元素绑定事件

  C. jQuery 中只能用 hover 来绑定鼠标经过事件

  D. jQuery 中存在冒泡事件，故需要阻止冒泡

2. 下面选项中属于 jQuery 焦点事件的有(　　)。

  A. blur() B. select() C. focus() D. onfocus()

3. 在 jQuery 中，下面属于 jQuery 的事件有(　　)。

  A. onclick() B. click() C. hover() D. mouseover()

三、编程题

1. 在图 11-12 所示的页面上，通过按键盘上的光标移动键，实现让页面中的 div 块移动。

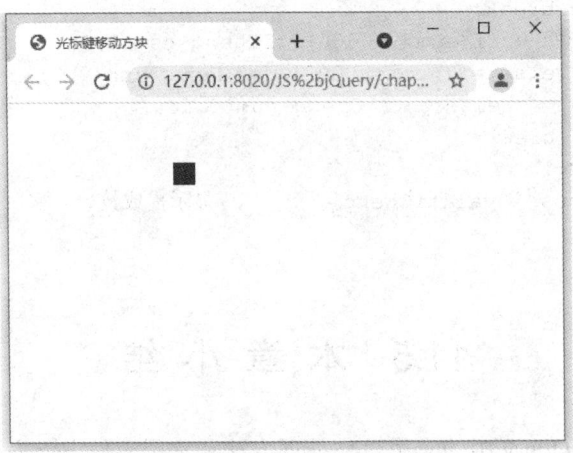

图 11-12　按光标移动键移动 div 块

2. 设计如图 11-13 所示的页面，用 jQuery 实现单击加号和减号按钮改变购物数量。

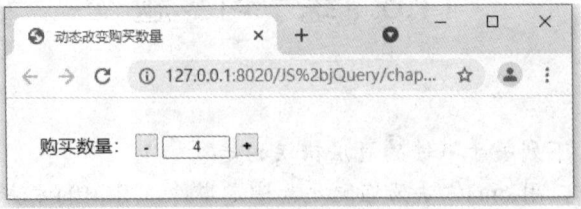

图 11-13　单击加号和减号按钮改变购物数量

3. 如图 11-14 所示，用 jQuery 的 hover() 方法实现鼠标经过图片时改变透明度。

4. 实现如图 11-15 所示的手风琴效果的广告展示，利用鼠标的移入和移出实现简单的手风琴效果。当鼠标滑过图片时，图片宽度改变，如图 11-16 所示。

图 11-14　鼠标经过图片时改变透明度

图 11-15　手风琴默认效果

图 11-16　手风琴效果

第 12 章　jQuery 动画效果

在 Web 开发中，动画效果的添加，不仅能增强页面的美观性，更能提升用户的体验。利用 jQuery 提供的动画技术，能够轻松地为网页添加精彩的动画效果。

本章的学习目标
- 掌握 jQuery 中的显示与隐藏效果
- 掌握 jQuery 中的滑动效果
- 掌握 jQuery 中的淡入淡出效果
- 掌握 jQuery 中的自定义动画

12.1　显示与隐藏效果

页面中元素的显示与隐藏效果是最基本的动画效果，jQuery 中提供了 show()和 hide()方法来实现此动画功能。

12.1.1　隐藏元素的 hide()方法

hide()方法是 jQuery 中最基本的动画方法，该方法的基本语法如下。

`$(selector).hide(speed,callback)`

该方法中的两个参数都是可选的。参数 speed 定义元素从可见到隐藏的速度。默认为 0。可选用的值为 slow(600ms)、normal(400ms)、fast(200ms)或表示毫秒的整数。参数 callback 表示 hide 函数执行完之后，要执行的函数。

如果被选的元素处于显示状态，则隐藏该元素。在设置速度的情况下，元素从可见到隐藏的过程中，会逐渐地改变其高度、宽度、外边距、内边距和透明度。

案例 12-1-1　在图 12-1 中，单击"隐藏盒子"按钮，隐藏页面中的 div 盒子。

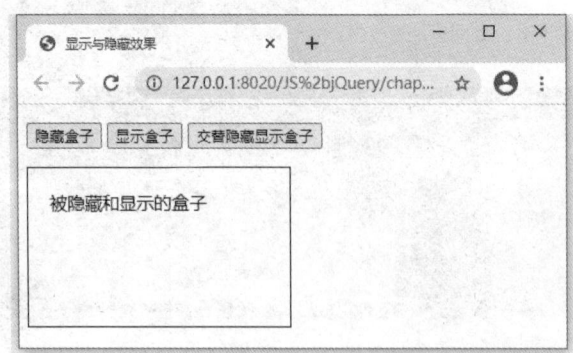

图 12-1　盒子的隐藏与显示

关键代码如下。

```html
<html>
    <head>
        <style>
            div{width: 200px;height: 100px;border: 1px solid #000000;padding: 20px;}
        </style>
    </head>
    <body>
        <p> <button id="btn1">隐藏盒子</button>
            <button id="btn2">显示盒子</button>
            <button id="btn3">交替隐藏显示盒子</button>
        </p>
        <div id="d1">被隐藏和显示的盒子</div>
    </body>
</html>
<script src="js/jquery-3.0.0.min.js"></script>
<script>
    $().ready(function(){
        $('#btn1').on('click',function(){
            $('#d1').hide(1000,function(){   //隐藏盒子后，执行函数，弹出提示框
                alert('盒子已被隐藏！');
            });
        });
    });
</script>
```

保存文件，文件名为 12-1-1.html，在浏览器中运行文件，效果如图 12-1 所示。单击"隐藏盒子"按钮，div 盒子用 1 秒时间隐藏。隐藏盒子后执行函数，弹出提示框。

12.1.2 显示元素的 show()方法

show()方法的功能和 hide()方法正好相反，其功能是如果被选元素已被隐藏，则显示这些元素。其基本语法格式如下。

显示与隐藏效果
-show()方法

`$(selector).show(speed,callback)`

其参数的含义与 hide()方法中的参数含义完全相同。

说明： 如果被选元素已经可见，则该方法不产生任何效果，除非定义了 callback 函数。

在案例 12-1-1 中，为"显示盒子"按钮编写 click 事件处理函数，代码如下。

```
$('#btn2').on('click',function(){
    $('#d1').show(1000);
});
```

单击图 12-1 中的"显示盒子"按钮，如果盒子已被隐藏，则用 1 秒时间显示出来。

12.1.3 交替显示隐藏元素

jQuery 中提供的 toggle()方法可以实现交替显示和隐藏元素的功能,即自动切换 hide() 和 show()方法。该方法执行时,检查被选元素的状态,如果元素已隐藏,则运行 show()方法。如果元素可见,则运行 hide()方法,从而实现交替显示隐藏元素的效果。该方法的基本语法格式如下。

显示与隐藏效果
-toggle()方法

```
$(selector).toggle(speed,callback)
```

其参数的含义与 hide()方法中的参数含义完全相同。

在案例 12-1-1 中,为"交替隐藏显示盒子"按钮编写 click 事件处理函数,代码如下。

```
$('#btn3').on('click',function(){
    $('#d1').toggle(1000);
});
```

单击图 12-1 中的"交替隐藏显示盒子"按钮,实现盒子交替显示和隐藏的效果。

说明:toggle() 方法在 jQuery 版本 1.8 中已被废弃,在版本 1.9 中已被移除。

12.1.4 实训案例

show()和 hide()方法在 jQuery 的动画设计中经常应用,下面通过横向导航菜单的设计进一步学习掌握。

实训案例

案例 12-1-2 应用 jQuery 的 hover 事件和 hide()、show()等方法实现横向导航菜单,效果如图 12-2 所示。

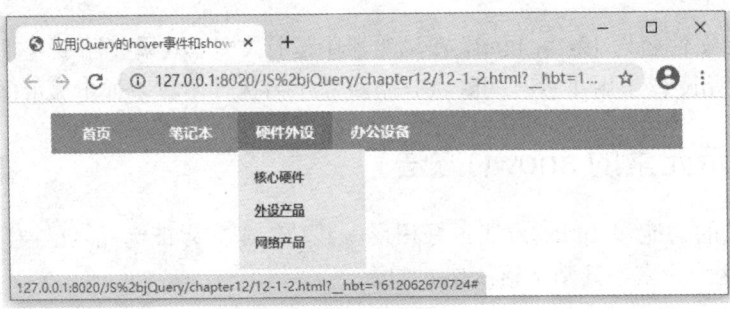

图 12-2 横向导航菜单

设计图 12-2 所示的横向导航菜单,步骤如下。

(1) 编写 HTML 页面代码,用无序列表设计导航菜单。

```
<body>
    <div class="nav">
        <ul id="droplist_ul">
            <li><a href="default.htm" >首页</a></li>
            <li><a href='#'>笔记本</a>
                <ul> <li><a href="#">笔记本电脑</a></li>
                    <li><a href="#">笔记本配件</a></li>
```

```html
                <li><a href="#">电脑包</a></li>
            </ul>
        </li>
        <li><a href='#'>硬件外设</a>
            <ul><li><a href="#">核心硬件</a></li>
                <li><a href="#">外设产品</a></li>
                <li><a href="#">网络产品</a></li>
            </ul>
        </li>
        <li><a href='#'>办公设备</a>
            <ul><li><a href="#">办公设备</a></li>
              <li><a href="#">办公耗材</a></li>
            </ul>
        </li>
    </ul>
  </div>
</body>
```

以上代码中，用嵌套的无序列表作为横向导航菜单的下拉菜单。

(2) 编写 CSS 样式代码，实现横向导航菜单。

```html
<style>
    *{padding: 0;margin: 0; }
    ul{list-style: none; }
    /*导航链接样式*/
    .nav {background:#11BB99; height:37px; width:600px; margin: 10px auto; }
    .nav li {float:left; position:relative; min-width:90px; text-align: center; }
    /*鼠标指向菜单项的样式*/
    .nav li.on {background:#1E90FF; }
    .nav a {font-size:14px; line-height:37px; font-weight:bold;
    color: #fff; text-decoration: none;  }
    /*嵌套的子菜单的样式定义*/
    .nav li ul { position:absolute; top:35px; display:none; background:#EEE;
    padding:10px 15px;   }
    /*下拉菜单超链接的样式*/
    .nav li ul li a {font-size:12px; line-height:30px; display:block; color:#444;
    text-align: left; }
    /*鼠标指向子菜单项的样式*/
    .nav li ul li a:hover {color:#c00; text-decoration: underline; }
</style>
```

(3) 编写 JavaScript 代码，实现鼠标指向横向导航菜单的菜单项时出现下拉菜单。

```html
<script src="js/jquery-3.0.0.min.js"></script>
<script>
    $(document).ready(function(){
        $(".nav>ul>li").hover(function(){
            //鼠标移动到该栏目时，显示下拉菜单
```

```
                $(this).addClass("on");           //设置当前栏目的样式
                $(this).find("ul").show();        //显示嵌套的无序列表，即下拉菜单
            
            },function(){
                //鼠标离开该栏目，下拉菜单隐藏
                $(this).removeClass("on");        //移除当前栏目的样式
                $(this).find("ul").hide();        //隐藏嵌套的无序列表
            });
        });
    </script>
```

以上代码中，使用 show()和 hide()方法，实现当鼠标指向菜单项时，出现其对应的下拉菜单，鼠标离开时，下拉菜单隐藏。

保存文件，文件名为 12-1-2.html，在浏览器中预览，效果如图 12-2 所示。

12.2 滑动效果

通过 jQuery，可以在元素上创建滑动效果，jQuery 提供的滑动方法有 slideDown()、slideUp()和 slideToggle()，下面详细介绍它们的用法。

12.2.1 向上收缩效果

jQuery 中的 slideUp()方法用于向上滑动元素，从而实现向上收缩的效果。该方法实际上是通过改变元素的高度实现的收缩效果。slideUp()方法的基本语法格式如下。

向上收缩效果

```
$(selector).slideUp(speed,callback)
```

其参数的含义与 hide()方法中的参数含义完全相同。

案例 12-2-1　在图 12-3 中，单击"收起图片"按钮，图片向上收起隐藏。

关键代码如下。

```
<html>
    <head>
        <style>
            img{width: 350px;height: 230px;border: 1px solid #AAAAAA;}
        </style>
    </head>
    <body>
        <p> <button id="btn1">收起图片</button>
            <button id="btn2">展开图片</button>
            <button id="btn3">交替伸缩显示图片</button>
        </p>
        <div id="d1"><img src="img/p1.jpg"></div>
    </body>
</html>
```

```
<script src="js/jquery-3.0.0.min.js"></script>
<script>
    $().ready(function(){
        $('#btn1').on('click',function(){
            $('#d1').slideUp(1000);  //用 1 秒时间，收起图片
        });
    });
</script>
```

以上代码中，为"收起图片"按钮的 click 事件绑定处理函数，当单击该按钮时，图片所在的 div 向上滑动收缩，实现图片收起效果。

图 12-3 图片收起和展开效果

12.2.2 向下展开效果

jQuery 中提供了 slideDown()方法用于向下滑动元素，该方法通过使用滑动效果，逐渐显示被隐藏的元素。该方法的基本语法格式如下。

向下展开效果

$(selector).slideDown(speed,callback)

其参数的含义与 hide()方法中的参数含义完全相同。

说明： 如果被选元素已经可见，则该方法不产生任何效果，除非定义了 callback 函数。在案例 12-2-1 中，为"展开图片"按钮编写 click 事件处理函数，代码如下。

```
$('#btn2').on('click',function(){
        $('#d1').slideDown(1000);
    });
```

单击图 12-3 中的"展开图片"按钮，如果图片已被收起，则用 1 秒时间向下展开。

12.2.3 交替伸缩效果

jQuery 中的 slideToggle()方法通过使用滑动效果(高度变化)来切换元素

交替伸缩效果

的可见状态。该方法执行时，检查被选元素的状态，如果元素是可见的，则隐藏这些元素。如果元素是隐藏的，则显示这些元素。该方法的基本语法格式如下。

```
$(selector).slideToggle(speed,callback)
```

其参数的含义与 hide()方法中的参数含义完全相同。

在案例 12-2-1 中，为"交替伸缩显示图片"按钮编写 click 事件处理函数，代码如下。

```
$('#btn3').on('click',function(){
    $('#d1').slideToggle(1000);
});
```

单击图 12-3 中的"交替伸缩显示图片"按钮，实现图片交替收起和展开的效果。

12.2.4　实训案例

滑动效果在 jQuery 的动画设计中经常应用，下面通过设计实现折叠与展开网页内容的特效进一步学习掌握。

实训案例

案例 12-2-2　应用 jQuery 的 slideUp 和 slideDown 等方法设计折叠与展开网页内容的特效，效果如图 12-4 所示。

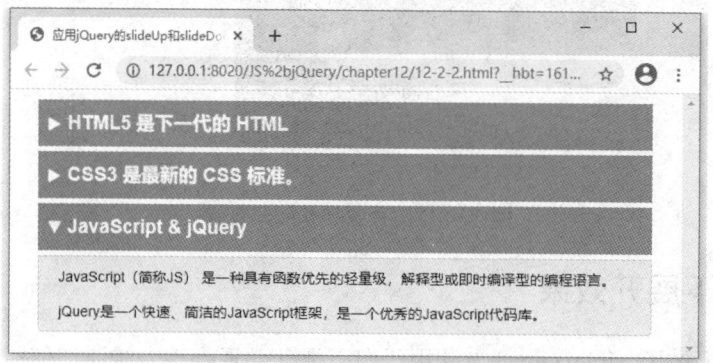

图 12-4　折叠与展开网页内容的特效

在图 12-4 中，单击一个标题则展开其下方的详细信息，同时其他标题对应的详细信息收起。设计步骤如下。

（1）编写 HTML 页面代码。

```
<body>
    <div class="container">
        <h3 class="title"><a href="#">HTML5 是下一代的 HTML</a></h3>
        <div class="content">
            <p>HTML5 将成为 HTML、XHTML 以及 HTML DOM 的新标准。</p>
        </div>
        <h3 class="title"><a href="#">CSS3 是最新的 CSS 标准。</a></h3>
        <div class="content">
            <p>CSS3 是 CSS(层叠样式表)技术的升级版本，于 1999 年开始制订。</p>
        </div>
```

```
        <h3 class="title"><a href="#">JavaScript & jQuery</a></h3>
        <div class="content">
            <p>JavaScript(简称 JS)是一种具有函数优先的轻量级,解释型或即时编译型的编程语言。</p>
            <p>jQuery 是一个快速、简洁的 JavaScript 框架,是一个优秀的 JavaScript 代码库。</p>
        </div>
    </div>
</body>
```

(2) 编写 CSS 样式代码。

```
<style type="text/css">
    *{padding: 0;margin: 0;}
    body {font: 12px normal Arial, Helvetica, sans-serif,"微软雅黑";    }
    .container {width: 620px; margin: 10px auto;    }
    /*标题的样式*/
    h3.title {margin: 0 0 5px 0;
        background:url(img/arrow1.png) no-repeat 10px 17px #00BB9C;
        height: 46px; line-height: 46px; font-size: 1.6em;    }
    h3.title a {color: #fff; text-decoration: none;    padding: 0 0 0 30px; }
    h3.title a:hover {color: #ccc; }
    /*展开详细信息内容时标题的样式*/
    h3.active {background:url(img/arrow2.png) no-repeat 10px 17px #00BB9C;}

    /*详细信息内容的样式*/
    .content {  margin: 0 0 5px; font-size: 1.2em; background: #f0f0f0;
        border: 1px solid #d6d6d6;   border-radius: 0 0 5px 5px;}
    .content p { padding: 5px 15px;margin: 5px;    }
</style>
```

(3) 编写 JavaScript 代码,实现折叠与展开网页内容的特效。

```
<script type="text/javascript" src="js/jquery-3.0.0.min.js"></script>
<script type="text/javascript">
    $(document).ready(function(){
      $('.content').hide();    //隐藏所有的详细信息
      //第一个项目的详细信息显示
      $('.title:first').addClass('active').next().show();
        $('.title').click(function(){
          if( $(this).next().is(':hidden')){//判断单击的题目的详细信息是否隐藏
            $('.title').removeClass('active').next().slideUp();//收起详细内容
            $(this).toggleClass('active').next().slideDown();//展开详细内容
          }
          return false;
        });
    });
</script>
```

以上代码中，实现页面加载完成后，第一个项目的详细信息展开，其他项目的详细信息收起。用鼠标单击一个标题时，如果它的信息部分处于隐藏状态，则展开它的详细信息。

12.3 淡入淡出效果

jQuery 中提供了 fadeIn()、fadeOut()、fadeToggle() 和 fadeTo() 等方法，用来实现元素的淡入淡出效果。下面详细介绍这些方法的使用。

12.3.1 淡出效果

jQuery 中的 fadeOut() 方法用于淡出可见元素。fadeOut() 方法只是改变元素的透明度，会在指定时间内降低元素的不透明度，直到元素完全消失。该方法的基本语法如下。

淡出效果

```
$(selector).fadeOut(speed,callback)
```

该方法中的两个参数都是可选的。参数 speed 用来设置效果的时长，可选用的值为 slow、fast 或表示毫秒的整数。参数 callback 表示淡出效果完成后要执行的函数。

案例 12-3-1　如图 12-5 所示，在图片上有一个遮罩，单击"淡出遮罩"按钮，遮罩消失，图片清晰地显示出来。

图 12-5　图片的遮罩淡入淡出效果

案例 12-3-1 的关键代码如下。

```
<html>
    <head>
        <style>
            #d1{position: relative;}
            img{width: 400px;height: 250px;border: 1px solid #AAAAAA;}
            #pic1,#pic2{width: 352px;height: 232px;position: absolute;left:
                0;top: 0;}
        </style>
```

```
</head>
<body>
    <p> <button id="btn1">淡出遮罩</button>
        <button id="btn2">淡入遮罩</button>
        <button id="btn3">交替出现遮罩</button>
        <button id="btn4">遮罩半透明</button>
    </p>
    <div id="d1">
        <img src="img/p1.jpg" id="pic1" >
        <img src="img/pic8.png" id="pic2">
    </div>
</body>
</html>
<script src="js/jquery-3.0.0.min.js"></script>
<script>
    $().ready(function(){
        $('#btn1').on('click',function(){
            $('#pic2').fadeOut(1000);
        });
    });
</script>
```

以上代码中,在页面上显示两个图片,第二幅图覆盖在第一幅图上作为第一幅图的遮罩。当单击"淡出遮罩"按钮时,第二幅图淡出,第一幅图清晰地显示出来。

12.3.2 淡入效果

fadeIn()方法用于淡入显示已隐藏的元素。fadeIn()方法会在指定时间内提高元素的不透明度,直到元素完全显示。该方法的基本语法如下。

$(selector).fadeIn(speed,callback)

淡入效果

其参数的含义与 fadeOut()方法中参数的含义完全相同。

在案例 12-3-1 中,为"淡入遮罩"按钮编写 click 事件处理函数,代码如下。

```
$('#btn2').on('click',function(){
    $('#pic2').fadeIn(1000);
});
```

单击图 12-5 中的"淡入遮罩"按钮,第二幅图片用 1 秒时间显示出来,遮挡第一幅图。

12.3.3 交替淡入淡出效果

jQuery 中的 fadeToggle()方法可以在 fadeIn()与 fadeOut()方法之间进行切换。如果元素已淡出,则 fadeToggle()方法会向元素添加淡入效果,如果元素已淡入,则 fadeToggle()方法会向元素添加淡出效果。该方法的基本语法如下。

交替淡入淡出效果

$(selector).fadeToggle(speed,callback)

其参数的含义与 fadeOut()方法中参数的含义完全相同。

在案例 12-3-1 中，为"交替出现遮罩"按钮编写 click 事件处理函数，代码如下。

```
$('#btn3').on('click',function(){
    $('#pic2').fadeToggle(1000);
});
```

单击图 12-5 中的"交替出现遮罩"按钮，第二幅图片会交替淡入或淡出显示。

12.3.4　不透明效果

fadeTo()方法可以把元素的不透明度以渐进方式调整到指定的值。这个动画效果只是调整元素的不透明度，元素的宽度和高度不会变化。该方法的基本语法如下。

不透明效果

```
$(selector).fadeTo(speed,opacity,callback)
```

其中，参数 speed 表示元素从当前透明度到指定透明度的速度，可选用的值为 slow、fast 或表示毫秒的整数；参数 opacity 是必选项，表示要淡入或淡出的透明度，取值必须是介于 0.00～1.00 之间的数字；参数 callback 表示 fadeTo()函数执行完后要执行的函数。

在案例 12-3-1 中，为"遮罩半透明"按钮编写 click 事件处理函数，代码如下。

```
$('#btn4').on('click',function(){
    $('#pic2').fadeTo(1000,0.3);
});
```

单击图 12-5 中的"遮罩半透明"按钮，第二幅图片的不透明度变成 0.3，用 1 秒时间。

12.3.5　实训案例

实训案例

案例 12-3-2　用 jQuery 中的 fadeIn()和 fadeOut()方法实现图片轮播，效果如图 12-6 所示。

在图 12-6 中，右侧的一组小图是导航图片，单击小图在左侧出现对应的大图。在不单击导航图片的情况下，会自动循环播放图片，时间间隔为 3 秒。

设计步骤如下。

(1) 编写 HTML 代码。

```html
<body>
    <div id="box">
        <div id="nav">
            <img src="img/p1.jpg" alt="风景图片 1" />
            <img src="img/p2.jpg" alt="风景图片 2" />
            <img src="img/p3.jpg" alt="风景图片 3" />
            <img src="img/p4.jpg" alt="风景图片 4" />
        </div>
        <div id="pic">
            <img src="img/p1.jpg" alt="风景图片 1" />
            <img src="img/p2.jpg" alt="风景图片 2" />
```

```
            <img src="img/p3.jpg" alt="风景图片 3" />
            <img src="img/p4.jpg" alt="风景图片 4" />
        </div>
    </div>
</body>
```

以上代码中，实现在页面上显示两组图片，第一组为导航图片，第二组为轮播图片。

图 12-6　图片轮播效果图

(2) 编写 CSS 样式代码。

```
<style>
    #box{position: relative;width: 651px;height: 352px;border: 1px solid
        #008000; margin: 20px auto;}
    * { margin: 0; padding: 0; }
    #nav {width: 120px; height:352px; position: absolute; right:3px;
        top:2px; }
    #nav img { width: 120px; height: 80px; margin: 1px 0; }
    #nav img:hover { border: 2px solid red; box-sizing: border-box; }
    #pic{ position: absolute; left:3px; top:3px; }
    #pic img { width: 520px; height: 340px; position: absolute; display:
        none; }
</style>
```

(3) 编写 JavaScript 代码，实现图片轮播显示，图片的显示和隐藏用淡入淡出效果。

```
<script src="js/jquery-3.0.0.min.js"></script>
<script>
    var count = 0;    //记录图片是第几张
    $("#pic img").eq(0).fadeIn(1);    //初始图片显示状态，第一张图片先显示
    $("#nav img").on("click", changePic);    //给导航框小图片添加单击事件
    var list = Array.from($("#nav img"));    //将小图图片列表放在数组中
    function changePic(e) {                  //小图单击事件的处理函数
        var index = list.indexOf(this);      //在数组中查找被单击的那一项的索引
        count = index;    //当单击时将自动切换的索引号换成单击的那个
        $("#pic img:visible").fadeOut(500);    //初始化所有图片，将显示的隐藏
        $("#pic img").eq(index).fadeIn(500);//被单击的图片显示
```

```
        }
    setInterval(autoMove, 3000);              //每 3 秒自动切换一次图片
    function autoMove() {
        count++;                              //切换图片计数,实现循环切换
        if (count > 3) {
            count = 0;
        }
        $("#pic img:visible").fadeOut(500);   //初始化所有图片,将显示的隐藏
        $("#pic img").eq(count).fadeIn(500);  //下一张图片显示
    }
</script>
```

以上代码中,changePic(e)函数为右侧导航图片的单击事件处理函数,单击小图时,当前图淡入显示,其他图淡出隐藏。autoMove()函数为循环执行的函数,每次让索引为 count 的图淡入显示,其他图淡出隐藏。

12.4 自定义动画效果

jQuery 中除了常用的显示、隐藏、滑动以及淡入淡出效果外,还支持自定义动画,用户可以根据开发需求自定义。下面介绍与自定义动画相关的方法。

12.4.1 自定义动画

在 jQuery 中,可以使用 animate()方法来自定义动画,该方法的基本语法格式如下。

自定义动画

```
$(selector).animate(styles,speed,callback)
```

其中,参数 styles 是必选项,表示产生动画效果的 CSS 样式和值;参数 speed 用来设置动画的速度,默认值是 normal,可选用的值为 slow、normal、fast 和表示毫秒的整数;callback 表示动画完成后要执行的函数。

案例 12-4-1 在图 12-7 所示的图中,单击"开始动画"按钮,文字从下方出现到图像中间位置显示,效果如图 12-8 所示。

图 12-7　页面初始效果

图 12-8　开始动画后的效果

实现案例 12-4-1 的设计步骤如下。

(1) 编写 HTML 代码。

```html
<body>
        <p id="button">
            <button id="btn1">开始动画</button>
            <button id="btn2">连续动画</button>
            <button id="btn3">停止动画</button>
            <span></span> <!--用来显示动画队列的长度-->
        </p>
        <div id="box">
            <img src="img/p1.jpg">
            <p id="content">美丽的海边风景</p>
        </div>
</body>
```

(2) 编写 CSS 样式代码。

```html
<style>
    button{width: 80px; height: 30px; font-size: 14px; margin-left: 5px; }
    #box{width: 500px; height: 330px; position: relative; border: 1px solid #023E74; overflow: hidden; }
        #content{width:500px; height: 330px; color: red; font-family: "微软雅黑";
            font-weight: 900; font-size: 5px; opacity: 0.1; text-align: center;
            line-height: 300px; position:absolute ; top: 300px; left: 0; }
    .newstyle{text-shadow: 5px 5px rgba(255,255,255,0.4);}
</style>
```

(3) 编写 JavaScript 代码，实现动画功能。

```html
<script src="js/jquery-3.0.0.min.js"></script>
<script>
    $(document).ready(function(){
        $('#btn1').on('click',function(){
            $('#content').animate({top:'0',fontSize:'55px',opacity:'1'},'slow',function(){
                $(this).fadeOut(2000);   });
        });
    });
</script>
```

以上代码中，为<p id="content">元素定义了 animate()动画，当单击"开始动画"按钮时，执行 animate()自定义动画函数，重新设置<p>元素的位置、文字大小和透明度等样式，然后执行淡出效果，实现动画功能。

说明，当使用 animate() 时，必须使用 Camel 标记法(骆驼拼写法)书写所有的属性名，属性名首字母小写，接下来的单词都以大写字母开头，比如，padding-left 使用 paddingLeft 格式，margin-right 使用 marginRight 格式。

12.4.2 动画队列

如果想在一个元素上实现连续的动画效果，就需要使用动画队列的方法。

在 jQuery 中，有 3 个队列控制方法，分别为 queue()、dequeue()和 clearQueue()方法，它们主要用于实现动画队列的 animate()方法、ajax 以及其他按时间顺序执行的事件中。

动画队列

queue()方法主要用于给元素上的函数队列(默认名为 fx)添加函数(动画效果)，也用于显示被选元素上要执行的函数队列。

dequeue()用于从函数队列最前端移除一个函数并执行该函数。

clearQueue()方法用于从尚未运行的队列中移除所有项目。

下面通过案例学习动画队列各种方法的用法。

在案例 12-4-1 中，为"连续动画"按钮编写 click 事件处理函数，实现连续的动画播放，同时定时执行 showQueue()函数，显示队列中未执行的函数的个数。JavaScript 代码如下。

```javascript
$('#btn2').on('click',function(){
    $('#content').fadeIn(2000);    //让淡出的<p>元素淡入,如果执行过淡出的话
    $('#content').animate({fontSize:'55px',opacity: '1',top:'-100px'},2000);
    $("#content").queue('fx',function () {//在函数队列后再添加一个函数
        $(this).addClass("newstyle");
        $(this).dequeue();//从函数队列最前端移除一个函数并执行它
    });
    $('#content').animate({fontSize:'55px',opacity: '1'},1000);
    $('#content').animate({fontSize:'55px',opacity: '0.5'},2000);
    $('#content').animate({top:'0px',opacity: '0.1',fontSize:'5px'},2000);
    showQueue();   //调用函数,显示未执行的函数队列的长度
});
function showQueue(){   //获取<p id="content">上要执行的函数队列
    var q=$('#content').queue('fx');
    $("span").text("队列中未执行的函数的个数:"+q.length);//显示未执行的项目个数
    setTimeout(showQueue);   //定时执行
}
```

以上代码中，为<p>元素定义了多个动画，即动画队列，单击"连续动画"按钮后，依次顺序执行动画函数。同时定义了 showQueue()函数，获取动画队列中尚未执行的项目的个数并显示出来。动画在执行过程中，同时显示未执行的项目的个数。

12.4.3 动画的停止和延时

在 jQuery 中，通过 animate()等方法可以实现元素的动画效果。在元素的动画播放过程中，可以根据需要，用 stop()方法或 finish()方法停止动画的执行，或用 delay()方法延时动画的执行。

动画的停止和延时

1. stop()方法

stop()方法用于停止当前正在运行的动画，有以下几种用法。

$(selector).stop()，直接使用 stop()方法，会立即停止当前正在进行的动画，如果接下来

还有动画等待继续进行,则以当前状态开始接下来的动画。

$(selector).stop(true),会把当前元素接下来尚未执行完的动画队列清空。

$(selector).stop(true,true),直接到达当前动画的最终状态,并清空尚未执行的动画队列。

2. finish()方法

finish()方法用于停止当前正在运行的动画,删除所有队列中的动画,并完成匹配元素的所有动画。

在案例12-4-1中,为"停止动画"按钮编写click事件处理函数,停止动画播放。JavaScript代码如下。用三种方法,都能实现停止动画播放,但原理不同。

```
$('#btn3').on('click',function(){
    //$('#content').clearQueue();    //清除<p>元素上动画队列中尚未运行的项目
    //$('#content').stop(true);       //停止当前动画,并把尚未执行完的动画队列清空
    $('#content').finish();            //立即完成队列中的所有动画后停止动画
});
```

3. delay() 方法

delay()方法用于对队列中的下一项的执行设置延迟。

例如,对案例12-4-1中的"开始动画"按钮的JavaScript代码进行修改,实现<p>元素2秒后淡出,修改后的代码如下。

```
$('#content').animate({top:'0',fontSize:'55px',opacity:'1'},'slow',function(){
    $(this).delay(2000).fadeOut(2000);    //延时2秒后淡出
});
```

以上代码中,<p>元素先执行动画,然后延时2秒,最后元素淡出。

12.4.4 实训案例

案例12-4-2 用jQuery设计实现无缝轮播图,例如,电商网站的新品推荐、新闻网站的头条新闻等。如图12-9所示,用多张图片切换的方式实现图片轮播。

实训案例

图12-9 无缝轮播图

设计实现无缝轮播图，步骤如下。

(1) 编写 HTML 代码，页面内容有热点图片、底部圆点和左右翻页箭头三部分。

```
<body>
    <div class="banner">
        <ul class="hot">  <!--轮播图片-->
            <li><a href="#"><img src="img/p1.jpg" ></a></li>
            <li><a href="#"><img src="img/p2.jpg" ></a></li>
            <li><a href="#"><img src="img/p3.jpg" ></a></li>
            <li><a href="#"><img src="img/p4.jpg" ></a></li>
            <li><a href="#"><img src="img/p5.jpg" ></a></li>
        </ul>
        <!--小圆点-->
        <ul class="dot"><li class="on"></li><li></li><li></li><li></li><li></li></ul>
        <!-- 左右翻页箭头-->
        <div class="arrow"><span class="prev">&lt;</span>
            <span class="next">&gt;</span></div>
    </div>
</body>
```

(2) 编写 CSS 代码，实现图 12-9 所示的显示效果。

```
<style>
    *{margin: 0;padding: 0;}
    ul{list-style:none;}
    /*轮播图所在div样式定义，溢出的内容隐藏*/
    .banner{position:relative;overflow:hidden;margin:10px auto;
        width:550px;height:340px;}
    /* 热点图样式 */
    .hot{position:absolute;top:0;left:0;}   /*热点图的无序列表定位*/
    .hot li{float:left;}    /*图片在一行上显示，但只看到一张图片，溢出的隐藏*/
    .hot li img{width:550px;height:340px;}   /*图片的大小*/
    /*小圆点样式，实现无序列表的小圆点在一行显示，定位在图片的底部 */
    .dot{position:absolute;bottom:10px;width:100%;text-align:center;font-size:0;}
    .dot li{display:inline-block;margin:0 5px;width:15px;height:15px;border-radius:50%;
        background:rgba(100,100,100,.7);cursor:pointer;}
    .dot .on{background-color:#fff;}  /*显示图片对应的圆点的样式*/
    /* 左右翻页箭头样式 */
    .arrow{display:none;}   /*左右翻页箭头默认不显示*/
    .arrow span{display:block;width:35px;height:70px;background:rgba(0,0,0,0.6);
        color:#fff;text-align:center;font-size:30px;line-height:70px;cursor:pointer;}
    /*左翻页箭头位置*/
    .arrow .prev{position:absolute;top:50%;left:0;margin-top:-35px;}
```

```
/*右翻页箭头位置*/
.arrow .next{position:absolute;top:50%;right:0;margin-top:-35px;}
</style>
```

(3) 编写 JavaScript 代码，实现图片的无缝轮播。

```
<script src="js/jquery-3.0.0.min.js"></script>
<script>
    $(function() {
        var i = 0;                   // 当前显示的图片索引
        var timer = null;            // 定时器
        var delay = 2000;            // 图片自动切换的间隔时间
        var width = 550;             // 每张图片的宽度
        var speed = 350;             // 动画时间，用于保存动画的速度
        var firstimg = $('.hot li').first().clone();//复制列表中的第一个图片
        //追加图片，并设置<ul>的宽度为图片张数 * 图片宽度
        $('.hot').append(firstimg).width($('.hot li').length * width);
     //设置周期计时器，实现图片自动切换，timer 记录 setInterval()返回的 ID 值
      timer = setInterval(imgChange, delay);//定时重复地执行 imgChange()函数
     //实现自动切换图片的函数
      function imgChange() {
          ++i;
          isCrack();              //调用 isCrack()函数，实现图片切换
          dotChange();            //调用 dotChange()函数，实现圆点切换
      }
 // 实现图片无缝轮播的函数
 function isCrack() {
     if (i == $('.hot li').length){//判断当前图片是列表中最后一张图片，也即第一张图片
        $('.hot').css({left: 0});//设置<ul>的 left 值为 0，向左切换回到第一张图片
        i = 1;                  //指定下一次显示索引号为 1 的第二张图片
     }
     //先停止所有正在执行的动画，然后再按指定的速度向左执行动画
     $('.hot').stop().animate({left:  i * width}, speed);
 }
 // 实现自动切换对应圆点的函数
  function dotChange() {
     if(i==$('.hot li').length - 1){//判断当前图片是列表中最后一张图片，也即第一张图片
         //第一个圆点样式
         $('.dot li').eq(0).addClass('on').siblings().removeClass('on');
     } else {
                          //第 i 个圆点样式
         $('.dot li').eq(i).addClass('on').siblings().removeClass('on');
     }
  }
 // 鼠标移入移出图片区的事件切换，设置图片轮播的停止和播放
  $('.banner').hover(function() {
     clearInterval(timer);    //鼠标移入图片，清除周期计时器，暂停自动播放
  }, function() {
     timer = setInterval(imgChange, delay);//鼠标移出，设置周期计时器，开始动画
```

```javascript
});
//鼠标移入移出图片区的事件切换，设置左右切换的箭头显示和隐藏
$('.banner').hover(function () {
    $('.arrow').show();              //鼠标进入图片时，箭头区域显示
    }, function () {
        $('.arrow').hide();          //鼠标离开图片时，箭头区域隐藏
    });
//向右箭头，单击，向左切换，显示右侧图片
$('.next').click(function () {
    imgChange();                     //调用执行 imgChange()函数
});
//向左箭头，单击，向右切换，显示左侧图片
$('.prev').click(function () {
    --i;
    if (i == -1) {
        //准备显示倒数第二张图片，即最后一轮播图片
        i = $('.hot li').length - 2;
        //定位到倒数第一张图片
        $('.hot').css({left: -($('.hot li').length -1) * width});
    }
    //切换到倒数第二张图片
    $('.hot').stop().animate({left: -i * width}, speed);
    dotChange();                     //调用 dotChange()函数，实现圆点切换
});
// 鼠标滑入圆点
$('.dot li').mouseover(function () {
    i = $(this).index();             //获取当前圆点的索引号
    //切换显示索引号为 i 的图片
    $('.hot').stop().animate({left: -i * width}, 200);
    dotChange();                     //调用 dotChange()函数，实现圆点切换
});
});
</script>
```

以上代码中，实现了 5 张图片的无缝轮播。当显示到最后一张图片时，再向左切换回到第一张图片，就实现了无缝切换效果。为了实现这种效果，首先把第一张图复制链接到最后一张图的后面，因此图片列表长度变成 6，列表中的最后一张图片就是第一张图片。轮播图片的位置和索引关系如图 12-10 所示。

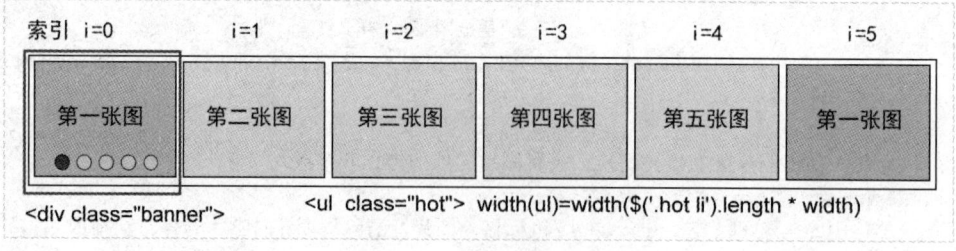

图 12-10 轮播图片的位置关系

当动画播放到 i=5 的图片时,即 i=5 的图片向左移动直到完全显示时,立即将<ul>样式的 left 值设为 0,切换到 i=0 的第一张图片,然后接着向左移动显示 i=1 的图片,这样,就实现了无缝轮播。

12.5 本章小结

本章主要讲解了 jQuery 中的动画设计技术,首先介绍了简单的 show() 和 hide()方法,接着介绍了 fadeIn()和 fadeOut()方法、slideUp()和 slideDown() 方法,这些方法都能够实现特定的动画效果。最后介绍了 animate()方法,用来实现自定义动画效果,该方法也能实现前面的所有动画效果。在利用 jQuery 实现连续动画的时候,还需要注意动画队列的执行顺序,注意回调函数的使用。

本章小结

12.6 练习题

一、填空题

1. jQuery 中,能实现隐藏页面元素的方法有_____、_____和_____。
2. 在 jQuery 中,能显示隐藏页面元素的方法有_____、_____和_____。
3. 如果想在一个元素上实现连续的动画效果,就需要使用_____方法。

二、判断题

1. jQuery 中提供的 toggle()方法可以实现交替显示和隐藏元素的功能。 (   )
2. slideUp()方法通过高度变化(向上减小)来动态地隐藏所有匹配的元素。 (   )

三、选择题

1. 下列选项关于 jQuery 中的淡入淡出动画效果描述错误的是(   )。
   A. fadeOut()方法是通过不透明度的变化来实现所匹配元素的淡出效果
   B. fadeOut()、fadeIn()、fadeToggle()的表示动画时长的参数只能为毫秒数
   C. fadeToggle()通过不透明度的变化来开关所有匹配元素的淡入和淡出效果
   D. fadeOut()、fadeIn()可常用于制作淡入淡出的幻灯片效果
2. 在 jQuery 中,关于 stop()的说法错误的是(   )。
   A. stop()停止当前动画,后续动画继续执行
   B. stop(true)停止当前动画,后续动画不执行
   C. stop(true,true)停止当前执行的动画,直接跳到当前动画的最终状态,后续动画不执行
   D. stop(true,true)停止当前执行的动画,直接跳到当前动画的最终状态,后续动画继续执行
3. (多选)在 jQuery 中,能够实现将 div 层隐藏的语句是(   )。
   A. $("div").css("display","none")   B. $("div").addClass ("display","none")

C. $("div").show()   D. $("div").hide()

四、编程题

1. 单击页面上的图片，切换成第二张图片，再单击第二张图片又切换成第一张图片。如图 12-11 和图 12-12 所示。

图 12-11　初始状态　　　　　　　　图 12-12　单击图片更换图片

2. 用 jQuery 中的 slideDown() 和 fadeOut() 设计下拉菜单，效果如图 12-13 所示。

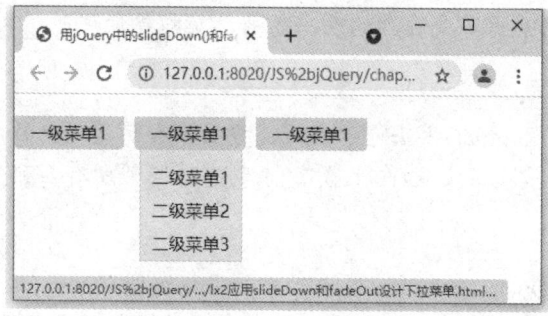

图 12-13　下拉菜单

3. 实现网站信息滚动与等待的交替效果，如图 12-14 所示，文字每隔 5 秒向上滚动一次显示的内容。

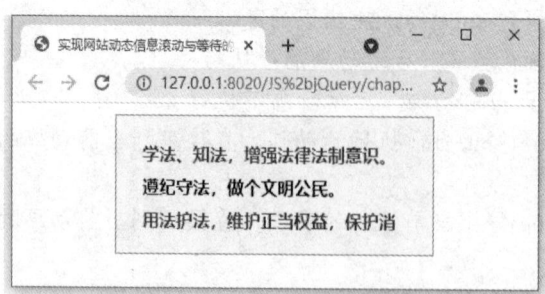

图 12-14　信息滚动与等待的交替效果

4. 设计实现适配移动端的底部导航菜单,如图 12-15 所示,鼠标指向菜单时,向上出现子菜单。

图 12-15　适配移动端的底部导航菜单

第 13 章　Ajax 基础

Ajax 是一个与服务器密切相关的技术，可以使网页与服务器进行数据交互，提升用户体验。它有机地将各种交互式网页应用技术结合起来，实现了无刷新更新页面。jQuery 对 Ajax 操作进行了封装，可以在 jQuery 应用中方便地进行应用和实现。本章将结合 Web 服务器的相关基础知识，详细讲解 Ajax 的使用。

本章的学习目标

- 熟悉 Ajax 和 HTTP 的基本概念
- 掌握 Ajax 对象的创建、常用方法和属性的使用
- 掌握 JSON 数据格式的使用
- 掌握 jQuery 中与 Ajax 技术相关的方法
- 掌握 jQuery 中的 Ajax 事件

13.1　Web 基础知识

Web 基础知识

在前面的学习中，用户直接使用浏览器查看本机保存的网页，并没有涉及服务器的概念，但若需要网页能够被互联网中的其他用户访问，就要将网页发布到服务器上，用户通过网址来访问这些网页。在网页上，通过使用 Ajax 技术可以实现与服务器的数据交互。

在学习 Ajax 前，需要先了解一些与 Web 服务器相关的基础知识，只有掌握了这些内容才能够更好地理解 Ajax 技术的工作原理。下面介绍 Web 服务器的相关基础知识。

13.1.1　Web 服务器

Web 服务器又称为网站服务器，主要用于提供网上信息浏览服务。常见的 Web 服务器软件有 Apache HTTP Server(简称 Apache)、Nginx 等，它们可以接收用户请求的资源路径，返回相应的资源。

例如，当客户端请求"http://www.example.com/index.html"这样一个 URL 地址时，表示使用 HTTP 协议与域名为"www.example.com"的服务器进行数据交互，请求的资源路径为"index.html"。服务器接收到请求后，就会到站点目录下读取 index.html 返回给浏览器，如果文件不存在则返回错误信息。整体交互的过程如图 13-1 所示。

在 Web 服务器中，请求资源分为静态资源和动态资源两种。静态资源由 Web 服务器读取文件后直接返回，如图 13-1 中的 about.html、index.html 都是静态资源，只要服务器没有修改这些文件，客户端每次请求到的都是同样的内容。动态资源的特点是内容可以动态发生变化，当服务器收到一个动态网页请求时，将其交给服务器端程序(如 PHP)进行处理，处理完成后，将结果填入到网页模板中，返回给浏览器。

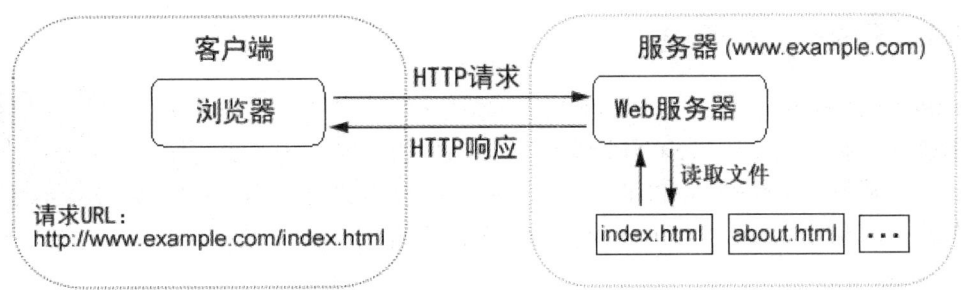

图 13-1 浏览器与服务器的交互

服务器端 Web 开发常用的技术有 PHP、ASP.NET、JSP 等，在这些技术中，PHP 具有简单易学、开发速度快等特点，本章的服务器端代码选择 PHP 语言进行演示。

13.1.2　HTTP

HTTP(HyperText Transfer Protocol，超文本传输协议)是一种基于"请求"和"响应"的协议，是万维网的数据通信基础，当客户端与服务器建立连接后，客户端(浏览器)向服务器端发送一个请求，这个请求称为 HTTP 请求，服务器接收到请求后做出响应，称为 HTTP 响应。

HTTP 协议定义 Web 客户端如何从 Web 服务器请求 Web 页面，以及服务器如何把 Web 页面传送给客户端。客户端发起 HTTP 请求到服务器上指定端口(默认端口为 80)，应答的服务器上存储着一些资源，比如 HTML 文件和图像，服务器处理请求后把满足要求的内容传递到客户端。

HTTP 协议采用了请求/响应模型，HTTP 请求/响应的步骤如下。

(1) 客户端连接到 Web 服务器：HTTP 客户端，通常是浏览器，与 Web 服务器的 HTTP 端口(默认为 80)建立连接。例如，http://www.baidu.com。

(2) 发送 HTTP 请求：客户端向 Web 服务器发送一个请求报文。

(3) 服务器接收请求并返回 HTTP 响应：Web 服务器解析请求，定位请求资源，把请求的结果传递到客户端。

(4) 释放连接：服务器主动关闭连接，客户端被动关闭连接，释放连接。

(5) 客户端浏览器解析 HTML 内容：客户端浏览器查看请求是否成功，如果成功，读取响应数据 HTML，根据 HTML 的语法对其进行格式化，并在浏览器窗口中显示。

13.2　Web 服务器搭建

为了更好地学习 Ajax 技术，本节将介绍如何在本机搭建一个 Web 服务器，并通过案例对传统的前后端交互方式进行演示。

13.2.1 PHP 开发环境

PHP(Pre Hypertext Preprocessor)即超文本预处理器,是在服务器端执行的脚本语言,主要应用于 Web 服务端开发,特别适合 Web 开发并可嵌入 HTML 中。从 5.4 版本开始,PHP 内置了一个简单的 Web 服务器,可以方便开发人员在本地测试。下面用 PHP 搭建一个简单的 Web 服务器环境。

PHP 开发环境

1. 下载 PHP

在 PHP 官方网站(https://php.net)下载 PHP 安装包,由于版本一直在更新,本书下载的版本是 php-8.0.3-nts-Win32-vs16-x64.zip,其中 x64 表示运行于 64 位操作系统上。

2. 创建目录

创建 "C:\web\php8" 作为 PHP 的安装目录,创建 "C:\web\site" 作为 PHP 的站点目录。

3. 启动 PHP 内置的 Web 服务器

首先将下载的压缩包解压到 "C:\web\php8" 目录下,然后启动 cmd 命令行工具,并将工作目录切换为该目录。命令行窗口如图 13-2 所示。

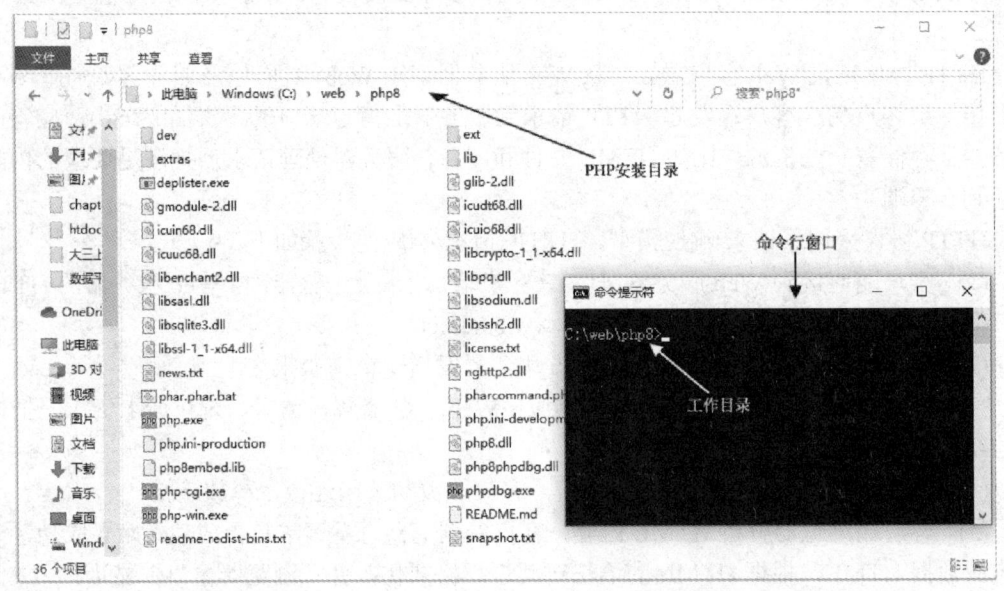

图 13-2 PHP 的安装目录和命令行窗口

在命令行窗口中执行如下命令,启动 PHP 内置的 Web 服务器。

```
php -S localhost:8081 -t "C:\web\site"
```

上述命令中,"-S"用于启动内置 Web 服务器(注意 S 必须为大写字母),后面的参数表示网络地址和端口号,此处为 "localhost:8081",表示本地服务器 8081 端口;"-t"用于指定站点目录,此处为 "C:\web\site"。命令行执行后的效果如图 13-3 所示。

Web 服务器窗口启动成功后，可以将命令行窗口最小化，进行其他操作。如需停止 Web 服务器，可在命令行窗口中按 Ctrl+C 组合键退出 PHP 程序。

需要注意的是，如果本机的 8081 端口被其他程序占用，会造成 Web 服务器启动失败，此时可以更换其他端口再启动。

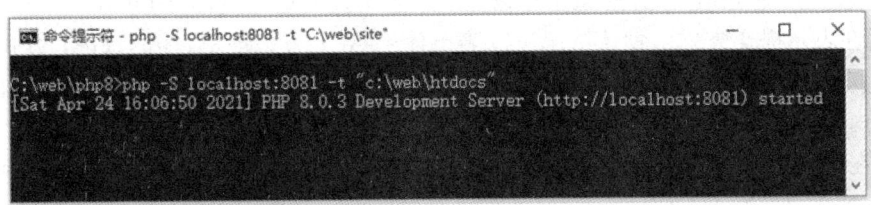

图 13-3 启动 PHP 内置的 Web 服务器

4. Web 服务器测试

在服务器的 Web 站点目录"C:\web\site"下创建网页文件 13-1-1.html，然后通过"http://localhost:8081/13-1-1.html"访问该网页，显示效果如图 13-4 所示。

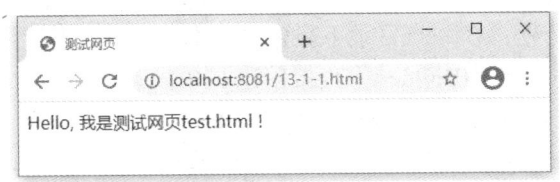

图 13-4 服务器测试

如果看到如图 13-4 所示的效果，说明 Web 服务器已经正常工作了。

13.2.2 前后端交互

Web 开发分为前端和后端，前端是面向用户的一端，即浏览器端，后端是为前端提供服务的服务器端。在动态网站中，许多功能是由前后端交互实现的，例如，用户注册和登录、发表评论、查询积分、余额等。这些操作可分为两类，一类是向服务器提交数据，一类是向服务器查询数据，两者对应的交互方式分别是表单交互和 URL 参数交互。下面将分别演示这两种交互方式。

1. 表单交互

表单交互是指在浏览器端提供一个表单，用户填写表单后提交给服务器，服务器收到表单后返回处理结果。具体实现步骤如例 13-2-1 所示。

案例 13-2-1 表单交互实现。

（1）在站点目录 c:\web\site 下创建 13-2-1.html 文件，编写一个简单的登录表单。关键代码如下。

```
<body>
    <form action="13-2-1.php" method="post">
        账　号：<input type="text" name="UserName"><br/>
```

```
    密 码: <input type="password" name="Password"><br/>
    <input type="submit" value="提交">
</form>
</body>
```

上述代码中，<form>标签的 action 属性表示表单提交地址，13-2-1.php 用于接收表单，method 属性表示提交方式。默认情况下，表单使用 GET 方式提交。由于 GET 方式提交的数据会放到 URL 参数中，导致用户输入的密码被显示出来，因此这里设置为 POST 方式，通过实体内容来发送数据。

(2) 在站点目录 c:\web\site 下创建 13-2-1.php 文件，用于接收表单，将接收结果返回。

```
<?php
    echo "欢迎你! <br/>";         //输出"欢迎你!"
    echo json_encode($_POST);   //将接收到的表单转换成 JSON 格式后输出
?>
```

上述是一段 PHP 代码，输出"欢迎你!"，并将接收到的表单数据转换成 JSON 格式后输出。

创建 PHP 文件的方法：在站点目录下新建"文本文档"，另存为 PHP 类型的文件，编码选择 utf-8 格式也可以在 HBuilder 中直接创建 PHP 文件。

(3) 通过浏览器访问 http://localhost:8081/13-2-1.html，效果如图 13-5 所示。

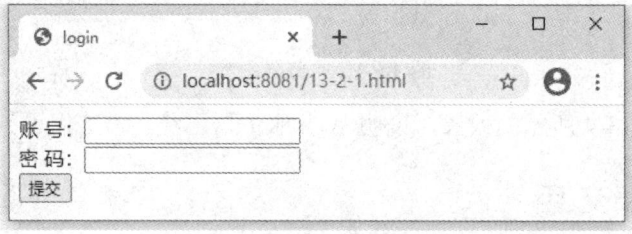

图 13-5　查看表单页面

(4) 在表单中填写账号 st_Tom 和密码 123456，单击"提交"按钮，会看到图 13-6 所示的效果。

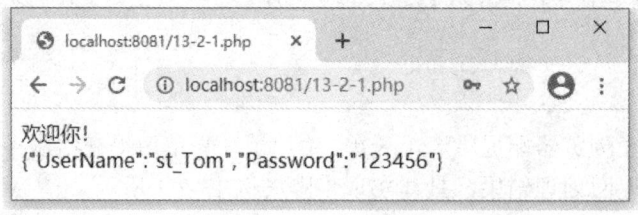

图 13-6　返回处理结果

从图 13-6 中可以看出，PHP 成功接收到了来自表单提交的账号和密码，并以 JSON 格式输出到页面中。其中，UserName 和 Password 对应表单控件的 name 属性，st_Tom 和 123456 是用户在表单上填写的信息。

JSON 格式数据介绍：JSON 是一种与语言无关的数据传输格式，基本上所有的编程语言都支持 JSON 数据格式。使用 JSON 格式可以方便地表示一个对象信息。

需要注意的是，JSON 数据格式的属性名称和字符串值需要用双引号引起来，用单引号或者不用引号会导致读取数据错误。示例如下。

```
{ "name":"John" }        //JSON 中的值是字符串
{ "age":30 }             //JSON 中的值是数字(数字必须是整数或浮点数)
{                        //JSON 中的值是 JSON 对象
    "employee":{ "name":"Bill Gates", "age":62, "city":"Seattle" }
}
{"employees":[ "Bill", "Steve", "David" ] }    // JSON 中的值是数组
{ "sale":true }   // JSON 中的值可以是布尔值 true 或 false
```

2. URL 参数交互

URL 参数经常用于浏览器向服务器提交一些请求信息。例如，在一个在线购物网站上查询一件商品的信息时，可以利用 URL 参数指定用户要查询哪一件商品。首先为每一件商品提供一个唯一的 id，通过 id 确定被查询的商品。"http://www.xxx.com/goods.php?id=1"表示查询 id 为 1 的商品的信息。服务器接收到这个请求后，查询 id=1 的商品的数据，并把查询到的信息返回客户端展示页面进行显示。

前后端交互-URL
参数交互

下面，通过案例了解 PHP 环境中 URL 参数的传递情况。

案例 13-2-2　URL 参数交互。

(1) 在站点目录下编写 13-2-2.php 文件，代码如下。

```php
<?php
    echo json_encode($_GET);   //将接收到的 URL 参数转换成 JSON 格式后输出
?>
```

上述代码用于将接收到的 URL 参数转换成 JSON 格式后输出。

(2) 在浏览器中分别使用如下 URL 进行访问。

http://localhost:8081/13-2-2.php?username=Tom

http://localhost:8081/13-2-2.php?username=Tom&passwprd=123456

http://localhost:8081/13-2-2.php?num[]=a&num[]=b

(3) 接收到 URL 参数后，13-2-2.php 的输出结果分别如下。

```
{"username":"Tom"}
{"username":"Tom","passwprd":"123456"}
{"num":["a","b"]}
```

通过上述示例可以看出，服务器端的 PHP 成功地将 URL 参数转换为 JSON 后返回，实现了浏览器与服务器的数据交互。由于 URL 的长度有限制，因此不推荐使用此方式向服务器提交大量数据，当需要时，可以使用表单提交的方式。

13.3 Ajax 入门

13.3.1 什么是 Ajax

什么是 Ajax

Ajax 是 Asynchronous JavaScript And XML 的缩写,即异步 JavaScript 和 XML 技术。它并不是一门新的语言或技术,而是由 JavaScript、XML、DOM、CSS 等多种已有技术组合而成的一种浏览器端技术,用于实现与服务器进行异步交互的功能。

在传统的 Web 应用模式中,每当用户触发一个页面切换或刷新 HTTP 请求时,就需要服务器返回一个新的页面,即便只有少量数据发生变化,网页中所有的格式图片等都没有改变,依然要从服务器重新加载网页。而使用 Ajax 技术的页面上,通过 Ajax 对象与服务器进行通信,然后通过 DOM 操作将返回的结果更新到局部页面中,在不需要重新载入整个页面的情况下,通过 DOM 操作可以及时地将更新的内容显示在页面中。

13.3.2 Ajax 向服务器发送请求

1. 创建 Ajax 对象

在使用 Ajax 之前,首先需要通过 XMLHttpRequest 构造函数创建 Ajax 对象。目前,XMLHttpRequest 已经被 W3C 组织标准化,通过如下代码可创建 Ajax 对象。

```
var xhr=new XMLHttpReauest ();
```

2. 向服务器发送请求

Ajax 对象创建完成后,就可以使用该对象提供的方法向服务器发送请求。下面分别介绍常用的 open()、send()和 setRequestHeader()方法。

1) open()方法

open()方法用于创建一个新的 HTTP 请求,并指定请求方式、请求 URL 等,其声明方式如下。

```
open ('method', 'URL' [, asyncFlag [,'userName' [,'password']]])
```

在上述声明中,method 用于指定请求方式,如 GET、POST,不区分大小写;URL 表示请求的地址。其余参数为可选参数,其中,asyncFlag 用于指定请求方式,同步请求为 false,默认为异步请求 true;userName 和 password 表示 HTTP 请求的用户名和密码。

2) send()方法

send()方法用于发送请求到 Web 服务器并接收响应。其声明方式如下。

```
send (content)
```

在上述声明中,content 用于指定要发送的数据,其值可为 DOM 对象的实例、输入流或字符串,一般与 POST 请求类型配合使用。需要注意的是,如果请求声明为同步,该方法将会等待请求完成或者超时才会返回,否则此方法将立即返回。

3) setRequestHeader()方法

setRequestHeader()方法用于单独指定某个 HTTP 请求头,其声明方式如下。

```
setRequestHeader ('header', 'value')
```

在上述声明中，参数都为字符串类型，其中 header 表示请求头字段，value 为该字段的值。此方法必须在 open()方法后调用。

在进行 Ajax 开发时，经常使用 GET 方式或 POST 方式发送请求。其中，GET 方式适合从服务器获取数据，POST 方式适合向服务器发送数据。两种方式都可以使用 URL 参数来传递一些数据。在使用 POST 方式发送数据时，需要设置内容的编码格式，告知服务器用什么样的格式来解析数据。

为了更好地理解 Ajax 对象发送请求的方法，下面通过案例进行演示。

案例 13-3-1 发送 GET 方式的 Ajax 请求。

(1) 在 PHP 服务器的 Web 站点目录 C:\web\site 中，创建 13-3-1.html 文件，编写代码实现 Ajax 发送请求，关键代码如下。

```
<body>
    <script>
        var xhr = new XMLHttpRequest();      //创建 Ajax 对象
        xhr.open('GET', '13-3-1.php?a=1&b=2');   //建立 HTTP 请求
        xhr.send();                          //发送请求
    </script>
</body>
```

Ajax 向服务器发送请求-GET 请求

(2) 在相同目录下创建 13-3-1.php 文件，编写代码如下。

```
<?php
    echo json_encode($_GET);   //将接收到的 URL 参数转换成 JSON 格式后输出
?>
```

(3) 启动 PHP 服务器后，通过浏览器访问 http://localhost:8081/13-3-1.html，打开开发者工具的 Network 页面，刷新页面，查看浏览器发送的请求消息，如图 13-7 所示。

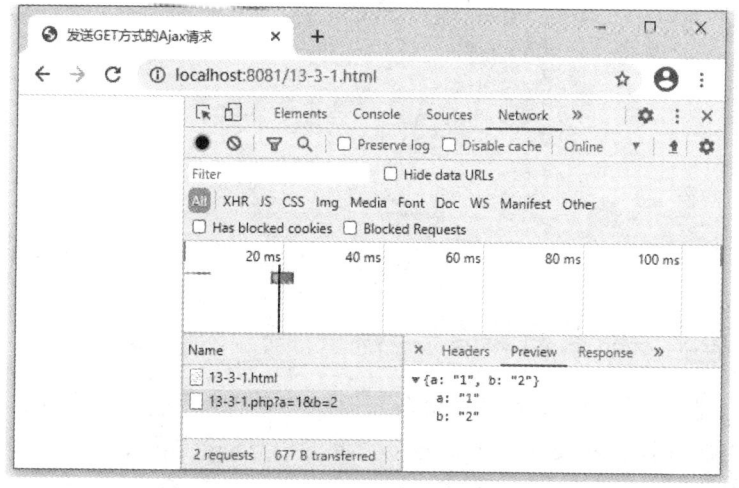

图 13-7 查看 GET 请求

案例 13-3-2 发送 POST 方式的 Ajax 请求。

(1) 在 PHP 服务器的 Web 站点目录 C:\web\site 中,创建 13-3-2.html 文件,编写代码实现发送 POST 方式的 Ajax 请求,关键代码如下。

Ajax 向服务器发送
请求-POST 请求

```
<body>
  <script>
      var xhr = new XMLHttpRequest();
      xhr.open('POST','13-3-2.php?a=1&b=2');
      xhr.setRequestHeader('Content-Type', 'application/x-www-form-urlencoded');
      xhr.send('c=3&d=4');
  </script>
</body>
```

在上述代码中,第 5 行用于在 HTTP 请求头中指定实体内容的编码格式,如果省略此步骤,则服务器将无法识别实体内容。

(2) 在相同目录下创建 13-3-2.php 文件,将接收的 URL 参数和接收的数据转换成 JSON 格式后同时输出,代码如下。

```
<?php
    echo json_encode ( [$_GET, $_POST] );
?>
```

(3) 通过浏览器访问 http://localhost:8081/13-3-2.html,在浏览器开发者工具的 Network 页面中刷新,结果如图 13-8 所示。

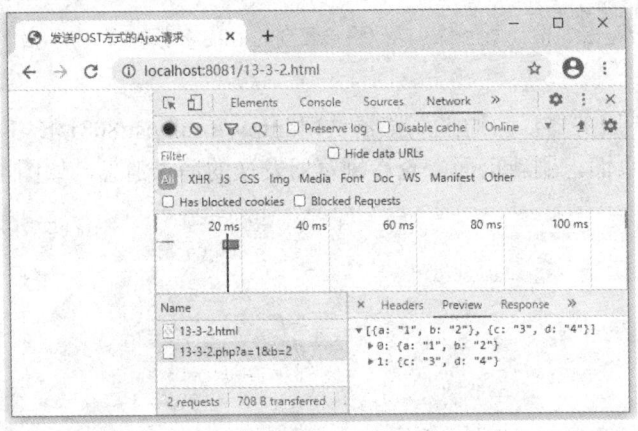

图 13-8 查看 POST 请求

13.3.3 处理服务器返回的信息

Ajax 向服务器发送请求后,会等待服务器返回响应信息,然后对响应结果进行处理。下面将对 Ajax 如何处理服务器返回的信息进行详细讲解。

处理服务器
返回的信息

1. readyState 属性

readyState 属性用于获取 Ajax 的当前状态,状态值有 5 个,具体如表 13-1 所示。

表 13-1　Ajax 对象的状态值

状态值	说　明	解　释
0	未发送	对象已创建，尚未调用 open()方法
1	已打开	open()方法已调用，此时可以调用 send()方法发起请求
2	收到响应头	send()方法已调用，响应头也已经被接收
3	数据接收中	响应体部分正在被接收，responseText 将会在载入的过程中拥有部分响应数据
4	完成	数据接收完毕。此时可以通过 responseText 获取完整的响应

2. onreadystatechange 事件

onreadystatechange 事件用于感知 readyState 属性状态的改变，每当 readyState 的值发生改变时，就会调用此事件。

当客户端向服务器发送请求时，onreadystatechange 事件会被触发 5 次(0～4)，对应着 readyState 的每个变化。

3. status 属性

status 属性用于返回当前请求的 HTTP 状态码，值为数值类型。状态码代表的意义如表 13-2 所示。

表 13-2　HTTP 状态码

状态码	说　明	示　例
1**	请求收到，继续处理	100：客户必须继续发出请求
2**	操作成功收到，分析、接收	200：交易成功
3**	完成此请求必须进一步处理	304：客户端已经执行了 GET，但文件未变化
4**	请求包含一个错误语法或不能完成	404：没有发现文件、查询或 URL
5**	服务器执行一个完全有效请求失败	503：服务器过载或暂停维修

4. 获取响应信息的相关属性

当请求服务器成功且数据接收完成时，可以使用 Ajax 对象提供的相关属性获取服务器的响应信息。具体的属性及相关说明如表 13-3 所示。

表 13-3　获取服务器响应信息的相关属性

属 性 名	说　明
responseText	将响应信息作为字符串返回
responseXML	将响应信息格式化为 XML Document 对象并返回(只读)

在表 13-3 中，responseXML 属性在请求失败或相应内容无法解析时的值为 null。需要注意的是，服务器在返回 XML 时应设置响应头 Content-Type 的值为 text/xml 或 application/xml，否则会解析失败。

使用 Ajax 时的返回值类型有 xml、html、script、JSON、jsonp、text 等多种类型。接下来通过案例演示 Ajax 如何处理服务器返回的信息。

案例 13-3-3 用户注册时，编写了 JavaScript 代码进行 ajax 验证，验证账户是否存在。

（1）在 PHP 服务器的 Web 站点目录 C:\web\site 中，创建 13-3-3.html 文件，实现用户注册时进行账号验证。当用户输入账号后，触发 onblur 事件，验证该账号是否已经存在。关键代码如下。

```
1  <body>
2      <form id="form" >
3          账 号：<input type="text"  name="account" id="account"><br>
4          密 码：<input type="password"  name="pwd" id="pwd"> <br>
5          邮 箱：<input type="text"  name="email" id="email"><br>
6          <input type="submit" value="提交">
7      </form>
8      <script type="text/javascript">
9         var account = document.getElementById('account');
10        account.onblur = function(){
11           if(account.value.trim()=="") {
12              alert('账号不能空');return false;}
13           var xhr = new XMLHttpRequest();
14           xhr.open('get','13-3-3.php?name='+account.value,true);
15           xhr.send();
16           xhr.onreadystatechange = function() {
17              if (xhr.readyState == 4) {            //数据接收完毕
18                 if(xhr.status == 200 ) {           //处理成功
19                     var res = xhr.responseText ;   // 获取相应信息
20                     if(res === 'error'){
21                         alert("该账户已经存在");return false;
22                     } else if(res === 'success'){
23                         alert("账户可用");return ;
24                     }
25                 }
26              }
27           }
28        }
29     </script>
30  </body>
```

以上代码中，第 14 行向服务器发送 GET 方式的 Ajax 请求，提交输入的账号信息，3 个参数分别是请求方式、请求路径、是否发起异步请求。第 16~27 行，根据服务器返回的状态值和相应信息判断账号是否可用。

当 readyState 等于 4 且状态为 200 时，表示响应已就绪。

（2）在相同目录下创建 13-3-3.php 文件，对接收的数据进行判断处理，如果接收的数据(账号)已存在，返回 error，否则返回 success，代码如下。

```
<?php
```

```
    $name=$_GET["name"];              //GET 方法获取到表单提交的数据
    if($name=="abcd"){ $info="error";}
    else {$info="success";}
    echo $info;
?>
```

(3) 通过浏览器访问 http://localhost:8081/13-3-3.html，在账号输入框中输入账号"abcd"，提示"该账户已经存在"；输入其他非空字符串，提示"该账户可用"，如图 13-9 所示。

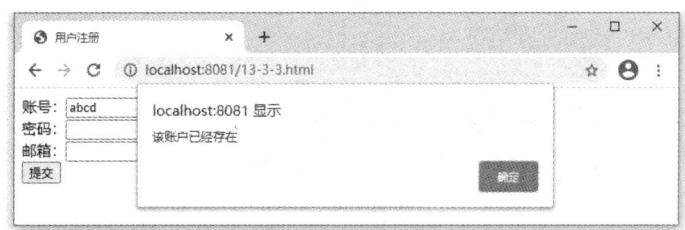

图 13-9　账号验证

13.3.4　FormData+JavaScript 无刷新表单信息提交

FormData+JavaScript
无刷新表单信息提交

在之前的学习中，若要通过 Ajax 向服务器发送表单中的数据，需要先通过 DOM 操作手动获取用户在表单中填写的值，当表单中的数据非常多时，使用此方式将会给开发和维护带来许多麻烦。为了快速收集表单信息，HTML5 提供了 FormData 表单数据对象，利用 FormData 可以快速收集表单信息。在前端开发中，利用 FormData 和 JavaScript 可以实现无刷新表单信息提交。

FormData 的使用方法非常简单，通过 new FormData()实例化并传入<form>表单对象即可。在创建 FormData 对象后，可在调用 Ajax 对象的 send()方法时作为参数传入，从而将表单数据发送给服务器。

接下来通过一个案例演示 FormData 的使用。

案例 13-3-4　用 FormData 提交用户注册信息。

(1) 把 Web 站点目录 C:\web\site 中的 13-3-3.html 文件另存为 13-3-4.html。

需要注意，在使用 FormData 收集用户填写的表单数据时，需要为表单控件设置 name 属性，否则获取不到提交的表单信息。

(2) 在 13-3-4.html 文件中，编写 JavaScript 脚本代码，为表单设置 onsubmit 事件，并使用 FormData 获取表单数据，脚本代码如下。

```
1  <script>
2      document.getElementById ('form') .onsubmit = function () {
3          var fd = new FormData(this) ;
4          var xhr = new XMLHttpRequest() ;
5          xhr.open('POST', '13-3-4.php');
6          xhr.send(fd) ;
```

```
7         return false;   //阻止表单默认的提交操作
8       };
9  </script>
```

在上述代码中，第 3 行通过 new FormData()创建了 fd 对象，传入的参数 this 表示当前表单；第 4~6 行用于向服务器发送 Ajax 请求。其中，第 6 行代码在发送 Ajax 请求时传递了 fd 对象，Ajax 对象就会自动对其进行处理。

（3）在站点目录下编写 13-3-4.php，将服务器接收到的 POST 数据输出，代码如下。

```
<?php
  echo json_encode($_POST);
?>
```

（4）通过浏览器访问 13-3-4.html，填写表单后单击"提交"按钮，然后在开发者工具的 Network 页面中查看服务器返回的结果，如图 13-10 所示。

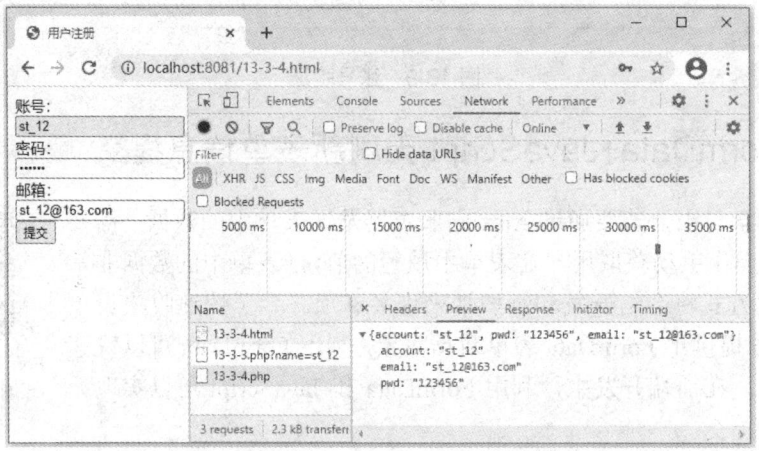

图 13-10 查看服务器返回的结果

通过图 13-10 可以看出，服务器接收到了用户在表单中填写的数据。

另外，若表单为零散数据，没有使用<form>元素，则可以通过 FormData 对象的 append()方法直接添加数据，具体语法如下。

```
var fd=new FormData ();
fd.append (name, value);
```

上述语法格式中，利用 append()方法给当前 FormData 对象 fd 添加了一个键值对数据。其中，name 参数相当于表单控件的 name 属性，value 参数相当于用户填写的值。

在前端开发 Ajax 中，FormData 和 JavaScritp 实现无刷新表单信息提交非常实用。

13.4　jQuery 操作 Ajax

传统的 Ajax 是通过 XMLHttpRequest 实现的，不仅代码复杂，而且浏览器兼容问题也比较多。因此，jQuery 中通过对 Ajax 操作的封装，极大地简化了 Ajax 操作的开发过程。

常用的 Ajax 操作方法如表 13-4 所示。

表 13-4　常用的 Ajax 操作方法

分　类	方　　法	说　　明
第 2 层	$(selector).load(url[,data][,fn])	载入远程 HTML 文件代码并插入 DOM 中
	$.get (url [,data] [,fn][,type])	通过远程 HTTP GET 请求载入信息
	$.post (url [,data] [,fn][,type])	通过远程 HTTP POST 请求载入信息
第 3 层	$.getScript(url [,fn])	通过 HTTP GET 请求载入并执行一个 JavaScript 文件
	$.getJSON (url [,data] [,fn])	通过 HTTP GET 请求载入 JSON 数据
底层	$.ajax (url [,options])	通过 HTTP 请求加载远程数据
	$.ajaxSetup (options)	设置全局 Ajax 默认选项

在表 13-4 中，参数 url 表示待请求页面的 URL 地址；data 表示传递的参数；参数 fn 表示请求成功时，执行的回调函数；参数 type 用于设置服务器返回的数据类型，如 XML、JSON、HTML、TEXT 等；参数 options 用于设置 Ajax 请求的相关选项。

表 13-4 所示的方法中，$.get()与$.post()方法的区别在于 HTTP 请求方式的不同。

为了使读者更好地理解 Ajax 相关方法的使用，下面进行详细讲解。

13.4.1　load()方法

load()方法是 jQuery 中最常用的 Ajax 方法，该方法通过 Ajax 请求从服务器加载数据，并把返回的数据放置到指定元素中。

load()方法

案例 13-4-1　利用 load()方法无刷新载入外部文件。

(1) 在 PHP 服务器的 Web 站点目录 C:\web\site 中，创建 13-4-1.html 文件。关键代码如下。

```
<body>
    <h3 id="test">单击按钮，改变这段文本！</h3>
    <button id="btn1" type="button">获得外部文本文件</button>
    <script src="jquery/jquery-3.0.0.js"></script>
    <script>
        $(document).ready(function(){
            $("#btn1").click(function(){          //绑定 click 事件
                $("#test").load("/13-4-1.txt");    //载入服务器端的文本文件
            });
        })
    </script>
</body>
```

以上代码中，$("#test").load("/13-4-1.txt");实现读取服务器中 13-4-1.txt 文件的内容，并将读取的内容放置到页面 id 为 test 的元素中。

(2) 在相同目录下创建 13-4-1.txt 文件，文件内容会被载入 13-4-1.html 页面文件中显示。

(3) 通过浏览器访问 http://localhost:8081/13-4-1.html 文件，如图 13-11 所示。单击"获得外部文本文件"按钮后，页面效果如图 13-12 所示。

图 13-11　页面效果

图 13-12　载入外部文件后

13.4.2　$.get()方法

get()方法

jQuery 中的$.get()方法用于通过 HTTP GET 请求从服务器请求数据，具体示例如下。

案例 13-4-2　用户注册时，验证账户是否存在，用 GET 请求载入信息。

(1) 在 PHP 服务器的 Web 站点目录 C:\web\site 中，把案例 13-3-3.html 文件另存为 13-4-2.html。修改 13-4-2.html 文件中的 JavaScript 代码，修改的脚本代码如下。

```
1  <script src="jquery/jquery-3.0.0.js"></script>
2  <script type="text/javascript">
3      $("#account").blur(function(){
4          var account =$('#account').val().trim();
5          if(account.trim()=="") {alert('账号不能空');return false;}
6          $.get("13-4-2.php",{name:$("#account").val()},function(data){
7              if(data=="error"){ alert("账号已存在，请重新输入"); }
8              else{ alert("该账户可用");  }
9          } );
10     })
11 </script>
```

以上代码中，6~10 行实现 GET 请求功能，提交输入的账号信息，请求成功时调用回调函数 function(data)，根据从服务器请求的数据 data 判断账号是否可用。

(2) 在相同目录下创建 13-4-2.php 文件，对接收的数据进行判断处理，如果接收的数据(账号)已存在，返回 error，否则返回 success，代码与 13-3-3.php 完全相同。

(3) 通过浏览器访问 http://localhost:8081/13-4-2.html，输入账号"abcd"，提示"该账户已经存在"；输入其他非空字符串，提示"该账户可用"。

13.4.3 $.post ()方法

$.post()方法

jQuery 中的$.post()方法用于通过 HTTP POST 方式向服务器发送请求，并载入数据，具体示例如下。

案例 13-4-3 用户注册时，验证账户是否存在，用 POST 请求载入信息。

(1) 在 PHP 服务器的 Web 站点目录 C:\web\site 中，把案例 13-4-2.html 文件另存为 13-4-3.html。修改 13-4-3.html 文件中 JavaScript 代码的第 6 行代码。修改后的脚本代码如下。

```
$.post("13-4-3.php",{name:$("#account").val()},function(data){
```

(2) 在相同目录下创建 13-4-3.php 文件，对接收的数据进行判断处理，代码如下。

```php
<?php
  $name=$_POST['name'];         //获取表单提交的数据
  if($name=="abcd")  { $info="error";}   else {$info="success";}
  echo $info;
?>
```

(3) 通过浏览器访问 http://localhost:8081/13-4-3.html。

13.4.4 $.ajax()方法

$.ajax()方法

$.ajax()方法是 jQuery 最底层的 Ajax 实现，前面介绍过的 load()方法、$.get()方法、$.post()方法等都是基于$.ajax()方法构建的，因此可以用它来代替前面的所有方法。下面通过案例学习$.ajax()方法的用法。

案例 13-4-4 用$.ajax()方法提交用户注册信息。

(1) 把案例 13-4-3.html 文件另存为 13-4-4.html。

(2) 在 13-4-4.html 文件中，修改 JavaScript 脚本代码，修改后的脚本代码如下。

```
1  <script src="jquery/jquery-3.0.0.js"></script>
2  <script type="text/javascript">
3     $('#form').submit c function () {
4        var account=$("#account").val().trim();
5        var pwd=$("#pwd").val().trim();
6        var email=$("#email").val().trim();
7        if(account==""||pwd==""||email=="") {
8           alert('信息不完整！');return false;}
9        $.ajax({
10          type : "POST",         //请求方式
11          url:"13-4-4.php",      //请求地址
12          data:{'account':account,'pwd':pwd,'email':email},
13          //发送到服务器的数据
14          success:function(msg){  //请求成功回调函数
15             alert(msg);   },
```

```
16          error : function(e){        //请求失败回调函数
17              console.log(e.status);  }
18      });
19      return false;   //阻止表单默认的提交操作
20   }
21 </script>
```

在上述代码中,第 9~18 行代码通过$.ajax()方法向服务器发送请求。其中,data:{}是传输数据用的,后台的 PHP 程序接收并处理对应的数据。请求成功,执行 14~15 行代码。请求失败,执行 16~17 行代码。

(3) 在站点目录下编写 13-4-4.php,对服务器接收到的数据进行处理,代码如下。

```
<?php
  $name=$_POST['account'];         //获取到表单提交的数据
  $password=$_POST["pwd"];
  $email=$_POST["email"];
  $info="你的注册信息:\n 账号:".$name."\n 密码:".$password."\n 邮箱:".$email;
  echo $info;
?>
```

说明:PHP 中可以使用字符串连接符"."来拼接字符串,可以把两个或两个以上的字符串拼接成一个新的字符串。

(4) 通过浏览器访问 13-4-4.html 文件,填写表单后单击"提交"按钮,如果信息填写完整,显示效果如图 13-13 所示。

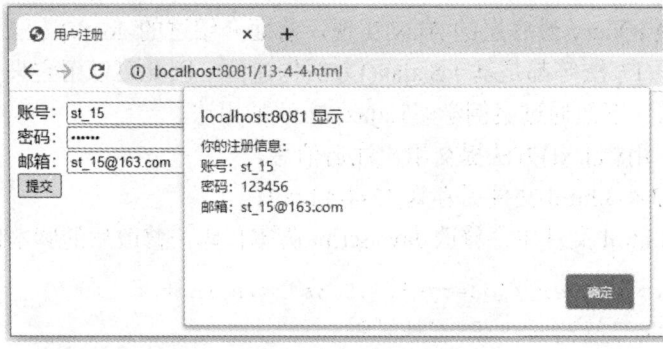

图 13-13 提交注册信息后效果

在使用$.ajax()方法时,可以只发送 GET 请求。示例如下。

```
$.ajax('index.php');
```

13.4.5 $.ajaxSetup()方法

在实际开发中,对于频繁与服务器进行交互的页面来说,每一次交互都要设置很多选项,这种操作不仅烦琐,也容易出错。为此,可以使用 jQuery 提供的 ajaxSetup()方法,预先设置全局 Ajax 请求的参数,实现全局共享。例如,可将 13-4-4.html 文件的第 9~18 行代码修改成如下形式。

$.ajaxSetup()方法

```
//预先设置全局参数
$.ajaxSetup({
    type : "POST",             //请求方式
    url:"13-4-5.php",          //请求地址
    data:{'account':account,'pwd':pwd,'email':email},    //发送到服务器的数据
    success:function(msg){    //请求成功回调函数
        alert(msg);
    },
    error : function(e){       //请求失败回调函数
        console.log(e.status); }
});
$.ajax();//执行Ajax操作，使用全局参数
```

从上述代码可知，当使用$.ajaxSetup()方法预设异步交互的通用选项后，再调用$.ajax()、$.get()、$.post()等方法执行Ajax操作时，只需要进行个性化参数设置即可。

13.5 实训案例

案例 13-5-1 实现上传文件进度条。

用户通过表单进行文件上传时，如果文件的体积比较大，会需要等待较长的时间。为了增加用户使用的友好度，可以利用Ajax来实现文件上传，并提供一个上传的进度条。HTML5为XMLHttpRequest对象增加了感知上传进度的功能，利用xhr.upload.onprogress可获取上传文件总字节数和已经上传的字节数，很容易就能计算出文件上传的进度，可以用HTML5的progress元素显示进度条。下面详细介绍设计过程。

（1）在PHP服务器的Web站点目录C:\web\site中创建13-5-1.html文件，在网页中创建一个上传文件的表单，以及一个初始状态为零的进度条和一个空的<p>元素，<p>元素用来显示上传后的文件下载地址。关键代码如下。

```
<body>
    <form id="form" >
        <input type="file" name="file">
        <input id="upload" type="button" value="上传">
    </form>
    <p>上传进度：<progress value="0" max=100 id="bar"></progress>
    <span id="percent">0%</span></p>
    <p id="download"></p>
<body>
```

（2）在13-5-1.html文件中，编写JavaScript脚本代码，使用FormData收集表单数据，计算上传进度值，实现进度条的增长效果，并在文件上传成功后显示下载地址。脚本代码如下。

```
<script>
    document.getElementById ('upload').onclick = function() {
```

```
            var form = document.getElementById('form');
            var fd = new FormData(form);
            var xhr = new XMLHttpRequest();
            //实现控制进度条和百分比的显示
            xhr.upload.onprogress = function (e) {
                var num=Math.floor(e.loaded/e.total*100);//计算上传文件的进度值
                document.getElementById ('bar').value=num;  //进度条的当前进度值
                document.getElementById ('percent').innerHTML=num+'%';//显示进度值
            };
            //根据服务器返回的信息判断上传文件是否成功,并作出相应的处理
            xhr.onreadystatechange=function(){
              if (xhr.readyState==4){    //数据接收完毕
                if (xhr.status <200 || xhr.status >=300 && xhr.status!==304){
                   throw new Error('文件上传失败,服务器状态异常。');
                }
                 var name=xhr.responseText;
                 if (name ==''){ throw new Error('服务器保存文件失败。');  }
                 document.getElementById ('download').innerHTML='文件上传成功。
<a href="'+name+'">下载文件</a>';   //上传文件完成后显示上传结果和下载链接
 }
            };
            xhr.open('POST' , '13-5-1.php');   //建立 HTTP 请求
            xhr.send (fd);                     //发送请求
        };
</script>
```

在上述代码中,upload 对象是 xhr 对象的一个属性,同时也是 XMLHttpRequestUpload 的实例对象,onprogress 是它的一个事件属性,用于每隔 50~100 毫秒就感知一下当前文件的上传情况,其参数 e 表示事件对象。

(3) 在站点目录下编写 13-5-1.php,接收上传的文件并保存到当前目录的 upload 文件夹中。代码如下。

```
<?php
    if(isset($_FILES['file']) &&$_FILES['file']['error'] === UPLOAD_ERR_OK) {
        $name =time().'.dat';
        $file=$_FILES['file']['name'];//获取上传文件的文件名
        $extension=substr(strrchr($file,'.'),1);//获取文件扩展名
        $name=$name.1.1.$extension;//当前时间戳加扩展名作为文件名
        if(move_uploaded_file($_FILES['file']['tmp_name'], 'upload/'.$name)){
            Echo 'upload/'.$name;
        }
    }
?>
```

上述代码表示将上传文件以时间戳作为文件名保存到当前目录下。如果上传成功,服务器返回文件名;如果上传失败,则返回结果为空。

(4) 修改 PHP 配置文件。

在默认情况下，PHP 服务器限制上传文件的最大体积为 2MB，这个体积非常小，不利于查看上传进度，下面将通过更改 PHP 配置文件来实现大文件上传。首先在 PHP 安装目录下找到 php.ini-development 文件，该文件是 PHP 为开发人员提供的模板，里面保存了一些常用的配置。将该文件复制一份，并修改文件名为 php.ini，然后使用编辑器打开 php.ini 文件，找到如下配置进行修改。

```
upload_max_filesize =120M     //配置上传文件，大小限制为120MB(默认为2MB)
post_max_size=125M            //配置POST请求，大小限制为125MB(默认为8MB)
```

修改配置文件后，启动 PHP 服务器并增加参数"-c php.ini"文件路径加载配置，如下所示。

```
php -S localhost: 8081 -t "C: \web\site" -c php.ini
```

(5) 通过浏览器访问 http://localhost:8081/13-5-1.html，选择一个文件上传，会看到进度条的增长情况，如图 13-14 所示。

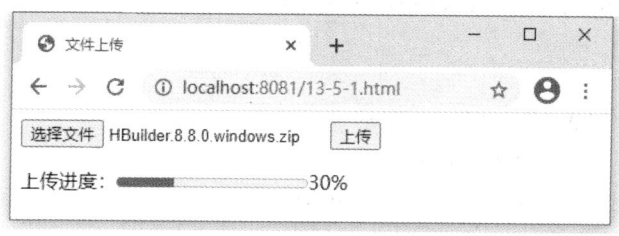

图 13-14　上传文件进度条效果

文件上传完成后，在服务器的当前目录中会有上传的文件，同时网页上会显示下载链接，单击链接即可下载文件，如图 13-15 所示。

图 13-15　文件上传成功的效果

13.6　本 章 小 结

本章首先介绍了 Web 服务器和前后端交互的基础知识，然后讲解了 Ajax 对象的属性的方法，让读者充分理解 Ajax 的执行原理和适用场合，最后介绍了 Ajax 的核心对象 XMLHttpRequest，系统地讲解了 jQuery 中的 Ajax 方法。通过本章的学习，读者应理解 Ajax 的基本原理，掌握 Ajax 技术在 Web 开发中的应用。

13.7 练 习 题

一、填空题

1. 在动态网站中，前后端数据交互的典型方式有_____和_____两种。
2. 在发送请求时，HTTP 的_____头字段用于设置内容的编码类型。
3. XMLHttpRequest 对象的_____属性用于感知 Ajax 状态的转变。

二、判断题

1. JSON 是独立于语言的数据交换格式。   （   ）
2. XMLHttpRequest 对象的 send()方法用于创建一个新的 HTTP 请求。   （   ）
3. XMLHttpRequest 对象的 abort()方法用于取消当前请求。   （   ）

三、选择题

1. 下面关于 setRequestHeader()方法描述正确的是(   )。
   A. 用于发送请求的实体内容
   B. 用于单独指定请求的某个 HTTP 头
   C. 此方法必须在请求类型为 POST 时使用
   D. 此方法必须在 open()之前调用
2. XMLHttpRequest 对象的 readyState 属性值为(   )时，代表请求成功数据接收完毕。
   A. 0   B. 1   C. 2   D. 3   E. 4
3. XMLHttpRequest 对象的 status 属性表示当前请求的 http 状态码，其中(   )表示正确返回。
   A. 200   B. 300   C. 500   D. 404
4. 下面(   )不是 XMLHttpRequest 对象的方法。(多选)
   A. open()   B. send()   C. readState   D. responseText

四、编程题

1. 编写 Ajax 表单验证程序，判断用户名是否已经被注册。如果输入用户名"admin"提示已被注册，输入其他用户名，提示可以用该用户名注册，如图 13-16 所示。

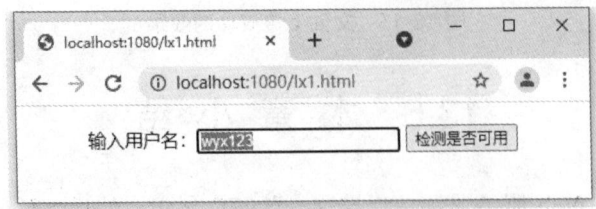

图 13-16　验证用户名是否已经被注册

2. 设计注册页面，填写用户信息，上传多个文件到服务器。上传的文件放在以日期命名的文件夹中，上传成功后，把注册信息和上传文件的信息显示在页面上，如图 13-17 所示。

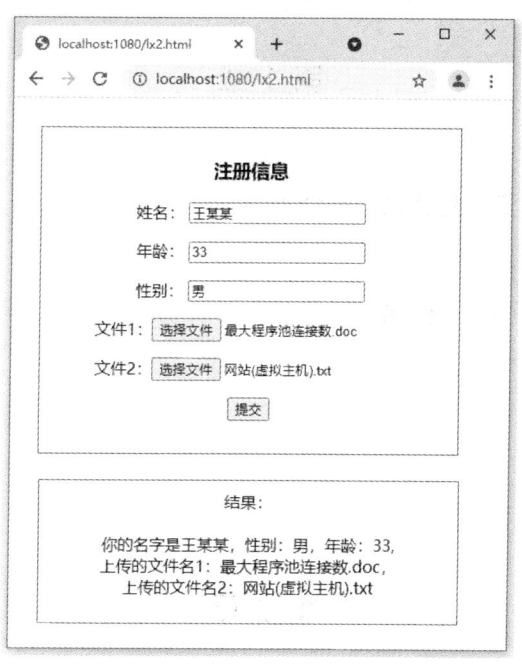

图 13-17 用户注册并提交文件

参考答案

第 1 章

一、填空题

1. Hello   2. 嵌入式　外链式　行内式

二、判断题

1. 错   2. 错   3. 对   4. 错

三、选择题

1. D   2. A

四、编程题

见课后习题源代码

第 2 章

一、填空题

1. 数字   2. 括号()   3. 加号+   4. false   5. -2

二、判断题

1. 对   2. 对   3. 对   4. 错   5. 错

三、选择题

1. A   2. C   3. C   4. A   5. D   6. B   7. B   8. C

四、编程题

见课后习题源代码

第 3 章

一、填空题

1. 0   2. continue

二、选择题

1. B   2. A   3. C   4. D

三、编程题

见课后习题源代码

第4章

一、填空题

1. 局部作用域 2. 地址

二、判断题

1. 错   2. 错   3. 对

三、选择题

1. A   2. C   3. B   4. B

四、编程题

见课后习题源代码

第5章

一、填空题

1. 多态性   2. 属性 方法   3. var d=new Date();   4. length   5.false   6.constructor

二、判断题

1. 对   2. 对   3. 错   4.错   5.对   6.对

三、选择题

1. C   2. A   3. B   4. D   5. A   6. C

四、编程题

见课后习题源代码

第6章

一、填空题

1. window 对象   2. setTimeout()   3. length

二、判断题

1. 对   2. 对

三、选择题

1. B   2. A   3. A   4. B   5. D   6. A

四、编程题

见课后习题源代码

第 7 章

一、填空题

1. <html>   2. document.createElement()

二、判断题

1. 对   2. 错   3. 对   4. 对

三、选择题

1. D   2. B   3. C

四、编程题

见课后习题源代码

第 8 章

一、填空题

1. 行内绑定   动态绑定   事件监听   2. 事件对象 event

二、判断题

1. 对   2. 对   3. 对   4. 对

三、选择题

1. A   2. C   3. D   4. C   5. C

四、编程题

见课后习题源代码

第 9 章

一、填空题

1. 字面量的方式创建   通过构造函数创建   2. 普通字符   特殊字符

二、根据要求，写出正确的正则表达式

```
1. var reg = /^1[3|4|5|7|8][0-9]{9}$/; //验证规则
2. var reg = /http:\/\/[^\/]+/g;
var str = 'http://m.163.com/images/163.gif';
console.log(str.replace(reg,'')); // /images/163.gif
3. var reg = /^(\d{14}|\d{17})(\d|[xX])$/;
var str = '44162119920547892X';
console.log(reg.test(str)); // true
4. var str = '  好好学习 ';
```

console.log(str.replace(/^\s+|\s+$/,' ')); // 好好学习

三、编程题

见课后习题源代码

第 10 章

一、判断题

1. 错　 2. 对　 3.对

二、单选题

1. B　 2. C　 3. B　 4. C　 5. C　 6. A　 7. C　 8. A　 9. C

三、多选题

1. ABD　 2. AC　 3. AB　 4. BC　 5. ABCD　 6. ABD

四、编程题

见课后习题源代码

第 11 章

一、单选题

1. D　 2. C

二、多选题

1. BD　 2. AC　 3. BCD

三、编程题

见课后习题源代码

第 12 章

一、填空题

1. hide()　 slideUp()　 fadeout()
2. show()　 slideWDown()　 fadeIn()
3. 动画队列

二、判断题

1. 对　 2. 对

三、选择题

1. B　 2. D　 3. AD

四、编程题

见课后习题源代码

第 13 章

一、填空题

1. 向服务器提交数据　向服务器查询数据　　2. Content-Type

3. onreadystatechange 事件

二、判断题

1. 对　　2. 错　　3. 对

三、选择题

1. B　　2. E　　3. A　　4. CD

四、编程题

见课后习题源代码

参 考 文 献

[1] 陈承欢. JavaScript+jQuery 网页特效设计实例教程[M]. 北京：人民邮电出版社，2013.
[2] 李雨亭，吕婕，王泽璘. JavaScript+jQuery 程序开发实用教程[M]. 北京：清华大学出版社，2016.
[3] 黑马程序员. JavaScript 前端开发案例教程[M]. 北京：人民邮电出版社，2018.
[4] 王云晓，李永前. HTML5+CSS3 网页设计基础[M]. 北京：清华大学出版社，2019.
[5] w3school 在线教程. https://www.w3school.com.cn/.